MEIKE RIED

CHEMIE
im Kleiderschrank
Das Öko-Textil-Buch

ROWOHLT

Jedes Jahr werden in der Bundesrepublik Deutschland Millionen
von Büchern verkauft. Alle in Plastik eingeschweißt. Die Folie
schützt das Buch, aber leider nicht die Umwelt. Wir möchten, daß
sich etwas ändert. Deshalb haben wir bei diesem Buch auf die
Plastikfolie verzichtet. Das ist zumindest ein Anfang.

Rowohlt Verlag

1. Auflage April 1989
Copyright © 1989 by Rowohlt Verlag GmbH
Reinbek bei Hamburg
Alle Rechte vorbehalten
Redaktion Ingke Brodersen
Umschlaggestaltung Jürgen Kaffer
(Foto: Peter Jacob)
Satz Sabon (Linotron 202)
Gesamtherstellung Clausen & Bosse, Leck
Printed in Germany
ISBN 3 498 05722 7

Inhalt

Vorwort

Es hat alles ganz harmlos angefangen. Da ich mich schon immer für heimische Kräuter und deren vielfältige Verwendungsmöglichkeiten interessierte, stieß ich eines Tages auf die Möglichkeit, Wolle mit Pflanzenextrakten zu färben. In großangelegten Versuchsreihen testete ich das Färbevermögen verschiedenster Pflanzenarten und stellte schließlich eine breite Farbpalette daraus zusammen. Als ich versuchte, unbehandelte Wolle zum Färben zu bekommen, wurde ich plötzlich mit dem Fachchinesisch der Textilausrüster konfrontiert. Was mochte sich nur hinter Begriffen wie ‹eulanisiert›, ‹superwash›, ‹mercerisierte Baumwolle› u. ä. verbergen?

Ich versuchte, der Sache auf den Grund zu gehen, fand aber zunächst nur knappe Hinweise darauf, daß Textilien chemisch ausgerüstet werden, daß Baumwolle pflegeleicht und Wolle waschmaschinenfest gemacht wird. Erst bei dem intensiven Studium der einschlägigen Literatur wurde mir der ganze Umfang dieser chemischen Manipulationen mit unserer zweiten Haut nach und nach bewußt. Ich bekam eine Vorstellung von dem geheimnisvollen Tun der Textilveredler, den industriellen Zauberern, wie sie sich selbst nennen. Besonders betroffen machte mich, daß die schöne, hautfreundliche Baumwolle in der Regel mit Formaldehyd verhunzt wird und von ihrem ursprünglichen Charakter kaum noch etwas übrigbleibt. Alle Freunde, denen ich davon erzählte, waren genauso überrascht und entsetzt wie ich, und so entstand der Wunsch, das Wissen darüber möglichst vielen Leuten zugänglich zu machen.

Bis zum fertigen Buch war es noch ein langer Weg. In dem Techniker und Umweltberater Günter Hennemann hatte ich bald eine wertvolle Hilfe gefunden. Nun wurden Briefe geschrieben, Bibliotheken und Archive durchgefilzt, Vorträge gehört und Gespräche mit Fachleuten geführt, bis schließlich kaum noch alles in dem begrenzten Umfang eines Buches unterzubringen war.

Ich möchte allen Freunden und Freundinnen danken, die mir bei der Erstellung des Buches geholfen haben, und all denen, die Rücksicht nehmen mußten, weil ich monatelang ständig in die Arbeit an meinem Buch vertieft war. Ganz besonders danke ich Günter Hennemann, der unermüdlich und außerordentlich gewissenhaft Recherchen anstellte, viele wichtige Anregungen lieferte und das Manuskript mit kritischen Augen durchsah. Ingke Brodersen leitete das Ganze als Lektorin mit sehr viel Einsatzbereitschaft und Verständnis. Ihr sei herzlich gedankt.

Hamburg, im August 1988   Meike Ried

Kleidung – unsere zweite Haut

Stellen Sie sich einmal vor, eine Freundin würde Ihnen weismachen wollen, dieses Frühjahr dürfe man nur Bratkartoffeln essen, das sei jetzt ‹in›. Reis, Nudeln oder Klöße seien zur Zeit völlig ‹out›. Außerdem sei die Modefarbe jetzt Rot. Also nur noch Rote Bete, Tatar oder Rotkohl als Beilagen. – Sie würden Ihre Freundin für verrückt erklären. Schließlich essen Sie nur Dinge, die gut schmecken und außerdem gesund sind.

Bei der Kleidung sieht die Sache völlig anders aus. Mit Kleidungsstücken werden ohne Rücksicht auf das körperliche Wohlbefinden die aberwitzigsten Modeideen verwirklicht. Dabei ist Kleidung doch viel mehr als ein attraktiver Modefetzen. Sie ist unsere zweite Haut!

Biologisch gesehen ist der Mensch nur für die Tropen geeignet. Er besitzt zwar eine große Anzahl von Schweißdrüsen, hat aber die Fähigkeit, Kälte zu ertragen, weitgehend eingebüßt, seitdem er sein na-

Der Kaufhaustest

Möchten Sie auch einmal Ihre Alltagskleidung auf ihre Tauglichkeit prüfen? Es ist ganz einfach. Sie brauchen nur im Winter in ein überfülltes Kaufhaus zu gehen. Wenn Sie draußen nicht gefroren haben und drinnen nicht schwitzen, können Sie sich beglückwünschen. Sie haben die optimale Bekleidung gewählt. Ein falsches Stück, ein falscher Pullover, ein falsches Hemd oder falsche Unterwäsche würde Sie nach kurzer Zeit in die Flucht treiben. Als Maß für den bekleidungsphysiologischen Wert Ihrer Kleidung können Sie die Zeit in Minuten nehmen vom Betreten des Kaufhauses bis zu dem Augenblick, wo Sie es fluchtartig verlassen wollen, weil es Ihnen in Ihrer Kleidung vor Schweiß unwohl wird.[4]

Kleidung muß also gegen Kälte isolieren, darf aber andererseits den körpereigenen Kühlmechanismus, das Schwitzen, nicht behindern.

naliches Haarkleid verloren hat.[1] Der ‹nackte Affe› braucht einen künstlichen Pelz, wenn er in kühlerem Klima leben will.[2] Sowohl in zu kaltem als auch in zu warmem Klima verringert sich die körperliche und geistige Leistungsfähigkeit des Menschen. Versuchspersonen machten bei einer Temperatur von 32 °C bereits doppelt so viele Fehler in Morsediktaten wie bei 25 °C. Gemeint ist dabei die Lufttemperatur, die direkt auf der Haut herrschte und sehr wesentlich von der Bekleidung beeinflußt wird.[3]

Nicht nur Mode, Preis und Pflegeeigenschaften sollten daher bei der Kleiderwahl eine Rolle spielen, sondern auch und vor allem das körperliche Wohlbefinden. Doch keine Angst, ich will Sie nicht dazu verführen, nur noch in selbstgestrickten Wollkleidchen durch die Gegend zu laufen. Gesunde *und* attraktive Kleidung muß kein Widerspruch sein.

Gute Alltagskleidung

Unser normaler Tagesablauf ist geprägt von unterschiedlichen ‹Tragesituationen›. Wir sitzen am Schreibtisch, kochen Essen, spielen mit den Kindern, gehen zur U-Bahn, rennen hinter dem Bus her, fahren mit dem Fahrrad, sitzen im Kino und vieles mehr. Ständig wechseln Kälte und Wärme, körperliche Ruhe und Bewegung. Gute Alltagskleidung sollte so konstruiert sein, daß man bei geringer Arbeitsschwere und kühler Temperatur eben noch nicht friert, bei stärkerer Arbeit oder höherer Temperatur genügend Kühlung durch Schweißverdampfung erfährt. Natürlich können wir nicht vom Nordpol bis in die Tropen mit der gleichen Kleidung auskommen. Einen normalen Arbeitstag müssen wir in der Regel jedoch sehr wohl in ein und derselben Stoffhülle über die Runden bringen.

Stehende Luft ist der beste Wärmeisolator. Kleidung wärmt daher um so mehr, je mehr Luft in und unter ihr festgehalten wird. Ein Wollpullover beispielsweise besteht zu 80 Prozent aus Luft und nur zu 20 Prozent aus Textilfasern. Ein Kammgarnanzug, ebenfalls aus Wolle, hingegen besteht nur zu 60 Prozent aus Luft und zu 40 Prozent aus Fasern. Keine Frage, welches Kleidungsstück mehr wärmt, der Pullover natürlich. Doch ganz so einfach ist es auch wieder nicht, denn unter einem weiten Anzugjackett hat auch eine gehörige Menge wärmender Luft Platz. Damit verbessert sich seine Wärmebilanz. Ganz allgemein kann man sagen, je dicker die Luftschichten in der Kleidung, desto besser isoliert sie.

Bei körperlicher Anstrengung schwitzen wir. Instinktiv tut jeder Mensch das Richtige, um den Schweiß loszuwerden. Er zieht die Jacke aus, krempelt die Ärmel hoch und öffnet den Kragen weiter. Wie bei einem Kamin steigt die warme, feuchte Luft nach oben und entfleucht durch die Kleideröffnungen. Durch Bewegung wird ein kühler Luftzug regelrecht durch die Kleidung hindurchgepumpt, der den Schweiß mit nach draußen nimmt.[4]

Doch das allein reicht noch nicht aus. Auch durch die Kleidung selbst muß die Feuchtigkeit entweichen können. Dafür gibt es zwei Wege: entweder durch die luftgefüllten Poren oder durch die Fasern selbst. Der Weg durch die Fasern ist jedoch nicht bei allen Fasern möglich. Speziell Naturstoffe zeichnen sich dadurch aus, daß sie Körperfeuchtigkeit sehr schnell in ihr Inneres aufnehmen und von dort langsam nach außen weiterleiten. Sie wirken gleichsam als Feuchtigkeitspuffer zwischen der Haut und der Umgebungsluft. Synthesefasern hingegen können fast überhaupt keine Feuchtigkeit aufnehmen. Dampfförmiger Schweiß, wie er ständig von der Haut abgegeben wird, muß sich seinen Weg durch die Poren des Gewebes nach draußen suchen.

Klappt der Wasserdampftransport nicht ausreichend, so bleibt flüssiger Schweiß auf der Hautoberfläche zurück. Ist die Körperoberfläche zu mehr als 60 Prozent von flüssigem Schweiß bedeckt, wird's ungemütlich. Man fühlt sich dann unwohl. Außerdem wird der Schweiß auf der Haut von Bakterien zersetzt und entwickelt unangenehmen Geruch.[4]

Unwohl fühlt man sich auch, wenn das Textil auf der Haut klebt, kratzt oder beißt. Glatte Fasern können leicht auf nasser Haut ankleben. Es befindet sich dann keine Luftschicht mehr zwischen Kleidung und Haut, und der Körper beginnt noch mehr zu schwitzen. Das ist dann erst recht unangenehm. Kurze abstehende Faserenden, sogenannte Abstandshalter, sind nötig, damit das Textil nicht kleben kann. Naturfasern sind von Natur aus mit solchen Abstandshaltern ausgestattet, bei Synthesefasern können sie inzwischen künstlich erzeugt werden. Bis dahin allerdings war ein weiter Weg zurückzulegen. In ihrer Anfangszeit zeichneten sich die Synthetics eher durch eine ganze Reihe von Kinderkrankheiten aus.

Perlonzeit

«Wir haben weder diese Strümpfe noch die Nylons kaum einmal richtig gesehen. Wenigstens nicht am eigenen Bein. Wir träumen nur davon...» So schwärmte 1948 die Zeitschrift *Constanze* gemeinsam mit der Schar ihrer nachkriegsdeutschen Leserinnen.[5] Doch bald wurde auch für deutsche Frauen dieser Traum Wirklichkeit. 1950 wurden in der Bundesrepublik die ersten Perlonstrümpfe produziert. Bald folgten Blusen, Hemden, Kleider und Mäntel aus den neuentwickelten synthetischen Fasern. Die Materialien gaben sich pflegeleicht und unverwüstlich und sprachen damit zunächst die praktische und sparsame Nachkriegshausfrau an. Zugleich konnte man sich einen Hauch von Luxus ins eigene Heim holen. Das Plastikzeitalter war angebrochen. «Was der Nierentisch im Wohnzimmer war, Polyester am Fenster, Resopal in der Küche, das war Perlon auf der Haut.»[6]

Die neuen Fasern versprachen gar wundersame Dinge. Selbst das Eheglück sollten sie garantieren, denn «Sie heiraten in der Perlon-Zeit. Die junge Frau braucht nicht mehr so viel zu flicken... so viel zu bügeln... das Waschen wird leichter! Man hat mehr Zeit füreinander. Was die beiden sich anschaffen, hält! Perlon bleibt ganz! Der Kleiderwohlstand wächst. Man kann sich besser anziehen und gefällt einander.»[6]

Doch es dauerte nicht lange, bis sich der erste Schleier auf das neue Glück senkte: Der Grauschleier machte den Hausfrauen Gewissensbisse. Strahlendes Perlonweiß war plötzlich nur noch mit sogenannten Spezialwaschmitteln zu erhalten. Und auch der Gilb nistete sich in der Wunderwäsche ein. Die moderne Pflegeleichtigkeit mußte mit immer neuen Spezialmitteln erkauft werden.

Außerdem war da noch dieses unangenehme Kleben und Knistern auf der Haut. Synthetics laden sich elektrostatisch auf. Die Entladung kann sogar über kleine Funken erfolgen, die man im Dunkeln sprü-

Quelle: Weißler, S.: Plastik Welten, Berlin 1985

hen sieht. Zwar wurden die Textilien bald mit Chemikalien antistatisch ausgerüstet, doch eine einzige Behandlung reicht nicht aus. Bei
jeder Wäsche muß die antistatische Ausrüstung erneuert werden.
Wäscheweichspüler hießen die Mittel, die der Hausfrau einredeten,
die Wäsche müsse weichgespült werden.

13

Peinliche Schwitzflecke

Doch der Gilb war nicht das einzige Problem, das die Perlonzeit mit sich brachte. Unangenehmer Schweißgeruch schien bei früheren Textilgenerationen kein Thema gewesen zu sein. Wasser und Seife, ab und zu vielleicht ein Tropfen Parfüm reichten aus, um sich von Geruch und Schmutz zu befreien. Aber als die Nyltestwelle über Deutschland hereinbrach, konnte man sich bald selbst nicht mehr riechen und seine Mitmenschen schon gar nicht. Naserümpfend stellte man fest, daß Schweiß stinkt.[7] Die synthetischen Fasern können Schweiß nicht aufsaugen wie die natürlichen. Er zersetzt sich auf der Haut und läßt unangenehme Gerüche entstehen. Aber statt an der Ursache des Übels, der ungeeigneten Kleidung, etwas zu ändern, sollte der natürliche und wichtige Vorgang des Schwitzens bekämpft werden. «Wer dort stark schwitzt, macht keinen gepflegten Eindruck

Synthesefasern und ihre historischen Folgeentwicklungen

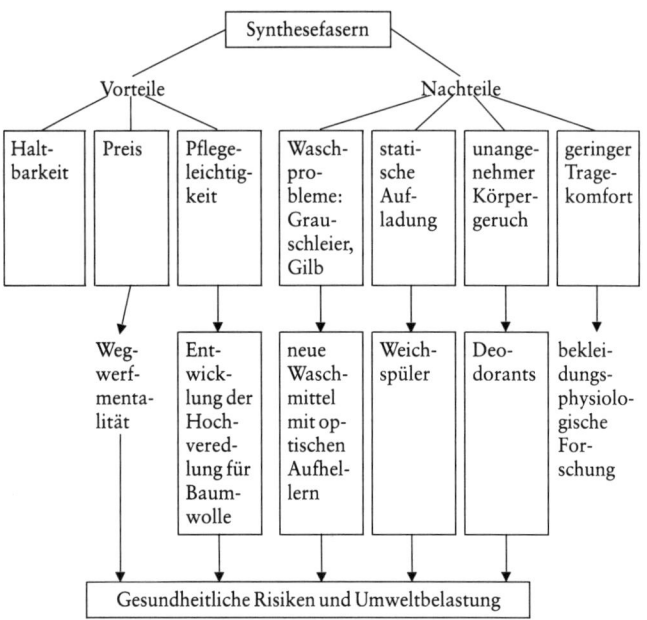

und beleidigt fremde Augen und… Nasen», hieß es jetzt. Deodorants und Antitranspirantien fanden ihre ersten Käufer und versprachen für «trockene Achselhöhlen» zu sorgen und «geruchstilgend» zu wirken. Bakterienkiller auf der Haut sollten die Zersetzung des Schweißes aufhalten. Aluminiumsalze verengten die Schweißdrüsen und setzten damit die Schweißabgabe der Haut herab.[7] Mit diesen neuen Mitteln setzte man sich noch unbekannten gesundheitlichen Risiken aus. Deodorants stören die hauteigene Bakterienflora. Dieser Schutzfilm, der sich auf der gesunden Haut befindet, besteht nämlich aus harmlosen Mikroorganismen, die durchaus in der Lage sind, die Vermehrung krankheitsmachender Keime zu unterdrücken.[7, 8] Antitranspirantien aber führen bei regelmäßigem Gebrauch zu einem Nachlassen der Schweißdrüsentätigkeit. Auch die Unzahl von Spraydosen, deren Treibgas vermutlich die lebenswichtige Ozonschicht unserer Atmosphäre zerstört, verdanken wir der Syntheticwelle.

Naturfaserproduzenten schlagen zurück

Zu Recht fürchteten die Naturfaserproduzenten bald um ihre Umsätze. Sie gründeten daher Verbände zur Absatzsicherung ihrer Produkte (Internationales Wollsekretariat, Internationales Baumwollinstitut), starteten eigene Werbekampagnen, und es gelang ihnen bald auch, die hochgelobten Pflegeleichteigenschaften der Synthetics auch bei Baumwolle zu erreichen. Cottonova, ‹neue Baumwolle›, nannte sich das Produkt. Damit schlug die Geburtsstunde eines ganz neuen Industriezweiges. Die Textilveredlungsindustrie nahm ihre Arbeit auf und ‹beglückt› uns seither mit immer neuen Errungenschaften (s. Kapitel 2).

Auch von Atmungsaktivität war jetzt viel die Rede. Naturfasern sollen sie haben, Synthesefasern dagegen nicht. Zum körperlichen Wohlbefinden gehört auch ein ausgeglichener Wärmehaushalt. In synthetischen Fasern schwitzt oder fröstelt man, manchmal beides gleichzeitig. Von körperlichem Wohlbefinden konnte keine Rede sein. Faserproduzenten mußten daher einen Weg finden, Synthetics tragbarer zu machen. Sie installierten eine neue Wissenschaft, die Bekleidungsphysiologie (siehe Kasten).

Baumwolle wäscht sich doch so gut!

NATURFASER BAUMWOLLE

Wußten Sie schon...

...daß bei Waschversuchen Bettwäsche aus Baumwolle nach 275 Wäschen noch gebrauchstüchtig war?

✦

...daß beim Krumpfen der Baumwolle der Stoff gestaucht wird und somit nicht mehr einlaufen kann?

✦

...daß Frottiergewebe immer aus Baumwolle sind?

Mütter und Hausfrauen haben Sinn für das Praktische: sie wählen Baumwolle für alles, was man oft und gründlich waschen muß.

Baumwolle waschen ist ein Kinderspiel. Sie kennt keine Waschvorschriften, sie verträgt ohne Schaden heißes Wasser und Waschmaschine, jedes Waschmittel und das heiße Bügeleisen. Man kann sie ohne Bedenken kochen; sie kommt wie neu aus jeder Wäsche.
Und wie hübsch und angenehm ist Baumwolle zu tragen, wie praktisch und hygienisch ist Baumwolle im Haushalt - sie gehört einfach zur Familie!
Denn entscheidend ist: Baumwolle wäscht sich doch so gut!

...am liebsten Baumwolle

praktisch · modisch · angenehm

Quelle: Constanze, vom 23. Juli 1958

reine Baumwolle
kochfest und hygienisch
für immer ...

BÜGELFREI

Cotton

Quelle: Brigitte vom 19. März 1963

Das ist neu! Das ist gesunde, natürliche Wäsche mit modernem Pflegekomfort. Hemden, Freizeithemden und Blusen für immer bügelfrei, weil molekular fixiert. Nur echt mit dem Silberfaden

Bekleidungsphysiologische Forschung

Mit bekleidungsphysiologischen Untersuchungen wurde in Deutschland nach dem Zweiten Weltkrieg begonnen, allerdings eindeutig unter dem Vorsatz, synthetische Fasern tragbarer zu machen. Daß stinkende Perlonhemden keine dauerhaft akzeptable Bekleidung sein würden, hatten auch die Chemiefaserhersteller bald erkannt. 1967 gründete das Forschungskuratorium Gesamttextil, von dem die Gemeinschaftsforschung der Textilindustrie in der Bundesrepublik Deutschland koordiniert und gefördert wird, einen Forschungsschwerpunkt ‹Bekleidungsphysiologie›. Die neue Forschungsrichtung wurde mit ausreichenden finanziellen Mitteln versehen. Auch die ‹Arbeitsgemeinschaft industrieller Forschungsvereinigungen› beteiligte sich mit Zuschüssen an der Forschungsförderung.

Wichtigstes Hilfsmittel für die wissenschaftliche Untersuchung von Kleidungsstücken wurde die lebensgroße Gliederpuppe ‹Charlie›. Charlie kann stehen, gehen, sitzen oder liegen wie ein Mensch. Seine Haut wird von innen mit Heizdrähten auf 32 °C, die normale Hauttemperatur des Menschen, aufgeheizt. Es können aber auch verschiedene Temperaturen in den einzelnen Körperteilen eingestellt werden, wie es beim Menschen unter bestimmten Bedingungen vorkommt. In einer Klimakammer wird Charlie in der Versuchskleidung unterschiedlichen Klimabedingungen ausgesetzt, wie Wärme, Kälte, feuchter und trockener Luft, Wind oder Windstille. Gleichzeitig registrieren unzählige Meßfühler an seinem Körper jede Veränderung und speichern sie in einen Computer ein. Zusätzlich wird an einem künstlichen Hautmodell geprüft, wieviel Feuchtigkeit das Prüftextil aufsaugen und durchlassen kann.

Mit großem Stolz wurde 1986 berichtet, daß Tragekomfort und Behaglichkeitsgefühle in Kleidung meßbar geworden seien.[9] Dabei war bereits 1971 festgestellt worden, daß sich Behaglichkeits- oder Unbehaglichkeitsgefühle in Kleidung absolut nicht auf rein physikalische Vorgänge reduzieren lassen. In großangelegten Versuchsreihen war ermittelt worden, daß junge, extrovertierte, gut durchtrainierte Menschen praktisch mit jeder Bekleidung fertig werden. Alte Menschen, weniger trainierte oder introvertierte Menschen hingegen registrieren oft sehr genau, was sie am Leibe tragen. Unterschiede zwischen den getesteten Fasermaterialien (Wolle und Polyamid) traten in den Wintermonaten stärker hervor als im Sommer. Es zeigt sich also, daß der Körper eines gesunden Menschen in den besten Jahren in der Lage ist, sehr viele Unannehmlichkeiten auszugleichen, ohne sich dabei unwohl zu fühlen. Ist der Körper hingegen sowieso schon stärker beansprucht (durch Kälte im Winter, Alter o. ä.), spielt die Kleidung eine größere Rolle.[10] Aus diesem Grund können die Ergebnisse rein physikalischer Messungen nicht den normalen Verhältnissen entsprechen.

Es soll zwar nicht bezweifelt werden, daß wichtige bekleidungsphysiologische Erkenntnisse an den künstlichen Modellen gewonnen wurden und werden, doch ist der Mensch in seiner Vielfältigkeit wissenschaftlich objektiv schwer zu erfassen. Kleidung wird aber von Menschen und nicht von Gliederpuppen getragen. Außerdem kommt Zweifel an der Objektivität der Untersuchungen auf, da ein so wichtiger Forschungsbereich vollständig von der finanziellen Unterstützung der Textilindustrie und in besonderem Maße der Chemiefaserindustrie lebt. Kein Wunder auch, daß die meisten Untersuchungen vorrangig der Verbesserung synthetischer Materialien dienen. Schließlich schneiden auch in den wissenschaftlichen Tests Naturfasern hinsichtlich des Tragekomforts immer wieder besser ab als die synthetischen Wunder.[10, 2, 11] Daran muß doch etwas zu ändern sein. Da geschickte Werbung und Modegags allein wohl doch nicht ausreichen, muß man eben mit allen Tricks der Chemie versuchen, doch (er)tragbare Textilien herzustellen. Tatsächlich ist das wohl teilweise auf dem umsatzstarken Markt der Sportbekleidung gelungen.

Inzwischen scheint es möglich geworden zu sein, Synthetics zu produzieren, in denen man sich nicht unwohl fühlt. Es bleibt jedoch die Frage, inwieweit derartige wissenschaftliche Erkenntnisse sich auch in der Praxis der Textilherstellung durchsetzen können. Mode wird schließlich immer noch von Modedesignern gemacht, die von Bekleidungsphysiologie in der Regel keine Ahnung haben. Ein Textilkunde-Professor, den ich zu diesem Problem befragte, gab denn auch freimütig zu, daß er nicht wisse, inwieweit Synthetics, die wir im Kaufhaus oder im Geschäft finden, nach bekleidungsphysiologischen Erkenntnissen gestaltet wurden. Da eine aufwendigere Herstellung immer teuer ist, läßt sich vermuten, daß es noch genug Synthetics auf dem Markt gibt, die eigentlich der Perlonzeit angehören.

Textilfaserlexikon

Einteilung der Textilfasern

Textilfasern, aus denen man Kleidungsstücke herstellt, werden im allgemeinen unterteilt in Faserrohstoffe natürlicher Herkunft sowie künstlich erzeugte Fasern. Unter Naturfasern versteht man in der Natur gewachsene oder in irgendeiner Form vorkommende Fasern. Es gibt auf der einen Seite pflanzliche Fasern wie Baumwolle, Leinen, Hanf, Ramie u. a., auf der anderen Seite tierische Fasern wie Wolle und Seide. Außerdem gibt es noch Asbest, eine natürlich vorkommende mineralische Faser. Chemiefasern werden auf chemisch-technischem Wege durch eine chemische Reaktion hergestellt.

Unter *Fasern* im eigentlichen Sinne versteht man ein feines Gebilde, das in seiner Länge begrenzt ist und sich zu Textilien verarbeiten läßt. Im Gegensatz dazu sind *Filamente* auch fein, aber in der Länge theoretisch unbegrenzt. Als Filamente werden die bis zu 1 km langen Seidenfäden sowie die unbegrenzt langen chemisch erzeugten Fäden bezeichnet. Letztere werden häufig zu kurzen Stücken zerschnitten, und man erhält dann Fasern. Im allgemeinen Sprachgebrauch wird der Begriff Fasern für beides verwendet, doch manchmal ist es wichtig, eine Unterscheidung zu machen (z. B. bei der Charakterisierung bestimmter synthetischer Garne).

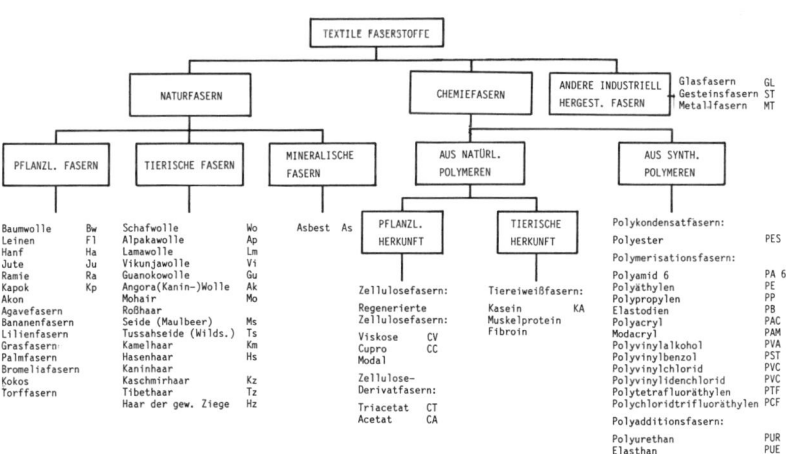

Quelle: Haudek, H. W.; Viti, E.: Textilfasern, Herkunft, Herstellung, Aufbau, Eigenschaften, Verwendung. Melliand Textilberichte, 1980

1. Naturfasern

Schafwolle

Schon die Höhlenmenschen in grauer Steinzeit (5000–4000 v. Chr.) hielten sich Schafe als Haustiere und verarbeiteten deren Haare zu Wollfilzen. Auch die alten Griechen, Römer und Germanen kleideten sich in Wolle (800–300 v. Chr.). Allerdings benutzten sie wohl noch ziemlich kratzige Wolle und schauten neiderfüllt auf die Mauren, die bereits weiche Merinowolle besaßen. Den Spaniern gelang es schließlich, die begehrten Merinoschafe von den Mauren zu ergattern, und so gelangte die wertvolle Schafrasse allmählich auch in andere Länder Europas. Durch gezielte Zucht wurde auch die Wolle der Merinos noch verfeinert.

Im mittelalterlichen Deutschland vervollkommneten Zünfte und Innungen die handwerklichen Techniken der Wollverarbeitung. Sie beschränkte sich damals im wesentlichen auf Färben, Weben und Stricken.

Mit Beginn der Industrialisierung wurde immer mehr ehemaliges Weideland für den Bau von Fabriken verbraucht. Außerdem wurde die Wollverarbeitung nach und nach von hochleistungsfähigen Maschinen übernommen, die größere Mengen in kürzerer Zeit verarbeiten konnten als ehemals die Handspinner und -weber. Die Wolle aus Deutschland reichte bald nicht mehr aus, und der Import aus Übersee wurde aufgenommen. Heute stammt Schafwolle überwiegend aus wenig besiedelten Gebieten, in denen noch genügend Weideland existiert. Australien, Neuseeland, Südafrika, Argentinien und Uruguay stehen an der Spitze der wollexportierenden Länder.

Schafe sind genügsame Weidetiere, die in fast allen Klimazonen leben können. Ein- bis zweimal im Jahr müssen sie Haare lassen. Mit speziellen Scheren oder elektrischen Schermaschinen wird ihnen der Pelz abgeschoren. 3 bis 5 kg Schafwolle kann man so pro Jahr von einem Schaf gewinnen. Ein geübter Schafscherer trennt das gesamte Wollkleid in einem Stück ab. So erhält man ein zusammenhängendes Wollvlies. Wollhaare sind nämlich sehr viel feiner, länger und stärker gekräuselt als Menschenhaare oder Haare anderer Säugetiere wie Pferde, Kühe oder Ziegen. Daher hängen sie ähnlich wie Watte in Büscheln zusammen.

Weiche Unterwäsche oder Babykleidung läßt sich besonders gut aus Merinowolle herstellen. Für strapazierfähige Teppiche hingegen nimmt man lieber die grobe, langhaarige und weniger gekräuselte Wolle der Landschafe oder der Cheviot-Schafe. Etwa in der Mitte zwischen diesen beiden liegen die Crossbred-Wollen, was kein Wunder ist, denn Crossbred-Schafe stammen aus einer Kreuzung von Merinos und Cheviots.

Doch Wolle ist nicht gleich Wolle, selbst wenn es sich um die gleiche Schafrasse handelt. Man kann Wollhaare nämlich nicht nur von lebenden Tieren abscheren, sondern auch von gesunden, geschlachteten Tieren. Diese sogenannte *Fellwolle* besitzt jedoch nicht mehr die hohe Qualität der *Schurwolle* vom lebenden Schaf. Noch minderwertiger ist die Wolle von kranken, verendeten Tieren. Doch auch diese *Sterblingswolle* wird noch verarbeitet. Bei der Herstellung von Leder werden die Wollhaare mit Chemikalien aus der Haut herausgelöst. Wie man sich leicht vorstellen kann, ist diese *Gerberwolle* stark geschädigt und geringwertig. Schließlich gibt es noch die *Reißwolle*. Sie wird aus alten Kleidungsstücken gewonnen, indem diese im Reißwolf zerrissen werden. Da diese Wollfasern bereits ein strapaziöses Kleiderdasein hinter sich haben, haben sie auch schon einen Teil ihrer Elastizität eingebüßt.

Im Textilkennzeichnungsgesetz ist festgelegt, daß nur die direkt vom lebenden Schaf geschorene Wolle als Schurwolle auf dem Etikett erscheinen darf. Wenn Sie aber auf dem Etikett nur die Angabe Wolle finden, handelt es sich in den meisten Fällen um Reißwolle.

Das Wollhaar:
Wollfasern entpuppen sich als kleine Kunstwerke, wenn man ihren Feinaufbau betrachtet. Unter dem Elektronenmikroskop bei ca. 400facher Vergrößerung kann man sehen, daß die Oberfläche der Fasern völlig von einer Schicht dachziegelartig übereinanderliegender Schuppen bedeckt ist. Diese Schuppenschicht ist noch einmal umgeben von einem dünnen Häutchen, welches die außergewöhnliche Eigenschaft besitzt, Wasser in Tropfenform abzuweisen, Wasserdampf jedoch hindurchzulassen. Die Natur hatte also dieses Prinzip schon lange entdeckt, bevor Bob Gore auf die Idee kam, die nach ihm benannte Gore-Tex-Membran aus Teflon herzustellen (s. Kapitel Sportkleidung) – schließlich sollen ja auch Schafe bei einem Regenschauer möglichst

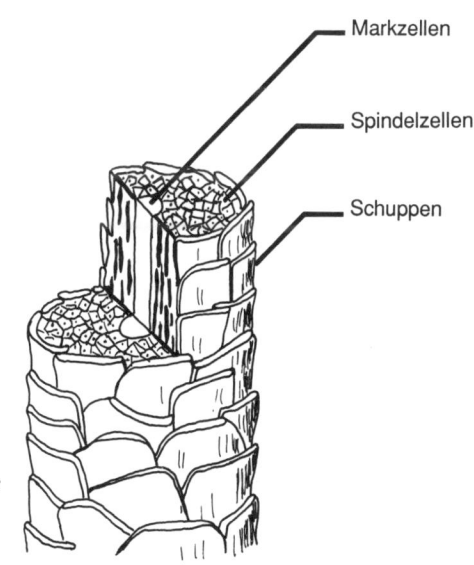

Markzellen

Spindelzellen

Schuppen

Aufbau der Wollfaser

nicht gleich naß bis auf die Haut werden. Aus diesem Grund werden die Wollhaare am Schaf zusätzlich noch ‹wasserabweisend imprägniert›. Talgdrüsen an der Haarwurzel sondern Wollfett (Lanolin) ab, das die Haare mit einem wasserabweisenden Fettfilm versieht.

Unter dieser wasserabweisenden Außenhülle befindet sich der eigentliche Faserstamm, der aus länglichen, elastischen Gebilden, sogenannten Spindelzellen besteht, die durch eine elastische Kittsubstanz (Lanain) zusammengehalten werden. Diese Spindelzellschicht kann sehr viel Wasser aufnehmen. Auch Farbstoffe sowie Säuren und Laugen werden hier gebunden.

Grobe Wollen besitzen in der Fasermitte zusätzlich noch eine relativ starre Markschicht.

Wollhaare sind aus der Eiweißsubstanz Keratin aufgebaut. Wie alle Eiweißmoleküle besteht Keratin aus einer langen Kette von Aminosäuren. Es gibt 20 verschiedene Aminosäuren, und jede von ihnen zeichnet sich durch einen ganz besonderen Seitenarm am Molekül aus. Manche Seitenarme haben Säure-, manche Basencharakter, einige sind völlig ungeladen. Manche Seitenarme geben sich gerne gegenseitig die Hände und knüpfen dabei vorübergehend neue zarte Bande (lockere chemische Bindungen: Wasserstoffbrückenbindungen). Wollkeratin wird weder von schwachen Säuren noch von schwachen Basen angegriffen, da die Seitenarme die Moleküle abfangen. Auch Farbstoffe oder die Bestandteile des menschlichen Schweißes werden von den Seitenarmen gebunden.

Das ganze lange Kettenmolekül ist aber nicht etwa langgestreckt. Es ist ähnlich wie eine Telefonschnur spiralig gewunden. Wenn Sie von Ihrem Telefon den Hörer abnehmen, können Sie sehen, was das Besondere an einer solchen Anordnung ist. Die Telefonschnur dehnt sich plötzlich zu ungeahnter Länge aus, zieht sich aber sofort wieder kurz zusammen, wenn Sie den Hörer wieder auflegen. Genau das gleiche passiert, wenn Wollfasern gedehnt werden. Sie machen jede Dehnung mit, kehren aber danach sofort wieder in ihre Ausgangslage zurück. Allerdings kann sich das Keratin-Molekül nicht völlig strecken, da es durch seine Seitenarme festgehalten wird. Läßt man jedoch einige Zeit feuchte Hitze auf die Wolle einwirken, so müssen die Seitenarme loslassen. Jetzt kann man der Wolle jede beliebige Form geben. Beim Abkühlen finden sich die Seitenarme einfach mit ihren neuen Nachbarn zusammen und erhalten damit dauerhaft die neue Form. Auf diese Art und Weise erhält zum Beispiel der gestrickte Pullover beim Dämpfen nach der Fertigstellung seine endgültige Form.

Eigenschaften von Wolle:
• Wolle zeichnet sich besonders durch ihre hohe Wasseraufnahmefähigkeit aus. Von allen Textilfasern kann sie am meisten Feuchtigkeit aufnehmen. Bis zu 33 Prozent ihres Trockengewichts kann Wolle Flüssigkeit in verdunsteter Form aufnehmen (bei 100 Prozent Luftfeuchtigkeit), ohne sich feucht anzufühlen.[12] Der Schweiß, der von der menschlichen Haut ständig in Dampf-

Feine Merinowolle

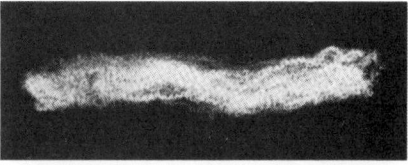

Mittelfeine Merinowolle

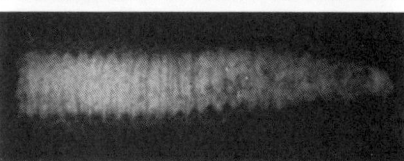

Crossbredwolle

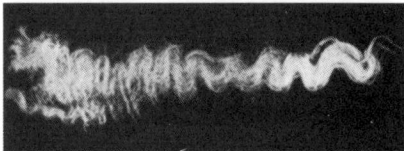

Grobe Teppichwolle

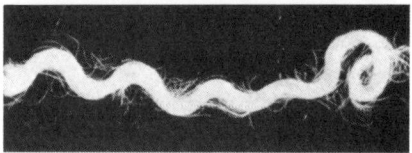

Quelle: Adebahr-Doerel, L.: Von der Faser
zum Stoff. Handwerk u. Technik, Hamburg,
28. Aufl. 1982

form abgegeben wird, wird daher sofort aufgesaugt und im Faserinneren ge-
speichert (die Fasern sind hygroskopisch). Die Haut bleibt trocken.
• Wolle besitzt von Natur aus das beste Wärmeisolationsvermögen von allen
Textilfasern. Durch die feine starke Kräuselung der Wollfasern wird ein dik-
kes Luftpolster eingeschlossen und festgehalten. Die ruhende Luft ist der beste Wärmeisolator.
• Wollkleidung fühlt sich stets trocken an, auch bei starkem Schwitzen oder
hoher Luftfeuchtigkeit. Wollfasern können nämlich von außen nur schwer
von Wasser benetzt werden (sie sind außen hydrophob.) Niemand käme auf
den Gedanken, mit einem Wollappen den Tisch abzuwischen – er saugt zu
schlecht.
• Wollfasern sind sehr dehnbar und sehr elastisch. In trockenem Zustand
nehmen Wollfasern selbst bei einer Dehnung um 30 Prozent nach der Entspannung wieder ihre ursprüngliche Länge ein. In nassem Zustand ist sogar
eine Dehnung bis zu 70 Prozent möglich. Selbst von Knitterfalten erholt sich
Wolle in feuchter Luft wieder.
• Wolle ist dauerhaft formbar. Läßt man feuchte Hitze (über 67 °C) mindestens zwei Minuten einwirken, so kann dabei die Paßform eines Anzugs oder
eine Bügelfalte dauerhaft fixiert werden.

23

- Wolle ist die leichteste Naturfaser (sie hat das geringste spezifische Gewicht).
- Wolle ist wenig schmutzanfällig. Mikroorganismen finden in Wolle nur einen schlechten Nährboden. Wollsachen stinken daher auch nach schweißtreibender Tätigkeit kaum und werden durch einfaches Lüften wieder frisch.
- Wolle ist als einzige Faser filzbar. Unter Einwirkung von Wärme, Feuchtigkeit und Bewegung verhaken sich die Fasern mit ihren Schuppen ineinander und können nicht wieder in ihre ursprüngliche Form zurück. Was in der Haushaltswäsche so unerwünscht ist (s. Textilpflege), eröffnet auf der anderen Seite die Möglichkeit, dichte, feste Stoffe für Mäntel, Decken, Hüte oder Tuche herzustellen. Den gewollten Filzvorgang nennt man Walken.
- Schurwolle ist schwer entflammbar. Sie schmilzt und tropft nicht.
- Wolle wird gern von Kleidermotten gefressen (Mottenabwehr s. Kapitel 2).
- Wolle wird von vielen Menschen als kratzig auf der Haut empfunden. Ob durchblutungsfördernde Kleinstmassage oder Hautreizung, das empfindet wohl jeder Mensch anders. Allerdings muß man dazu sagen, daß das kratzige Hautgefühl sehr stark von der Wollqualität abhängt. Feine unbehandelte Wollen haben einen weichen Griff. Probieren Sie's doch einfach mal aus.

Verwendung: Mäntel, Jacken, Kostüme, Kleider, Herrenanzüge, Hosen, Pullover, Strickjacken, Socken, Krawatten, Schals, Handschuhe, Gesundheitswäsche, Filzhüte, Mützen, Unterwäsche, Reise- und Schlafdecken, Rheumaauflagen, Möbelbezugsstoffe, Teppiche.

Andere Tierhaare

Auch die Haare zahlreicher anderer Tierarten können zu Bekleidungszwecken verarbeitet werden. Sie besitzen grundsätzlich einen ähnlichen Aufbau und ähnliche Eigenschaften wie die Schafwolle. Unterschiede der Fasern bestehen in der Kräuselung und Steifheit.

Schafkamele: Schafkamele leben in Südamerika. Sie sind größer als Schafe und haben die Kopfform von Kamelen. Zu den Schafkamelen gehören Alpaka, Lama, Guanako und Vikunja.

Lama: Das Lama liefert grobe Wolle, die zu Teppichen, Decken und Gestrikken verarbeitet wird.

Alpaka: Die Wolle des Alpaka besteht aus der feinen, glänzenden Unterwolle (Flaum) und Grannenhaaren (gröbere Haare). Die Grannenhaare werden ähnlich wie Mohair verwendet. Der weiche Flaum wird als Spinnmaterial geschätzt.

Guanako: Guanakos liefern Wolle von mittlerer Qualität, die überwiegend in den Herkunftsländern zu groben Stoffen verarbeitet wird.

Vikunja: Das Vikunja ist das kleinste wildlebende Schafkamel. Es ist seit 1863 gesetzlich geschützt. Pro Jahr erhält man durch Schur 120–300 g Wolle von einem Tier. Vikunjawolle ist besonders fein, leicht und weich und wird zu wertvollen Stoffen verarbeitet.

Angorakaninchen: Das Angorakaninchen ist eine asiatische Zuchtrasse des Hauskaninchens. Man gewinnt die Wolle durch einmal wöchentliches Kämmen und zwei- bis dreimalige Schur pro Jahr. Pro Tier erhält man jährlich 300 bis 500 g Wolle.

Die Wollfasern der Angora-Wolle sind innen hohl. Sie isolieren daher besonders gut gegen Kälte und sind dabei noch besonders leicht. Angora-Wolle lädt sich elektrostatisch auf. Angora-Wolle wird meist in Mischungen verwendet, da sie allein schwer zu verspinnen ist. Auch Rheuma- und Gesundheitswäsche wird aus Angora hergestellt. Heilwäsche muß mindestens 70 Prozent, Gesundheitswäsche mindestens 50 Prozent Angorawolle enthalten.

Mohair: Nicht zu verwechseln mit der Angorawolle ist die Mohair-Wolle. Mohair stammt nämlich von einer Ziege, die im Vorderen Orient, in Nordamerika, Südafrika und Südeuropa gehalten wird, der Angora-Ziege. Mohair-Wolle ist sehr fest, elastisch und verfilzt nicht. Strickwaren, Borten, Plüsch, Futterstoffe, Decken, Teppiche u. a. werden aus reiner oder mit anderen Fasern gemischter Mohair-Wolle hergestellt.

Roßhaar: Die Schweif- oder Mähnenhaare von Pferden können ebenfalls genutzt werden. Es ist das bekannte Roßhaar. Roßhaare sind glatt, steif, sehr haltbar und haben eine hohe Sprungelastizität. Daher werden sie besonders gerne in Matratzen verarbeitet. Roßhaarmatratzen liegen sich kaum durch.

Kaschmir: Kaschmir stammt von der Kaschmir-Ziege, die im Himalayagebiet, Südrußland und Kleinasien gezüchtet wird und wild in großen Höhen und extremer Kälte lebt. Kaschmirwolle ist sehr fein, besonders weich und angenehm im Griff. Sie wird zu Strickwaren, Krawattenstoffen und handgewebten Schals verarbeitet.

Seide

Das Geheimnis der Seide wurde in China fast drei Jahrtausende lang sorgsam gehütet (3000–200 v. Chr.). Die Gelehrten der übrigen Welt zerbrachen sich den Kopf darüber, wie wohl die kostbaren Seidenfäden entstanden sein könnten, denn Seide war schon immer sehr begehrt und vor allem teuer. In

Samt und Seide kleideten sich die Herrscher der Länder zu allen Zeiten gerne. Auf der berühmten Seidenstraße trugen die Handelskarawanen die in China hergestellten Stoffe in europäische Länder.

Manche Legenden ranken sich darum, wie die Kenntnis der Seidengewinnung schließlich doch in andere Länder gelangte. Eine Version erzählt, daß eine chinesische Prinzessin einige Eier der Seidenraupen in ihrer kunstvollen Haartracht versteckt über die chinesische Grenze schmuggelte, um sie ihrem künftigen Ehegemahl als Hochzeitsgeschenk darzubringen.[13, 14] Einer anderen Version zufolge sollen tapfere Mönche einige Eier in ihren Wanderstöcken verborgen über die Grenze gebracht haben.[12]

Wie es auch immer genau gewesen sein mag, bis zum 17. Jahrhundert breitete sich jedenfalls die Seidenraupenzucht und ein angeschlossenes seidenverarbeitendes Handwerk auch in Mitteleuropa aus. Erst die beginnende Industrialisierung setzte dem ein Ende und drängte die Seidenzucht wieder in die Ursprungsgebiete China, Japan, Korea und Indien zurück. Die Seidenverarbeitung verblieb jedoch in europäischen Ländern.

Der Seidenfaden wird von den Raupen des Maulbeerspinners (Bombix mori), eines Nachtfalters, erzeugt. Das Weibchen des Maulbeerspinners legt ca. 300 bis 500 mohnkorngroße Eier, aus denen nach ca. zwei Wochen in feuchter Wärme 3 mm lange Raupen ausschlüpfen. Die Raupen entwickeln eine kolossale Freßlust. Innerhalb eines Monats vertilgt jedes Räupchen 30 bis 40 g Maulbeerblätter, bis es schließlich 10 cm lang geworden ist. Sein Körper ist dann schon bis zum Platzen mit flüssigem Spinnstoff angefüllt. Nun beginnen die Raupen sich einzuspinnen, um sich zu verpuppen. Sie produzieren um sich herum einen Kokon aus einem 4 km langen Seidenfaden. Nach zwei Wochen schlüpft daraus der neue Schmetterling.

Da der Schmetterling den Kokon beim Schlüpfen teilweise zerstören würde, werden bei der Zucht die fertigen Kokons eingesammelt und die Puppen darin durch Hitze abgetötet. Anschließend wird der Seidenleim, von dem der Kokon zusammengehalten wird, in heißem Wasser erweicht, so daß man den Faden abhaspeln (abwickeln) kann. Man erhält einen Faden von 300 bis 1000 m Länge. 6 bis 20 solche Fäden werden zusammen abgewickelt und kleben durch den noch anhaftenden Seidenleim zu einem Mehrfachfaden zusammen. Das ist die Rohseide.

Kurze Fadenreste oder zerstörte Kokons werden als Fasern zu Bourette- oder Schappeseide versponnen. Auch die Wild- oder Tussahseide, die von gesammelten Kokons wildlebender Nachtschmetterlingsarten stammt, wird als Faser versponnen.

Der Seidenfaden: Seide besteht genau wie Wolle aus Eiweißmolekülen. Die chemische Zusammensetzung von Wolle und Seide unterscheidet sich nur ganz geringfügig (Fehlen von schwefelhaltigen Aminosäuren bei Seide). Im Gegensatz zu Wolle ist die Oberfläche des Seidenfadens jedoch relativ glatt.

Eigenschaften der Seide:
- Seide kann fast genausoviel Feuchtigkeit aufnehmen wie Wolle (30 Prozent bei 100 Prozent Luftfeuchtigkeit). Andererseits trocknet Seide aber auch sehr schnell wieder. Schweiß wird daher gut aufgesaugt und rasch nach außen weitergeleitet.
- Seide ist temperaturausgleichend. Im Sommer kühlt sie und im Winter wärmt sie.
- Seide besitzt die größte Reißfestigkeit von allen Naturfasern. Daher wurde sie unter anderem als Fallschirmseide benutzt.
- Seide ist sehr elastisch, wenn sie nicht beschwert wurde (Beschwerung s. Kapitel 2). Sie neigt daher wenig zum Knittern.
- Seide wird nicht von Motten gefressen.
- Seide ist schmutzabweisend und nimmt keinen Geruch an.
- Seide bekommt leicht Flecke. Sogar Wasser oder Schweiß können Flecke hinterlassen.

Verwendung: Krawatten, Schals, Tücher, Blusen, Kleider, Nähseide, Unterwäsche.

Baumwolle

Schon vor ca. 5000 Jahren wurde im alten Indien Baumwolle angebaut und zu Kleidung verarbeitet, archäologische Funde – eine Silbervase mit Baumwollgeweben und Baumwollschnüren – zeigen dies. Selbst Spinnwerkzeug und ein Färbebottich aus dieser Zeit sind noch erhalten geblieben.

Ungefähr 2000 Jahre sollten vergehen, ehe die Baumwolle in westlichen Ländern überhaupt bekannt wurde. Alexander der Große brachte sie von seinem Indien-Feldzug mit ans Mittelmeer. Nordeuropäer lernten den ‹Gewebten Wind› erst auf ihren Kreuzzügen kennen und brachten Baumwollstoffe mit in ihre Heimat.

Von da an wurde das ‹Weiße Gold› eine begehrte Handelsware. Die englische Ost-Indien-Kompanie transportierte Unmengen von Baumwollstoffen nach England. Den reichen Handelsherren gelang es, die Baumwollpreise in den Erzeugerländern so weit zu drücken, daß Baumwollerzeugnisse trotz der teuren Seereise mit dem heimischen Flachs und Schurwollprodukten konkurrieren konnten.

Die industrielle Revolution des 18. Jahrhunderts brachte auch eine Umwälzung der Baumwollverarbeitung mit sich. Während zuvor Spinn- und Webarbeiten von kleinen Handwerksbetrieben durchgeführt worden waren, entstanden nach der Erfindung von Spinnmaschinen und halbautomatischen Webstühlen in den Industrieländern große Fabriken, in denen die Arbeit von Ungelernten, Frauen und Kindern verrichtet werden konnte.

Dem vormals blühenden Gewerbe der indischen Baumwollweber wurde so allmählich die Existenzgrundlage entzogen. Schließlich blieben nur noch in den Dörfern Reste dieser alten Tradition erhalten, in denen nach wie vor Baumwolle für den Eigenbedarf versponnen und gewebt wird. Für die gewaltfreie Widerstandsbewegung unter Mahatma Gandhi wurde das Spinnrad später zum Symbol der Eigenständigkeit des indischen Volkes. Gandhi selbst soll täglich einige Zeit am Spinnrad verbracht haben.

Als 1492 Kolumbus Amerika entdeckte, erschlossen sich den Europäern neue Anbauflächen. Das Klima war günstig und wilde Baumwollpflanzen sogar heimisch. Doch nur wenige Weiße waren bereit, die schwere Arbeit auf den Baumwollfeldern gegen geringen Lohn zu leisten. Deshalb besorgten sich immer mehr Großgrundbesitzer schwarze Sklaven aus Afrika.

Mit der weiteren Verbesserung der Baumwollverarbeitungsmaschinen im 19. Jahrhundert wuchs die Bedeutung der Baumwolle zusehends. Zu Beginn des 20. Jahrhunderts hatte Baumwolle einen Anteil von 75 Prozent am Weltfaserverbrauch (20 Prozent Wolle, 5 Prozent Seide und Flachs).[12]

Die Baumwollpflanze: Die Baumwollpflanze ist ein strauchartiges Gewächs, das wie die heimische Stockrose zur Familie der Malvengewächse gehört. Sie wächst in tropischen und subtropischen Gebieten. Der sogenannte ‹Baumwollgürtel› zieht sich zwischen dem 43. Grad nördlicher und dem 36. Grad südlicher Breite um die Erde. Die Hauptanbaugebiete befinden sich in der Sowjetunion, China, USA, Indien, Brasilien, Türkei und Pakistan.

Die Früchte der Baumwolle enthalten die eigentlichen Fasern. Nach der Blüte bildet die Pflanze längliche Fruchtkapseln, die bei der Reife aufplatzen. Aus den geöffneten Kapseln quillt weiße oder gelbe Watte, die Baumwollsamen mit ihren Haarbüscheln. Jede Kapsel enthält ca. 30 Samen, an denen jeweils 1000 bis 7000 Samenhaare sitzen, die Baumwollrohfasern.

Der Anbau der Baumwolle ist in der Vergangenheit immer wieder intensiviert worden. Innerhalb von 30 Jahren konnten die Erträge auf nahezu das Doppelte gesteigert werden. In riesigen Monokulturen werden neue ertragreiche Baumwollsorten angebaut, die den massenhaften Einsatz von Dünge- und Pflanzenschutzmitteln nötig machen. Vor der Ernte werden die Pflanzen noch mit Entlaubungsmitteln besprüht, damit sie von Erntemaschinen, die ähnlich Mähdreschern arbeiten, geerntet werden können. Die alte Handernte wird nur noch in einigen Entwicklungsländern und bei qualitativ besonders hochwertigen Baumwollsorten durchgeführt. Die Maschinen ernten zwar in einer Stunde soviel wie zwanzig geübte Saisonarbeiter am ganzen Tag, doch können sie nicht, wie diese, mit flinken Fingern Baumwollbüschel von Fruchtkapseln, Stengeln u. ä. trennen. Sie liefern daher stets eine geringere Qualität als die Baumwollpflücker.

Die Baumwollfaser: Die Baumwollfaser besteht chemisch gesehen fast vollständig aus Cellulose. Das ehemals kreisrunde Samenhaar trocknet bei der Fruchtreife in der Mitte ein, so daß ein im Querschnitt nierenförmiges Gebilde entsteht, das korkenzieherartig gewunden ist.

Die Baumwolle gehört zur Familie
der Malvengewächse

Quelle: Zethner, O.: Naturprodukt Baumwolle,
Würzburg 1985

Die Baumwolle ist reif

Eigenschaften von Baumwolle:
- Baumwolle kann viel Feuchtigkeit aufsaugen (bis zu 21 Prozent bei 100 Prozent Luftfeuchtigkeit). Bei starkem Schwitzen wie beim Sport kann sie die Feuchtigkeit jedoch nicht so schnell nach außen weiterleiten, daß sie verdunsten kann. Außerdem quellen die Fasern auf, wenn sie feucht werden, und machen das Gewebe luftdicht. Baumwollsachen werden daher bei *starkem* Schwitzen naß und kleben am Körper.
- Baumwolle ist sehr hautfreundlich. Baumwollsachen kratzen nicht (keine Allergien!), filzen nicht, sind absolut mottensicher und laden sich nicht elektrostatisch auf.
- Baumwolle läßt fast jede Reinigungsmethode zu. Man kann sie reiben, bürsten, kochen, bügeln und sogar mit Lauge behandeln, ohne daß sie Schaden nimmt. Daher sind Baumwollartikel sehr hygienisch.
- Baumwolle ist die scheuerfesteste Naturfaser. Daher ist Baumwolle sehr haltbar, zum Beispiel auch in Socken.
- Baumwolle läßt sich zu lockeren Geweben verarbeiten, beispielsweise Mullbinden, da sie sehr schiebefest ist.
- Baumwolle neigt stark zum Knittern und kann bei der Wäsche einlaufen.
- Baumwolle wärmt kaum. Sie ist daher eher für die warme Jahreszeit geeignet.
- Baumwolle neigt zu Stockflecken. Man darf sie deshalb niemals feucht liegenlassen.

Verwendung: Oberbekleidung aller Art, Unterwäsche, Baby-Wäsche, Windeln, Bettwäsche, Frottierwaren, Haus- und Küchenwäsche, Vorhangstoffe, Möbelbezugstoffe, Nähgarne, Handarbeitsgarne.

Leinen

Schon die Steinzeitmenschen kannten Lein oder Flachs und fertigten Leinenstoffe an (5000 bis 3000 v. Chr.).

Im alten Ägypten (2500 bis 800 v. Chr.) erlangte der Flachs dann große Bedeutung. Dort entstanden in den ersten Leinenmanufakturen Leinengewebe von einer Feinheit, wie sie selbst heute nicht mehr erzeugt werden (‹Leinerne Nebel›).

Im Mittelalter breitete sich der Flachsanbau in ganz Mitteleuropa aus. In Deutschland erlebte der Flachs im 18. Jahrhundert eine Blütezeit. Die Leinenweber waren eine angesehene Zunft. Die Kleidung des 18. Jahrhunderts bestand aus Wolle und Leinen (78 Prozent Wolle-, 18 Prozent Leinen-Anteil an der Weltfaserproduktion).

Die industrielle Revolution bedeutete für Leinen das vorläufige ‹Aus›. Die leichter und billiger zu verarbeitende Baumwolle drängte in alle Bereiche vor. Da die Leinenverarbeitung nicht im gleichen Maße mechanisiert werden konnte, verlor sie immer mehr an Bedeutung.

In den letzten Jahren erfuhr das Leinen durch die Rückbesinnung auf natürliche Stoffe eine kleine Renaissance. Trotzdem ist festes und gutes Leinentuch, wie es der Stolz unserer Großeltern war, heute nur schwer zu bekommen.

Der Flachs (Linum usitatissimum = der für den Gebrauch geeignetste Lein) ist eine sehr genügsame einjährige Kulturpflanze der gemäßigten Klimazonen. Nach der Aussaat ist der Lein in ca. 100 Tagen erntefähig. Dabei erfordert er weniger Dünge- und Pflanzenschutzmittel als die meisten anderen Kulturpflanzen. Er wäre daher besonders für den biologischen Anbau geeignet.

Blühender Flachs

So wurde früher der Flachs gesponnen

Mit der Erfindung der Spinnmaschine verschwanden diese Bilder. Der Faden wurde in den sich bildenden mechanischen Spinnereien auf den Maschinen gesponnen. Aber nicht nur die Art des Spinnens änderte sich. Mit der Erfindung der Spinnmaschine nahmen die Einfuhren von Baumwolle an Umfang zu. Die billigere Baumwolle drängte den Flachs immer mehr zurück und begann die größere Rolle zu spielen.

Quelle: Wehmeyer, E.: Das unterhaltsame Textilbuch. Braunschweig 1949

Die Hauptanbaugebiete des Leins liegen heute in der UdSSR, Frankreich, Belgien, Holland, Polen, Tschechoslowakei und Rumänien.

Bei den Leinenfasern handelt es sich um das Stützgewebe des Stengels, die Bastfaserbündel. Der 80 bis 120 cm hohe Flachsstengel muß ja gleichzeitig sehr elastisch und stabil sein, damit er auch, wenn die schweren Samen reifen, nicht vom Wind umgeknickt wird. Ein Flachsstengel übertrifft dabei einen Industrieschornstein um das 20fache in seiner elastischen Stabilität. Diese hervorragende Eigenschaft bedingt die hohe Haltbarkeit des Leinens.

Die Gewinnung der Leinenfasern aus den Stengeln erfordert mehrere, zum Teil nicht mechanisierte Arbeitsgänge. Die reifen Leinenpflanzen werden gerauft (ausgerissen) und anschließend geröstet. Danach werden sie gehechelt und geschwungen (geknickt und gebrochen), wobei sich die elastischen Fasern von den harten Stengelteilen trennen.

Die Leinen- oder Flachsfaser: Die Leinenfasern besitzen eine hellgelbe Farbe – daher der berühmte Flachskopf – und eine ungewöhnliche Länge von 10 bis 80 cm. Sie haben eine glatte Oberfläche, die nur in unregelmäßigen Abständen Knickstellen vom Hecheln zeigt. Daher rührt die bekannte Leinenstruktur.

Genau wie Baumwolle besteht Leinen hauptsächlich aus Cellulose.

Eigenschaften:
• Leinen ist die haltbarste Naturfaser. Es ist besonders zugfest und dabei kaum dehnbar. Nasses Leinen hat sogar noch eine um 30 bis 40 Prozent höhere Zugfestigkeit als trockenes. Daher lassen sich aus Leinen strapazierfähige Stoffe wie Segeltuch, Gurte, Transportbänder oder auch Nähzwirne herstellen.
• Leinen läßt sich zu besonders feinen Garnen verspinnen, da die einzelnen Fasern so lang sind.

• Aufgrund ihrer Glätte fusseln Leinengewebe nicht (wichtig für Geschirr- und Taschentücher). Sie kratzen auch nicht auf der Haut und rufen keine Allergien hervor.
• Leinen ist gut saugfähig (17 Prozent bei 100 Prozent Luftfeuchtigkeit).
• Leinen läßt sich problemlos kochen und bügeln und ist daher sehr hygienisch.
• Leinen knittert sehr stark. Bügeln nach der Wäsche läßt sich kaum umgehen.
• Leinen wärmt kaum. Der charakteristische ‹kühle Griff› von Leinen wird mitbedingt durch seine Glätte. Leinen ist daher besonders im Sommer angenehm zu tragen.

Verwendung: Hochwertige modische Bekleidung und Wäsche, Taschentücher, Geschirr- und Gläsertücher, Tischdecken, Servietten, Bettwäsche, Handtücher, Hand- und Reisetaschen, Koffer und Sommerschuhe.

32

Brennessel

Die bei Gartenbesitzern oft ungeliebte Brennessel war bis zum Anfang des 18. Jahrhunderts eine gängige Faserpflanze, die bei uns in größerem Umfang angebaut wurde. Genau wie beim Flachs gewinnt man die Fasern aus den Stengeln. Brennesselstengel werden dazu in Laugen gekocht oder mit Spezialmaschinen bearbeitet. Einige Rindenteile bleiben jedoch stets an den Fasern hängen, so daß das daraus gefertigte Gewebe etwas rauh wird. Aus derartigem Nesseltuch lassen sich Bettücher, Zeltbahnstoffe und Berufskleidung herstellen. Heute wird die Bezeichnung ‹Nesseltuch› für ungebleichtes Gewebe aus Baumwolle oder Ramie verwandt.

Ramie

Die Zuchtnesselpflanze, Ramie, gedeiht in tropischen und subtropischen Klimazonen. Wie bei allen Stengelfaserpflanzen ist auch hier die Isolierung der Fasern aus dem Stengel das größte Problem. Ansonsten ähnelt Ramie in seinen Eigenschaften dem Leinen.

Hanf

Faserhanf (Cannabis sativa) wurde früher in Europa ebenfalls in großem Stil angebaut. Hanf ist noch zugfester als Leinen und wird daher bevorzugt zu Seilen, technischen Geweben, Garnen und Zwirnen verarbeitet.

Eine Besonderheit des Hanfes ist, daß er bis zu 30 Prozent seines Gewichtes an Feuchtigkeit aufnimmt und dadurch sehr stark quillt. ‹Werg› aus Hanf wird daher zum Abdichten von Schiffsplanken, Holzgefäßen, Fässern, wasserführenden Rohren, Pumpen und Armaturen verwandt.

Jute

Jute, eine Stengelfaserpflanze der tropischen und subtropischen Klimazonen, wird heute hauptsächlich als Grundstoff für Verpackungsmaterialien benutzt. Säcke, Seile, Teppichgrundgewebe, Wandbespannungen, technische Artikel u. a. werden aus Jute hergestellt.

Sisal

Sogenannter Sisal wird aus den Blättern verschiedener subtropischer Agavenarten gewonnen. Sisalfasern sind sehr fest, biegsam, hart, spröde und widerstandsfähig gegen Verrottung. Taue, Matten, Verpackungsmaterialien und Matratzenfüllungen werden aus Sisal hergestellt.

Kapok

Kapokfasern wachsen an den Früchten des tropischen Kapokbaumes. Sie lassen sich nicht verspinnen und werden daher nur für Polstermaterialien, Schwimmgürtel und Matratzenfüllungen verwendet.

Kokos

Die äußere Umhüllung der Kokosnuß liefert die Kokosfasern. Bei den Kokosnüssen, die man bei uns im Geschäft kaufen kann, ist diese Hülle entfernt worden. Nur noch einige Faserreste hängen an der harten Samenschale. Aus Kokosfasern lassen sich Seile, Taue, Teppiche, Matten, Läufer, Wandbespannungen und Matratzenfüllungen herstellen.

Torf

Die dunkelbraunen oder schwarzen Locken, die in Torf enthalten sind, wurden in Notzeiten ebenfalls zu Fäden versponnen. Neuerdings sind wieder Torffasern auf dem Markt aufgetaucht, denen gar wundersame Eigenschaften nachgesagt werden. Die daraus hergestellten Kleidungsstücke sollen ihren Träger nicht nur warm halten, sondern auch noch vor schädlichen Umwelteinflüssen wie Abgasen, Aerosolen, Pestiziden, radioaktiven Strahlen oder gar Erdstrahlen schützen.

Dennoch: Die Verwendung von Torf, zu welchem Zwecke auch immer, ist ökologisch völlig untragbar. In Deutschland sind die ehemals ausgedehnten Moorgebiete schon zu kaum noch lebensfähigen Resten zusammengeschrumpft. Die jahrhundertealte Lebensgemeinschaft der Moore ist nach der Abtorfung meistens für immer zerstört.

2. Chemiefasern

Ähnlich der Seidenraupe künstlich einen Faden aus einer flüssigen Masse herzustellen, war schon lange der Traum der Menschen. Rund 300 Jahre und viele fehlgeschlagene Versuche und Irrwege liegen zwischen der ersten Idee einer künstlichen Seidenraupe und der heutigen Vielfalt an künstlich erzeugten Fasern.

Alle Faserstoffe, auch die natürlichen, bestehen aus langgestreckten Riesenmolekülen. Will man also künstlich einen Faden erzeugen, so muß man einen Weg finden, derartige Kettenmoleküle zu produzieren. Prinzipiell gibt es dazu zwei Möglichkeiten: Man kann in der Natur vorkommende Riesenmoleküle chemisch auflösen und anschließend zu Fäden ausziehen (Regenerierung von natürlichen Polymeren); Chemiker sind jedoch auch in der Lage, aus kleinen Bausteinen ganz neue Riesenmoleküle zusammenzubauen (Herstellung von synthetischen Polymeren), die sich ebenfalls zu Fäden ausziehen lassen.

Regeneratfasern

Im Jahre 1900 wurden erstmals auf der Weltausstellung in Paris Kunstsei-
dengarne und -gewebe ausgestellt. Die Welt staunte. Rund zwanzig Jahre
später erschienen die ersten Kunstseiden auf dem Markt. Die 20er und 30er
Jahre dieses Jahrhunderts wurden die Glanzzeit der Viskose-Kunstseiden.
Damals versuchte man noch die natürliche Seide mit ihrer Glätte und ihrem
Glanz nachzuahmen. Jeder Mann und jede Frau konnte sich solche Seide leisten, denn die künstlichen Produkte waren viel billiger als die Naturseide.
    Diese Chemiefasern der 1. Generation wurden aus Grundstoffen herge-
stellt, die in der Natur vorkommen. Baumwolle, Leinen und andere Pflanzen-
fasern bestehen fast ausschließlich aus Cellulose. Da Cellulose ein Hauptbe-
standteil aller Pflanzen ist, lag der Gedanke nahe, Cellulose anderer Pflanzen
chemisch zu verflüssigen und anschließend zu Fäden auszuspinnen.
    Auch aus Eiweiß, der Substanz der tierischen Fasern, versuchte man Fasern
herzustellen, jedoch blieben die Ergebnisse unbefriedigend, so daß künstliche
Eiweißfasern (z. B. Lanital) fast völlig vom Markt verschwunden sind.
    Künstliche Cellulosefasern (Cellulosics genannt, im Gegensatz zu Synthe-
tics) werden aus Abfällen der Baumwollspinnerei (Baumwoll-Linters) und
vor allem aus Holz (Buchen- und Fichtenholz) gewonnen. In einem aufwen-
digen Verfahren wird die Holzcellulose gewonnen und daraus Zellstoff hergestellt. Aus diesem Zellstoff macht man außer Textilfasern auch Papier.

Synthesefasern

Erst nach dem Zweiten Weltkrieg war es durch intensive Forschungsarbeiten
gelungen, künstlich ganz neue Riesenmoleküle zu bauen (zu synthetisieren),
was uns die Perlon- und Nyltest-Welle bescherte.
    Die Ausgangsstoffe für die Synthetics fallen bei der Aufarbeitung von
Erdöl, Erdgas und Kohle an. Organische Verbindungen wie Ethen (Ethylen),
Propen (Propylen), Benzol, Toluol u.ä. sind die Vorstufen der künstlichen
Riesenmoleküle. ‹Fasern nach Maß›, so hieß es, könne man jetzt erzeugen,
denn durch Veränderungen in der Herstellung kann man hier die Eigenschaften des fertigen Produkts beeinflussen.

Die künstliche Seidenraupe

Auf großen Spinnmaschinen wird das chemisch gewonnene Fasermaterial zu
Fäden ausgezogen. In Form von Schnitzeln oder Körnern wird der Kunststoff
bzw. Zellstoff in große Behälter gefüllt und dort in eine flüssige Form gebracht. Dazu kann man die Ausgangsstoffe schmelzen oder in Lösungsmitteln auflösen. Die flüssige Spinnmasse wird dann durch eine Art Brause mit
sehr feinen Strahlen, die Spinndüse, gepreßt. Die flüssigen Fäden werden so-

fort zum Erstarren gebracht, so daß man feste Fäden erhält. Diese Fäden werden noch in die Länge gezogen. Sie werden dadurch feiner, aber vor allem weniger dehnbar und damit fester. Mit einem Faden, der so dehnbar wie eine Plastiktüte wäre, könnte man nämlich nicht viel anfangen. Durch das sogenannte Verstrecken werden die langen Kettenmoleküle alle parallel in Längsrichtung des Fadens angeordnet. Nach dem Verstrecken werden alle Einzelfäden aus einer Düse zu einem Garn zusammengedreht.

Trockenspinnverfahren: Beim Trockenspinnverfahren werden die Ausgangsstoffe in Lösungsmitteln gelöst, die leicht und schnell verdampfen. Die flüssigen Fäden, die aus der Spinndüse kommen, fallen in einen Spinnschacht, in den von unten heiße Luft eingeblasen wird. Durch diesen heißen Gegenwind verdampft das Lösungsmittel, und die Fäden werden fest.

Naßspinnverfahren: Beim Naßspinnverfahren befindet sich die Spinndüse in einer Flüssigkeit, dem Spinn- oder Fällbad. Durch geeignete Chemikalien, die sich im Spinnbad befinden, wird den flüssigen Fäden das Lösungsmittel entzogen, so daß sie das Spinnbad in fester Form verlassen.

Schmelzspinnverfahren: Beim Schmelzspinnverfahren schmilzt man den Kunststoff und kühlt die heißen Fäden, die aus der Spinndüse kommen, sofort wieder ab. Auch so erhält man feste Fäden.

Der Chemiefaserfaden: Im Gegensatz zu den natürlichen Textilfasern kann man den künstlich erzeugten Fäden das gewünschte Aussehen geben. So wurden zunächst runde, glatte Fäden erzeugt. Diese glänzen zwar so schön wie echte Seide, fühlen sich jedoch unangenehm an, wenn man sie auf der Haut trägt. Oft besitzen sie einen seifigen, kalten Griff. Außerdem rutschen sie und verschieben sich leicht. Daher ist man bald dazu übergegangen, gerillte oder genarbte Oberflächen herzustellen. Man muß dazu nur die Form der Spinndüsen verändern. Wie bei den weihnachtlichen Spritzkuchen erhält man sternförmige, lappige, zackige oder sogar innen hohle Fäden. Diese Profilfasern glänzen weniger und fühlen sich angenehmer an. Allerdings werden sie schneller schmutzig, da sich in den Rillen oder Riefen der Schmutz besser festsetzen kann. Hohlfasern sind fülliger und bauschiger und wärmen besser.

In der Regel werden Chemiefasern künstlich gekräuselt. Was bei der Wolle von Natur aus vorhanden ist, wird hier nachgeahmt. Aus den glatten Fäden werden nun gekräuselte Gebilde hergestellt. Nur so lassen sich aus Chemiefasern angenehme Textilien herstellen. Sie sind bauschiger, elastischer, wärmen besser und kleben nicht auf der Haut.

Chemiefasern verlassen die Spinnmaschine praktisch als endlos langer Faden. Will man Chemiefasern mit Naturfasern zusammen verspinnen, so müssen die Fäden zu Fasern zerschnitten werden.

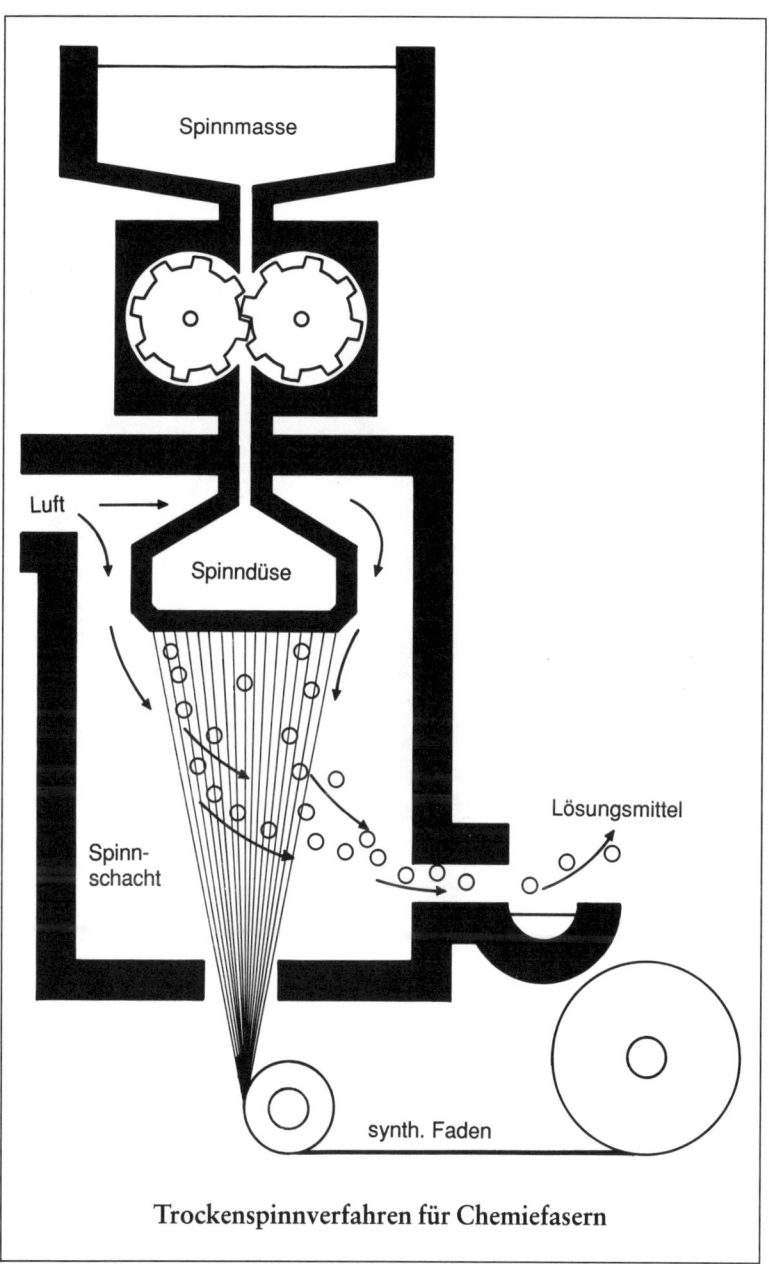

Spinnmasse

Luft →

Spinndüse

Lösungsmittel

Spinn-
schacht

synth. Faden

Trockenspinnverfahren für Chemiefasern

37

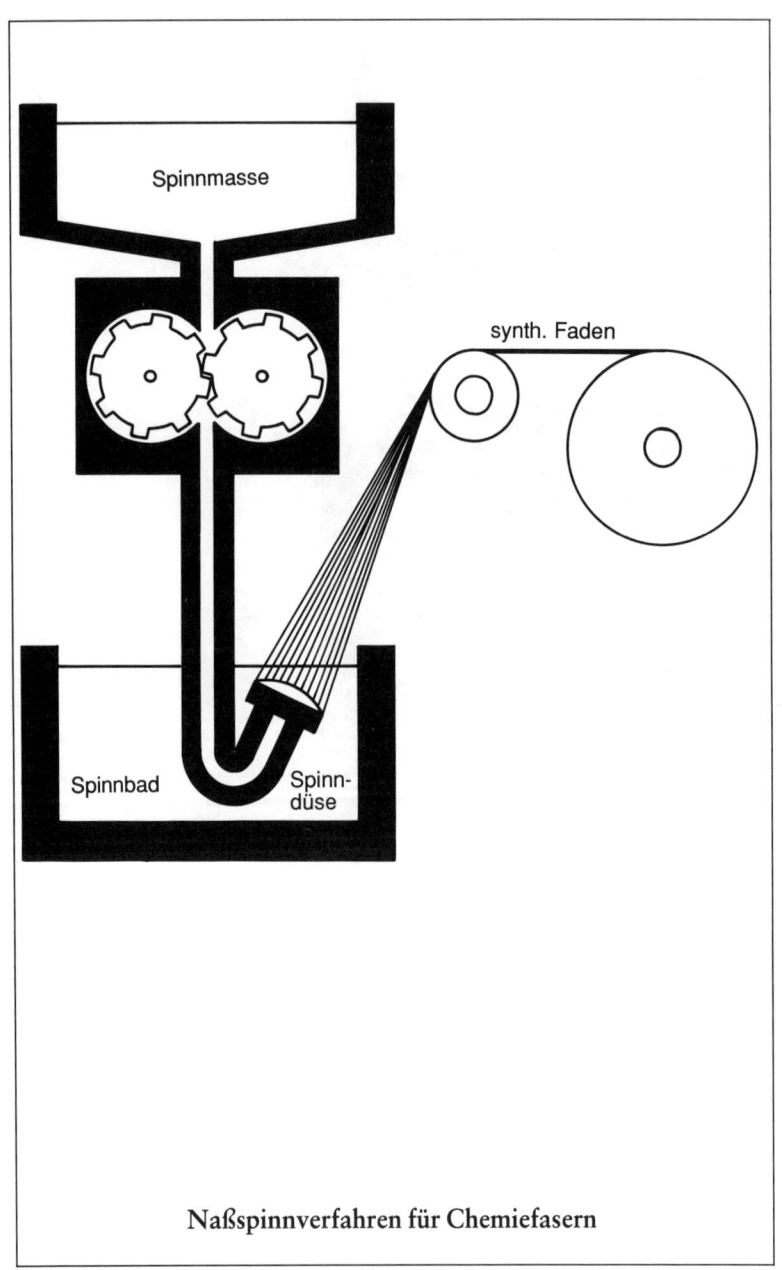

Naßspinnverfahren für Chemiefasern

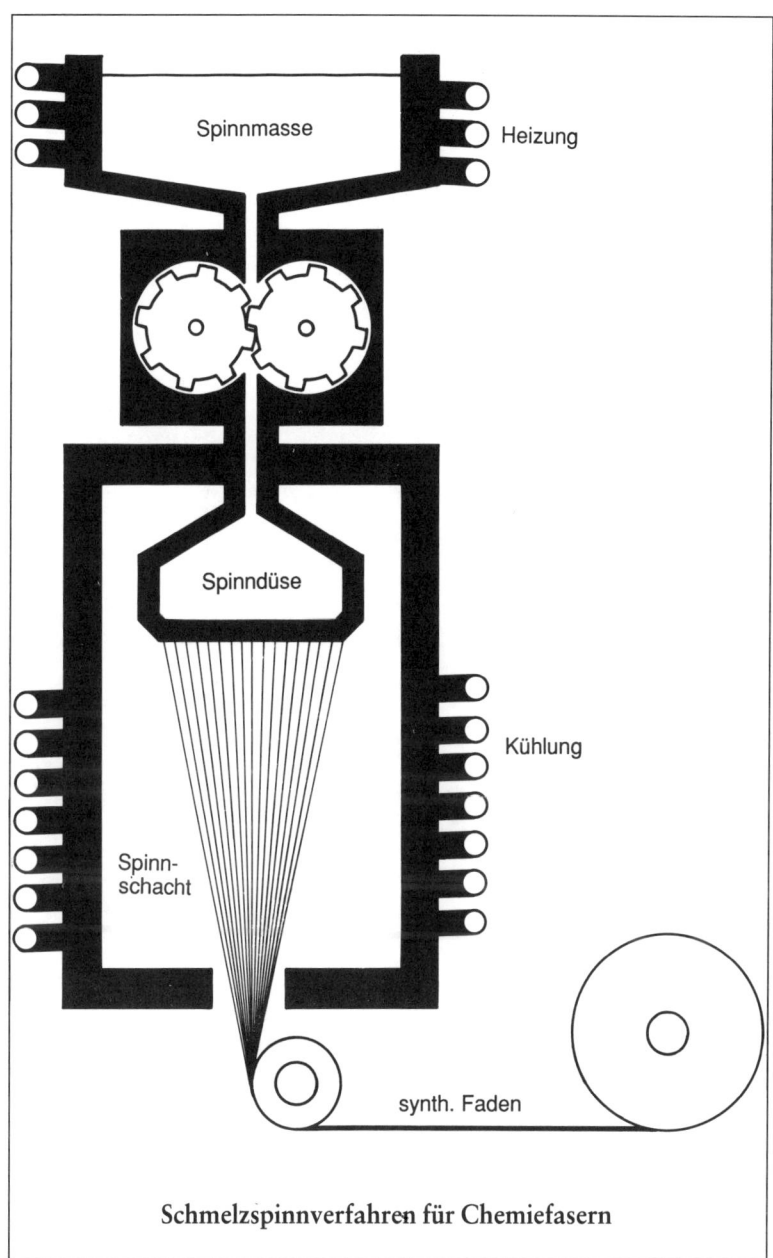

Schmelzspinnverfahren für Chemiefasern

39

Häufige Synthesefasern und ihre Handelsbezeichnungen
(ohne Anspruch auf Vollständigkeit)

Chemiefasern					

Cellulose-Gruppe					

Viskose	Cupro	Acetat	Modal	Polyester	
Colvera	Bemberg	Acetat	Koplon	Dacron	
Danufil	Shantung	Arnel		Diolen	
Enka		Rhodia		Tergal	
Floxan		Tricel		Trevira	
Viskose				Mitrelle	
Cordenka				Dacron Hollofil	
Danuflor				Quallofil	
Cellatex				Avitron	
				Rhoa-fil-Tergal	
				Rhoa-Sport	
				Crimplene	
				Enkalene	
				Terital	
				Terlenka	
				Terylene	

Cellulosics und Synthetics unterscheiden sich grundsätzlich in ihren Eigenschaften, da es sich bei den künstlichen Cellulosefasern um einen Naturstoff handelt, der nur kurzzeitig, zum Zwecke der Fadenbildung, verändert wurde, Synthesefasern jedoch völlig neu geschaffene Gebilde mit vorher unbekannten Eigenschaften darstellen.

Cellulosics

• Cellulosics besitzen Ähnlichkeit mit Baumwollfasern.
• Die Cellulose-Fasern Viskose und Cupro können bei 100 Prozent Luft-

Chemiefasern				
Synthetic-Gruppe				
Polyamid	Polyacryl	Elasthan	Polychlorid	Polypropylen
Bri-Nylon	Dolan	Dorlastan	Clevyl	Meraklon
Enkalon	Dralon	Lycra	Rhovyl	Polycolon
Nylon	Dunova			
Perlon	Dolanit			
Dorix	Orlon			
Tactel	Redon			
Timbrelle	Acrilan			
Qazul				
Antron				
Cantrece				
Nomex				
Kevlar				
Enka-Stat				
Twaron				
Siks-Nylon				
Siks-Perlon				
Nyltest				
Helanca				
Vivalon				
Tactesse				

feuchtigkeit 20 Prozent Feuchtigkeit aufnehmen, ohne sich feucht anzufühlen. Sie quellen dabei jedoch stark auf, so daß sich das Gewebe luftdicht verschließt und das Kleidungsstück trotzdem zu einer schweißtreibenden Verpackung gerät.
• Modalfasern quellen nicht so stark. Sie sind der Baumwolle sehr ähnlich.
• Cellulose-Fasern (außer Modal) sind nicht so reißfest wie Baumwolle.
• Acetat-Fasern sind dauerhaft formbar. Dauerhafte Plisséefalten sind möglich.
• Acetat-Fasern nehmen kaum Feuchtigkeit auf.

Synthetics

• Alle Synthetics nehmen wenig oder gar keine Feuchtigkeit auf und quellen daher auch nicht. (Sie sind nicht hygroskopisch.) Die Außenseite der Fasern zieht jedoch Wasser an. Flüssigkeit wird daher sehr schnell angesaugt und auf der Fläche verteilt. (Sie ist hydrophil.) Synthetics fühlen sich daher rasch feucht an, trocknen aber auch wieder schnell.
• Wasserdampf (dampfförmiger Schweiß) kann von Synthetics nicht aufgesaugt werden.
• Synthetics besitzen an sich nur ein geringes Warmhaltevermögen. Nur gekräuselte Fasern können wärmen.
• Synthetics sind äußerst haltbar. Sie sind besonders reiß- und scheuerfest. Daher werden sie oft als Verstärkung z. B. in Wollsocken eingearbeitet.
• Synthetics lassen sich dauerhaft formen. Dauerbügelfalten u. ä. sind möglich.
• Synthesefasern laden sich elektrostatisch auf. Sie knistern beim Ausziehen und kleben am Körper. Durch eine Antistatik-Ausrüstung kann dieser Effekt gemindert werden.

Die Chemiefasern im einzelnen:

Viskose

Viskose wird im Naßspinnverfahren hergestellt. Der aus Holz gewonnene Zellstoff wird mit Natronlauge und Schwefelkohlenstoff verflüssigt. Diese zähflüssige Masse (daher Viskose von viskos = zähflüssig) wird durch die Spinndüse in ein verdünntes Schwefelsäure-Bad gepreßt, wo sie zu Fäden erstarrt.

Insgesamt braucht man bei diesem Verfahren mehr Schwefel als das Gewicht der fertigen Fasern ausmacht, fast genausoviel Ätznatron und sieben- bis achtmal soviel Kohle.[15]

Viskose ist vielseitig verwendbar, weich und fließend im Fall. Texturierte (gekräuselte) Garne besitzen einen wollartigen Griff. Sie werden zu Futterstoffen, Damenoberbekleidung, Vorhangstoffen u. a. verarbeitet.

Modal

Modalfasern oder Polysonics werden nach einem abgewandelten Viskose-Spinnverfahren hergestellt.

Die Modalfasern besitzen baumwollähnliche Eigenschaften und werden in Freizeitkleidung, Trikotagen, Tisch- und Bettwäsche oder Vorhangstoffen verwendet.

Cupro

Cupro wird ebenfalls im Naßspinnverfahren hergestellt. Baumwollabfälle werden in einem Gemisch aus Kupferoxid und Ammoniak gelöst und in einem alkalischen Spinnbad wieder zum Erstarren gebracht.

Cuprofasern sind sehr feinfädig, naturseideähnlich, geschmeidig im Griff und seidig im Fall. Sie besitzen heute kaum noch eine wirtschaftliche Bedeutung.

Acetat

Cellulose aus Baumwollabfällen wird mit Essig zu Cellulose-Acetat umgewandelt. Dieses Cellulose-Acetat wird anschließend in Aceton gelöst und im Trockenspinnverfahren versponnen.

Acetatfasern besitzen schon große Ähnlichkeiten mit Synthesefasern. Sie nehmen kaum Feuchtigkeit auf und trocknen schnell. Gewebe sind glatt und seidig. Acetat ist allerdings wenig scheuerfest. Modische Damenkleider und Blusen sowie Futterstoffe werden aus Acetat gemacht.

Polyester

Polyester entsteht durch Polykondensation aus Glykol und Terephthalsäure.

Polyester sind die vielseitigste Synthetic-Gruppe. Polyesterfasern sind geschmeidig, weich, elastisch, sehr scheuer- und reißfest und gut lichtbeständig. Sie nehmen sehr wenig Feuchtigkeit auf.

Verwendung: Kleider, Kostüme, Blusen, Damenröcke, Hosen, Anzüge, Freizeitkleidung, Regen- und Sportbekleidung, Berufskleidung, Mäntel, Gardinen, Bettwäsche, Krawatten, Trikotagen, Füllmaterial für Steppdecken, Kissen, Schlafsäcke, Steppkleidung, Kinderkleidung, Unterwäsche, Wirk- und Strickwaren.

Polyacryl

Polyacryl, eigentlich Polyacrylnitril, entsteht aus Acrylnitril, das man durch Synthese aus Propylen und Ammoniak gewinnt.

Polyacrylfasern gelten als die Synthesefasern, mit denen man die voluminösesten Garne herstellen kann. Sie sind knitterarm, nehmen wenig Wasser auf und trocknen schnell. Spinnfasern sind in Griff und Aussehen wollähnlich.

Verwendung: Pullover, Strümpfe, Strickkleider (Jersey), Schals, Mützen, Handstrickgarne, Blusen, Trikotagen, Tischdecken, Schlafdecken.

Polyamid

Polyamid wird aus Caprolactam hergestellt.

Polyamidfasern sind sehr reiß- und scheuerfest. Sie lassen sich dauerhaft formen. Außerdem sind sie sehr elastisch. Sie knittern kaum und nehmen wenig Wasser auf.

Verwendung: Damenstrümpfe (Perlonstrümpfe), Damenunterwäsche, Miederstoffe, Kleider, Blusen, Herrenhemden, Schlafanzüge, Anoraks, Sportbekleidung, Futterstoffe, Badekleidung, Schirm- und Duschvorhangstoffe, Teppichböden, Spannbettücher.

Elasthan

Elasthan besteht aus Polyurethan, das aus Diisocyanat und verschiedenen Alkoholen hergestellt wird.

Elasthanfäden sind, wie der Name schon sagt, äußerst elastisch. Es sind sozusagen künstliche Gummifäden, die sich jedoch sehr viel feiner herstellen lassen und nicht so schnell brüchig werden wie Gummi.

Verwendung: Miederwaren, Badebekleidung, Stützstrümpfe, elastische Oberbekleidung, wie z. B. Sportbekleidung, Skihosen, Strumpfhosen, Anoraks, Wander- und Reithosen, elastische Bündchen für Wäsche, Pullover, Feinstrumpfhosen, Sockenränder.

Polychlorid

Polychlorid, eigentlich Polyvinylchlorid (PVC), entsteht aus Vinylchlorid.

Polychloridfasern sind sehr beständig gegen Säuren und Laugen, Licht und Wetter. Sie sind nicht brennbar, werden jedoch schon bei 78 °C weich.

Verwendung: Gesundheitswäsche, flammbeständige Spezialkleidung, Heimtextilien, Markisen, Planen, technische Textilien.

Polypropylen

Polypropylen wird, wie der Name sagt, aus Propylen, einem Spaltprodukt des Erdöls, hergestellt.

Polypropylen ist sehr reiß- und scheuerfest. Es nimmt keine Feuchtigkeit auf und hat ein geringes spezifisches Gewicht. Für normale Oberbekleidung ist es weitgehend ungeeignet, da es sich nicht mit den üblichen Verfahren anfärben läßt, doch hat es auf dem Sportsektor eine gewisse Bedeutung erlangt.

Verwendung: Sportbekleidung (doppelflächige Maschenwaren), Windeln, Grundgewebe für Teppichböden, Heimtextilien, Isolationsmaterial, technische Textilien, künstlicher Rasen, Wasserbau, schwimmfähiges Tauwerk.

Texturierung –
die Zauberformel für künstlichen Tragekomfort

Synthesefasern sind von ‹Natur› aus glatt und rund. Diese Glätte ruft auf der Haut sehr unangenehme Empfindungen hervor. Das Kleidungsstück fühlt sich kalt und seifig an. Da von Synthetics kein dampfförmiger Schweiß aufgesaugt werden kann, wird die Haut auch leicht feucht, und das glatte Textil klebt daran fest.

Bei Naturfasern passiert das nicht so leicht, denn Naturfasern sind überwiegend mehr oder weniger stark gekräuselt. Solche Kleidungsstücke kleben nicht so leicht auf der Haut fest, da Faserenden und Faserschlingen zwischen Haut und Kleidung liegen, die ständig für einen gewissen Abstand sorgen.

Sehr bald erkannten auch Chemiefaserproduzenten, daß ein glatter Kunstseidenfaden noch nicht das Ideale ist. Die allgemeine Unzufriedenheit mit den Synthetics wurde seither mit dem Argument besänftigt: Ob man sich in seiner Kleidung wohl fühle oder nicht, läge keineswegs an den Eigenschaften der Fasern selbst, sondern an nichts anderem als deren Konstruktion. Texturierung heißt seither das Zauberwort. In einer Wärmebehandlung wird der glatte synthetische Faden künstlich gekräuselt und damit etwas hautfreundlicher gemacht. Da ein gekräuselter Faden auch viel mehr Luft festhalten kann als ein glatter, wärmen Kleidungsstücke aus gekräuselten Fasern sehr viel besser als solche aus glatten Fasern. Nun brüstete sich die Textilindustrie sogar damit, die Natur übertroffen zu haben.[16] Daß ein so raffiniert gebautes Gebilde wie die Wollfaser künstlich herstellbar wäre, kann man jedoch nicht gerade behaupten. Und ob die gleiche Elastizität erreicht wird, wie sie Wollfasern von Natur aus besitzen, die sich nie ermüdend nach jeder Beanspruchung wieder aufrichten, sei dahingestellt. Jedenfalls hat Wolle (und andere Naturfasern) immer noch den Vorteil, daß sie normale Körperfeuchtigkeit aufnimmt und im Faserinneren speichert. Synthetics dagegen fühlen sich sehr schnell unangenehm feucht und damit kühl an. Mit dem Warmhalten ist es dann trotz Bauschigkeit auch weitgehend vorbei.[16,17] Auch ein Textilfachmann läßt uns an der Theorie, daß Wohlbehagen grundsätzlich mit jeder Faser erzeugt werden kann, zweifeln: «Die Chemiefaserindustrie und ihr nahestehende Bekleidungsphysio-

Wasseraufnahmevermögen der Textilfasern bei 65 Prozent relativer Luftfeuchtigkeit

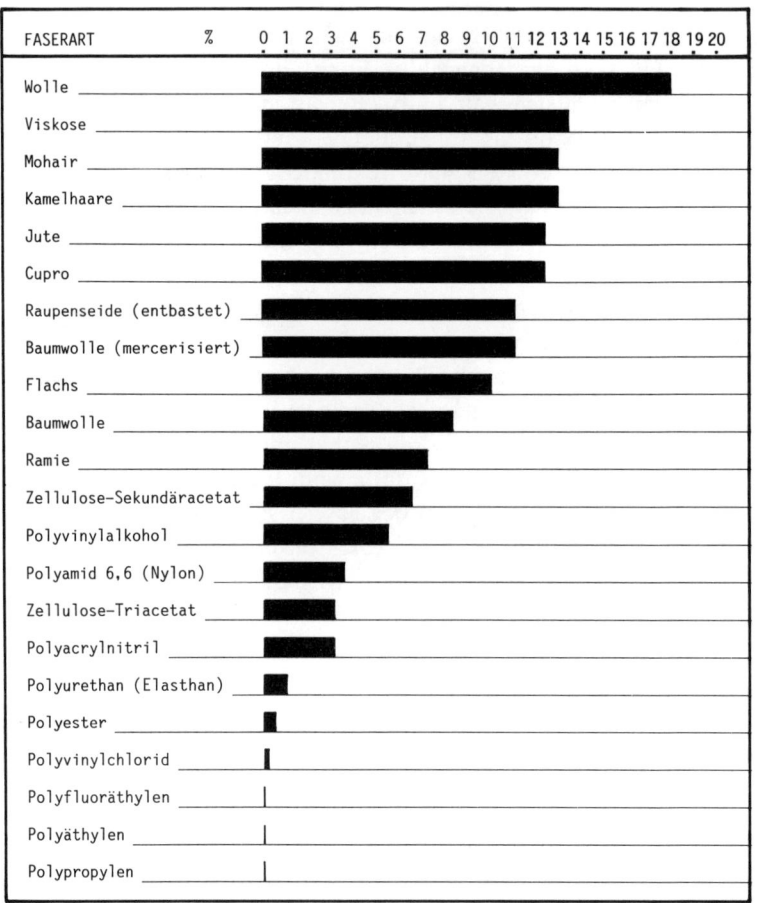

Quelle: Franke, Meyer, Vinz: Kleiner Wissensspeicher. Chemiefasern München 1978

logische Forschungsstellen haben zu lange behauptet, die Hautfreundlichkeit sei in erster Linie eine Sache von Gewebe- und Gewirkekonstruktion und nicht der eigentlichen Fasereigenschaften. Damit wurde vor allem die für die Haut unangenehme Hydrophilie *aller* vollsynthetischer Fasern möglichst totgeschwiegen.»[18]

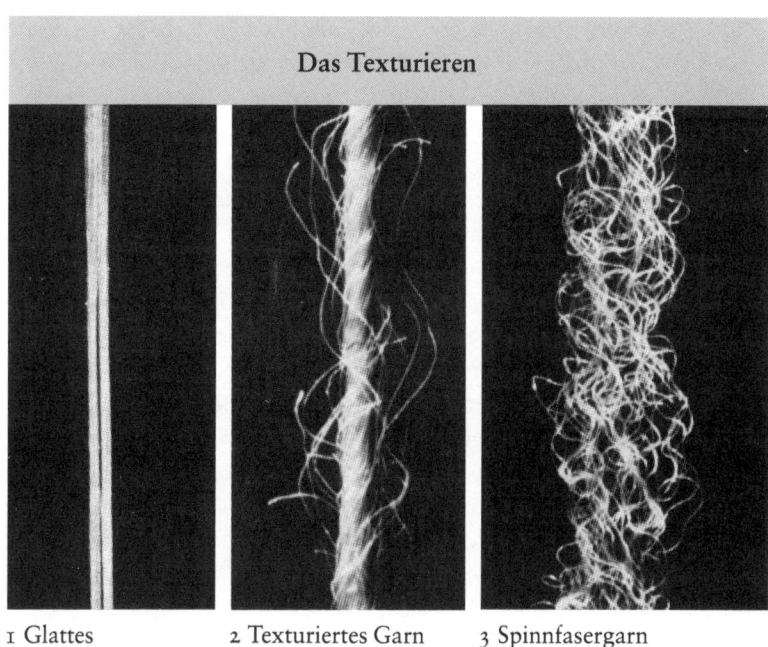

Das Texturieren

1 Glattes
Filamentgarn   2 Texturiertes Garn   3 Spinnfasergarn

Quelle: Bauer, R.: Chemiefaserlexikon, Frankfurt 1966

Inzwischen allerdings sind auch Synthesefasern entwickelt worden, die Feuchtigkeit aufsaugen können (Dunova, Aqualon), und das, obwohl die Chemiefaservertreter doch immer behauptet hatten, Saugfähigkeit sei nur von Nachteil.

Die Chemiefaserindustrie verspricht uns Wunder von ihren neuartigen Kleidungsstücken – das hat sie allerdings auch schon in der Perlonzeit getan –, die eigene Erfahrung steht dem entgegen. Mit bewundernswerter Dreistigkeit erklärt uns ein Chemiefaservertreter der Firma Hoechst, daß man auf die Erfahrungen, die jeder am eigenen Leibe macht, gar nichts geben könne: «Man sollte sich davor hüten, eigene unkontrollierte Beobachtungen, die nur subjektiv sein können, als Beurteilungsmaßstab heranzuziehen. Die Wechselwirkungen sind von solch komplexer Natur, daß nur exakt gemessene Ergebnisse eine brauchbare Aussagekraft besitzen.»[19]

47

Da fragt man sich aber doch, wer denn schließlich die Kleidung tragen soll. Ich bin altmodisch und hänge an meinem subjektiven Gefühl von Wohlbefinden und mag nicht vorgeschrieben bekommen, daß ich mich objektiv gefälligst wohlzufühlen habe, wenn dem gar nicht so ist.

Die österreichische Verbraucherzeitschrift *Konsument* testete Wärmeunterwäsche aus verschiedenen Materialien. Obwohl sie die Vorstellung, Natur sei automatisch besser als Synthetic, als Vorurteil bezeichnet, fanden die Tester zu ihrer eigenen Überraschung genau dieses Vorurteil bestätigt. Die Naturfasern Angora und Wolle lagen im Test bei dem Kriterium Tragekomfort ganz vorn.[21] Auch die Bekleidungsphysiologen bestätigen, daß Unterwäsche aus Naturfasern «durchweg günstigen Tragekomfort vermittelt».[2] Bei Trageversuchen mit 270 männlichen Personen im Alter von 21 bis 65 Jahren, die in ihren Charaktermerkmalen etwa der bundesdeutschen Normalbevölkerung entsprachen, wurde Wollunterwäsche mit überwältigender Mehrheit der Vergleichswäsche aus Polyamid vorgezogen.[10] Kurz und gut: Bei sorgsamem Abwägen aller bekleidungsphysiologischen Untersuchungen liegen die Naturfasern (Baumwolle und Wolle) auf jeden Fall im Tragekomfort vorn. Sie erzeugen ein angenehmes Gefühl auf der Haut[2] und stinken kaum.[20]

Gesundheitsrisiko Chemiefasern

Mit schlecht gemachten Synthetics setze ich mich sogar einem Gesundheitsrisiko aus. Der Faser-Vertreter von Hoechst wettert gegen die uneinsichtigen Leute, die plötzlich Hautausschläge bekommen, frieren oder schwitzen – nur weil sie Arbeitskleidung aus Polyester/Baumwoll-Mischgeweben tragen.[19] Das ist ja auch wirklich sehr unvernünftig von diesen Leuten.

Liegen die Fasern in synthetischem Material zu dicht nebeneinander, so wird es reichlich luftundurchlässig. Da die Fasern keinen Schweiß aufsaugen können, bleibt die Körperfeuchtigkeit auf der Haut. Unter diesen feucht-warmen Brutkastenbedingungen kann es leicht zu Hautreizungen und Pilzinfektionen kommen.[22] Da man synthetische Sachen nicht kochen kann, wird es auch schwierig, die

Hautpilze wieder loszuwerden. Die in den Kleidungsstücken verbliebenen Pilze können die Haut nämlich ständig neu besiedeln. Es wird daher empfohlen, Socken zu tragen, die man mindestens mit 60 °C waschen kann.[23,24]

Auch mit dem Wärmen ist es so eine Sache. Sind die Fasern erst einmal von außen feucht, so kühlen sie eher, als daß sie wärmen. Schweißnasse Haut wirkt zusätzlich kühl. Man beginnt gleichzeitig zu frieren und zu schwitzen, und eine Erkältung läßt oft nicht lange auf sich warten.[16]

Außerdem laden sich synthetische Kleidungsstücke elektrostatisch auf. Pullover knistern beim Ausziehen. Im Dunkeln kann man sogar manchmal Funken sprühen sehen. Röcke oder Rockfutterstoffe bleiben ständig zwischen den Beinen kleben. Zwar bekommen die Synthetics bei der Herstellung eine antistatische Ausrüstung verpaßt, sie ist jedoch nach einigen Wäschen weggewaschen.[25] Nur der Einsatz umweltbelastender Weichspülmittel könnte sie erneuern, doch davon später (s. Textilpflege). Empfindliche Menschen reagieren auf die elektrostatische Aufladung mit Nervosität und Schlafstörungen. Angeblich soll die Aufladung das ‹biologische Gleichgewicht› stören, was immer darunter zu verstehen sein mag.[26]

Kaum bekannt ist auch, daß Polyamid-Kunststoffasern, wie Perlon und Nylon, einen Großteil der Sonnen-Einstrahlung durchlassen. Daß man trotz Kleidung schön braun werden kann, mag ja ganz verlockend klingen. Doch zuviel UV-Licht kann der Haut schaden. «Es wird vermutet, daß gerade synthetische Stoffe besonderer Webart an der Zunahme des strahlungsbedingten Hautkrebses beteiligt sind, weil die Haut wesentlich weniger textilen Sonnenschutz erhält.»[26] Synthetische Fasern müssen nämlich locker gewebt werden, damit die Kleidung luft- und schweißdurchlässig ist. Gefährliche UV-Strahlen kommen daher auch durch die großen Poren des Gewebes.

Gibt es einen sinnvollen Kompromiß?

Synthesefasern bestechen durch ihre hohe Haltbarkeit, Strapazierfähigkeit und Pflegeleichtigkeit. Eine gute Haltbarkeit kann man den Synthetics kaum absprechen. Daher werden jetzt gern Mischgewebe aus Synthetics und Naturfasern hergestellt. Angeblich sollen sie die Vorteile beider Fasertypen vereinigen, hohe Haltbarkeit bei gleichzeitig gutem Tragekomfort. Außerdem ist das Gewebe knitterfrei. Der synthetische Faden wird dazu in der Regel mit einem Mantel aus Naturfasern versehen. Auf der Haut liegt also die Naturfaser.[27]

Trotzdem fühlt man sich in Mischgeweben längst nicht so behaglich wie in reinen Naturfasern. Ein einfaches Rechenexempel zeigt, daß auch Mischgewebe deutlich weniger Feuchtigkeit aufsaugen. Ein Hemd oder eine Bluse aus 100 Prozent naturbelassener Baumwolle kann bis zu 21 Prozent Feuchtigkeit aufnehmen, ohne sich feucht anzufühlen. Ein Mischgewebe aus 30 Prozent Polyester und 70 Prozent naturbelassener Baumwolle hingegen ist bei mehr als 15 Prozent schon überfordert. Kurze Schweißausbrüche können so kaum noch abgepuffert werden. Das Kleidungsstück ist schnell schweißnaß, trocknet jedoch nicht so schnell wie reine Synthetics, da die Baumwolle die Feuchtigkeit festhält. So vereinigen sich in dem Mischgewebe die Nachteile beider Faserarten. Synthetics nehmen keine oder weniger Feuchtigkeit auf, und Baumwolle trocknet nur langsam, wenn sie erst einmal richtig naß geworden ist.

Die so geschätzte Knitterfreiheit von Baumwolle wird durch eine chemische Behandlung der Fasern erreicht, die sogenannte Hochveredlung (s. Kapitel 2). Durch diese ‹Ausrüstung› verliert Baumwolle jedoch ebenfalls einen Teil ihrer Saugfähigkeit und auch ihrer Haltbarkeit. Krägen und Manschetten von Blusen oder Hemden scheuern leichter durch. In einem Test der Verbraucherzeitschrift *Prüf mit* waren Herrenhemden aus solcher Baumwolle bereits nach 15 Wäschen völlig verschlissen.[28] Deswegen werden Krägen teilweise aus nicht hochveredelter Baumwolle hergestellt.[29] Für den Tragekomfort und das Portemonnaie ist hochveredelte Baumwolle also nur von Nachteil. Man fühlt sich nicht wohl und muß sich ständig neue Klamotten kaufen, weil die alten kaputt sind.

Da 90 Prozent der im Handel erhältlichen Baumwollsachen[30], von den Socken über die Hemden bis hin zur Arbeitskleidung und Bettwäsche hochveredelt ist, ist die natürliche Haltbarkeit der Baumwolle schon fast in Vergessenheit geraten. Nicht umsonst ist das klassische Material für strapazierfähige Berufskleidung Baumwolle. Der klassische Blaumann besteht aus 100 Prozent Baumwolle. Selbst Socken aus naturbelassener Baumwolle halten jahrelang. Eine synthetische Verstärkung ist überhaupt nicht nötig. Sie ist sogar noch scheuerfester als das geradezu unverwüstliche Leinen.[12] Großmutters wertvolle Leinen-Bettücher wurden von Generation zu Generation weitergegeben, ehe sie irgendwann durchgelegen waren.

Wollsocken können schon eher einmal ein Loch bekommen. Der mechanischen Belastung im Schuh ist Wolle weniger gewachsen. Eine synthetische Verstärkung an Ferse und Fußspitze spart daher einen Teil der Stopfarbeit und ist mit vergleichsweise geringen Einbußen hinsichtlich der Saugfähigkeit verbunden, wenn der übrige Strumpf aus reiner Schurwolle besteht. Solche Artikel werden übrigens mit dem Combi-Wollsiegel gekennzeichnet (s. Textilkennzeichnung). Einen guten Kompromiß zwischen Natur und Synthetics gibt es daher für Alltagskleidung kaum, Sportkleidung ausgenommen (s. Sportkleidung). Bei knitteranfälligen Kleidungsstücken wie Hemden, Blusen und Kitteln muß jeder Mensch persönlich entscheiden, mit welchen Einbußen im Tragekomfort er die gesparte Bügelarbeit bezahlen mag.

Kratzige Wolle auf der Haut

Unterwäsche aus Wolle? – Da läuft es manchem ganz kalt über den Rücken. Wolle kratzt doch so. Viele Menschen reagieren empfindlich auf grobe Wolle. Ständiges Kribbeln und Jucken löst oft schon die Vorstellung von Wolle auf der Haut aus. Doch muß man ganz klar unterscheiden zwischen der relativ groben Wolle, wie sie für Pullover verwendet wird, und sehr feinen, weichen Wollqualitäten, die in Unterwäsche verarbeitet werden. Wollunterwäsche ist angenehm weich zu tragen. In sämtlichen Tests mit Versuchspersonen wurde niemals die Kratzigkeit von Wollunterwäsche bemängelt[2,11,21], im Gegenteil, Wollunterwäsche schnitt hinsichtlich des Tragekomforts immer gut ab.

Wir wollten genau wissen, was es denn nun mit der Abneigung vieler Menschen gegenüber Wolltextilien auf sich hat. Professor Hausen, Hautarzt an der Universitäts-Klinik Hamburg-Eppendorf, gab uns auf die Frage nach der sogenannten ‹Wollallergie› folgende Auskunft: «Es gibt eigentlich keine Wollallergie. Es gibt eine Wollunverträglichkeit. Das ist aber keine Allergie im immunologischen Sinne, so wie wir die Allergie definieren, sondern einfach eine Unverträglichkeit von Wolle. Sie kann entweder auf die Wolle selbst zurückzuführen sein, rein mechanisch, oder sie kann dadurch hervorgerufen werden, daß irgendwelche Appreturen von der Haut nicht vertragen werden, die sich auf der Wolle befinden.»

Kratzende, beißende Wolle, so riet er, solle man allerdings nicht tragen. Oftmals verschwänden die Beschwerden jedoch nach mehreren Wäschen von allein.

Ähnliche Auskünfte bekamen wir auch vom Internationalen Wollsekretariat und vom Deutschen Wollforschungsinstitut. Das kratzige Gefühl wird durch eine mechanische Reizung hervorgerufen, die nach mehreren Wäschen geringer wird und bei feinen Wollsorten (z. B. Merinowolle) gar nicht auftritt.[31,32,33]

Also keine Angst vor Wollsachen auf der Haut. Probieren Sie aus, welche Wolle Sie – eventuell nach mehreren Wäschen – vertragen können. Wolle besitzt die besten bekleidungsphysiologischen Eigenschaften und ist daher die hochwertigste Unterkleidung. Falls Sie jedoch unter Ekzemen oder anderen Hautkrankheiten (z. B. Neurodermitis) leiden, sind glatte Fasern, die die Haut nicht zusätzlich reizen, vorzuziehen. Ein kratziger Wollpullover wird erträglich, wenn man darunter eine weiche Baumwoll-Bluse trägt.

Und hier noch ein Tip für alle, die Wolle absolut nicht auf der Haut vertragen können: Wildseiden-Unterwäsche. Seide kann fast genausoviel Feuchtigkeit aufnehmen wie Wolle und kommt ihr in den Eigenschaften sehr nahe. Dabei ist der Seidenfaden jedoch glatt und reizt die Haut nicht. Bis auf wenige Fälle von Seideneiweißallergikern wird Seide auch von wollempfindlichen Personen sehr gut vertragen. Wildseide wird aus Fasern versponnen. Daher besitzt die Wildseidenunterwäsche trotz des glatten Fadens genügend abstehende Härchen, die für ausreichenden Abstand zwischen Haut und Textil sorgen. Sie klebt daher nicht auf schweißnasser Haut. Ferner ist die Seidenwäsche sehr leicht und geschmeidig und trocknet erstaunlich schnell. Abends durchgewaschen und aufgehängt, ist sie morgens schon wieder trocken. Auch wenn sie auf der Haut durchgeschwitzt wurde, ist sie im Nu wieder trocken und kühlt daher nicht lange. Wildseidenunterwäsche gibt es im Naturtextilhandel zu durchaus erschwinglichen Preisen.

Krebserregende Synthetics?

Verpackungsfolien aus PVC oder auch Plastikflaschen aus PVC, in denen Lebensmittel verpackt werden, sind in den letzten Jahren in Verruf geraten. Krebserregendes Vinylchlorid, so hört man, wandert aus dem Plastik in die Lebensmittel. Die Verbraucherzentralen raten, Lebensmittel nicht in PVC aufzubewahren.

Das Kettenmolekül des PVC (Polyvinylchlorid) besteht aus Vinylchlorid-Bausteinen. Bei der PVC-Herstellung läßt es sich nicht vermeiden, daß sich einige der kleinen Vinylchlorid-Moleküle nicht in das lange Kettenmolekül des PVC einbauen. Sie bleiben als sogenannte Restmonomere in dem fertigen Kunststoff.

Vor ca. zwanzig Jahren wurden Erkrankungen an Arbeitern in Kunststoffabriken bekannt. Als Übeltäter wurde Vinylchlorid aus der PVC-Produktion entlarvt. Die von der Vinylkrankheit betroffenen Arbeiter litten unter Knochenauflösung, Durchblutungsstörungen, Milzvergrößerung und Leberveränderungen. Auch Leberkrebs wurde bei Arbeitern in PVC-Herstellungsbetrieben beobachtet.[34] Im Tierversuch erwies sich Vinylchlorid eindeutig als krebserregend.

Wie sieht es aus, wenn der Mensch in PVC ‹verpackt› ist? Die Polychlorid-Faser ist ja nichts anderes als PVC. Polychlorid-Fasern werden bevorzugt für Rheuma-Unterwäsche verwandt. Die menschliche Haut ist aber durchaus in der Lage, giftige Chemikalien aufzunehmen. Angeblich sollen Chemiefasern einer Heißwäsche unterzogen werden, in der Restmonomere entfernt werden. Die Spinnmaschinen würden nämlich sonst völlig verkleben, da sich die Restmonomere dort zu klebrigen Kunststoff-Resten verbinden.[30]

Welche Restmengen danach in den Fasern bleiben und ob damit irgendwelche Gesundheitsrisiken verbunden sind, wurde bisher nicht untersucht.

Doch noch eine andere Synthesefaser hat es in sich. Polyacryl-Fasern, eigentlich Polyacrylnitril, werden nämlich aus Acrylnitril hergestellt, das sich ebenfalls als krebserregend erwies.[35] Die amerikanische Umweltbehörde EPA (Environmental Protection Agency) warnte 1977 vor einer potentiellen Gefahr beim Kontakt mit diesen Fasern. Die staatliche Verbraucherschutzorganisation (US Consumer Product Safety Commission) stellte jedoch kurze Zeit später fest, daß

Polyacrylfasern im allgemeinen nicht mehr als 1 ppm Acrylnitril enthalten und damit als unbedenklich einzustufen sind.[35]

Die Ungefährlichkeit von Polyacryl wurde allerdings niemals experimentell überprüft. Nur ein einziger Tierversuch ist bekannt, bei dem drei Hunden das Produkt Orlon in die Bauchhöhle implantiert wurde. Sie zeigten nach dieser Behandlung Verwachsungen im Magen-Darm-Bereich.[35] Dieses Ergebnis hat wahrscheinlich für menschliche Kleidung keine große Aussagekraft.

Wie es mit anderen Hilfsmitteln der Kunststoffproduktion wie Stabilisatoren, Weichmachern und Antioxydantien (Sauerstoffhemmer) aussieht, darüber ist erst recht nichts bekannt.[36] Die zweite Haut scheint wohl so fern zu liegen, daß sich toxikologische Untersuchungen darüber nicht lohnen. Vermutlich sind die gefährlichen Chemikalien jedoch in derart geringen Mengen enthalten, daß sie gegenüber der beachtlichen Menge von Farb- und Ausrüstungsstoffen, die sich *auf* den Fasern befinden, eine eher untergeordnete Rolle spielen.

Chemiefasern sichern den Wohlstand

Was glauben Sie, wieviel Kleidung Sie pro Jahr verbrauchen, 3 kg, 5 kg, 10 kg, 20 kg oder 40 kg? Wenn Sie 3, 5 oder 10 kg geschätzt haben, möchte ich Sie beglückwünschen. Sie haushalten sehr sparsam. Der bundesdeutsche Durchschnittsbürger verbraucht nämlich jedes Jahr sage und schreibe 20 kg Kleidung.[37] Was das bedeutet, habe ich ausprobiert. 12 Paar Socken (0,6 kg), 20 Unterwäsche-Garnituren (2 kg), 10 Blusen (2 kg), 8 Hosen (3,2 kg), 6 dicke Wollpullover (4,2 kg), 5 Schlafanzüge (2,0 kg) und 3 Wintermäntel (6 kg) legt sich jeder deutsche Mann und jede deutsche Frau pro Jahr neu zu. Ich für meinen Teil komme mit wesentlich weniger Kleidung aus, und die alte Oma von nebenan habe ich auch schon ewig nicht mehr in neuer Aufmachung gesehen. Es muß also Leute geben, die sogar noch mehr verbrauchen, wenn 20 kg der Durchschnitt sind. 180,– bis 320,– DM blättert ein 4-Personen-Haushalt Monat für Monat auf den Ladentisch, um seine Modebedürfnisse zu befriedigen.[37]

Die Weltfaserproduktion beläuft sich derzeit auf 35 Mio. Tonnen. Naturfasern haben daran einen Anteil von 53 Prozent. Der Rest, 47

Prozent, wird von den Chemiefasern geliefert.[27] Faserproduzenten rechnen uns vor, daß die ständig weiterwachsende Weltbevölkerung nur bei gleichzeitig steigender Chemiefaserproduktion eingekleidet werden kann.[38]

Ein einziges Chemiefaserwerk produziert heute täglich 150 Tonnen Fasern.[27] Um die gleiche Menge Fasern von Schafen in einem Jahr zu gewinnen, bräuchte man 37 500 Schafe, die eine Weidefläche von 107 km² benötigten. Auf einer Anbaufläche von 4 km² könnte man die gleiche Menge Baumwolle in einem Jahr ernten.[38] Doch im Gegensatz zu den genügsamen Schafen verbraucht eine Fabrik zwar vergleichsweise wenig Land, jedoch eine beachtliche Menge fossiler Rohstoffe. 11 Millionen Tonnen Erdöl wandern pro Jahr in die Chemiefaserindustrie.[38] Das läßt selbst Textilfachleute befürchten, daß spätestens um die Jahr-

hundertwende die ausreichende Rohöl-versorgung knapp werden wird.[38] «Wenngleich die Versorgung der Chemiefaser-industrie mit aus Erdöl hergestellten Rohstoffen auf lange Zeit gesichert scheint, so weiß man doch heute schon, daß ‹die Zeit danach› nicht allzu fern ist.»[39] Spätestens zu diesem Zeitpunkt müssen wir uns also wieder auf nach-wachsende Rohstoffe besinnen. «Deshalb gehört es sich für verantwortungs-volle Menschen, darüber nachzudenken und geeignete Forschungsarbeiten zur dauerhaften Rohstoffversorgung zu beginnen.»[39] Dem zynischen Vorwurf «Naturfaserjünger übersehen also die

Quelle: Perlonzeit. Wie die Frauen ihr Wirtschaftswunder erlebten, Berlin 1985

Realitäten»[27], kann man nur entgegenhalten ‹Chemiefaserproduzenten verschließen die Augen vor der Zukunft›.

Bei der technischen Faserherstellung werden heute Geschwindigkeiten erreicht, die vor 10 Jahren kaum denkbar gewesen wären.[38] Schneller und modischer ist die Devise. Auf gute Verarbeitung und Haltbarkeit wird dabei kaum geachtet. Die österreichische Zeitschrift *Konsument* bemängelt, daß besonders topmodische Textilien oft sehr schlecht verarbeitet sind und bereits nach kurzer Zeit kaputtgehen.[40]

Aber schließlich soll modische Kleidung ja auch gar nicht lange halten, gibt es doch jedes Jahr eine neue Modefarbe, heute framboise und morgen taiga.[41] Altmodisch ist, wer noch in den Farben vom vorletzten Jahr herumläuft. Der Versuch, alte mit neuen Stücken zu kombinieren, ist meist zum Scheitern verurteilt, denn die grellen Modefarben wollen oft partout nicht miteinander harmonieren. Na ja, 20 kg Kleidung wollen schließlich verkauft werden!

Made in Hongkong

In Südkorea sitzen zwölfjährige Mädchen in halbdunklen Räumen an Nähmaschinen und nähen Hemden, Kragen, Manschetten. Im Süden Taiwans stricken Tag für Tag Tausende kleiner Mädchen Pullover.[42] Sie produzieren nicht für den heimischen Markt, sondern stellen Kleidung für die modebewußte Europäerin her. Alles, was sie stricken und nähen, ist für den Export bestimmt.

In den letzten Jahren hat sich einiges geändert in der Bekleidungsindustrie. Strukturwandel nennt man das. Immer mehr große Firmen verlagern einen Teil ihrer Produktion in sogenannte Billiglohnländer. Die Herstellung von Kleidungsstücken ist inzwischen in derart kleine Arbeitsschritte zerlegt worden, daß auch ungelernte Arbeiter die einzelnen Schritte ausführen können. Den Schneider, der einen ganzen Anzug näht, gibt es ja schon lange nicht mehr. Für billige Massenproduktion finden sich günstige Bedingungen in wenig entwickelten Ländern der Dritten Welt: ein ungeheures Potential an billigen Arbeitskräften. Während ein bundesdeutscher Textilarbeiter im Durchschnitt 18 DM Stundenlohn erhält, bekommen die Ärmsten der Armen in Sri Lanka gerade 40 Pfennige für die gleiche Arbeit, in

Was kostet eine Hose ab Fabrik?

in der **Schweiz** hergestellt			in einem **Niedriglohnland** hergestellt	
Materialkosten	Fr. 24,–	40 %	Fr. 22,–	55 %
Löhne	Fr. 21,–	35 %	Fr. 3,–	7,5 %
Verwaltungs- u.				
Vertriebskosten	Fr. 13,–	22 %	Fr. 10,–	25 %
Gewinn	Fr. 2,–	3 %	Fr. 5,–	12,5 %
Preis ab Fabrik	Fr. 60,–		Fr. 40,–	

Quelle: Erklärung von Bern: Kleider und Mode bei uns und in der Dritten Welt. Zürich 1986
(1 Fr. = 1,20 DM)

Die größten Textil- und Bekleidungsdetailhändler der Welt (1979)

Europa		**USA**	
Unternehmen	Umsatz in Mrd. US-$	Unternehmen	Umsatz in Mrd. US-$
Karstadt (BRD)	6,4	Mobil Oil	47,9
Kaufhof (BRD)	4,6	J. C. Penny	11,1
Schickedanz (BRD)	4,1	F. N. Woolworth	6,6
Hertie (BRD)	3,7	Dayton-Hudson	3,3
Coop (Schweiz)	3,5		
C & A Brenningmeyer (BRD)	3,0		

Quelle: Engel, J.: Internationale Wirtschaftsbeziehungen und Strukturwandel. Am Beispiel der bundesdeutschen Textil- und Bekleidungsindustrie. Bremen 1985 (1 US-$ = 1,75 DM)

Hongkong immerhin 3,50 DM. Viele Entwicklungsländer werben mit zusätzlichen Vergünstigungen um ausländische Investoren. Steuerfreiheit bis zu zehn Jahren, zollfreier Import von Maschinen, Anlagen, Baumaterialien und Rohstoffen und anderes mehr soll große Unternehmen ins Land locken. Da läßt sich wohl keine Firma lange bitten. Inzwischen läßt die Bundesrepublik rund 60 Prozent ihrer Kleidung in Ländern der Dritten Welt anfertigen.[41]

Für die bundesdeutsche Bekleidungsindustrie bedeutet das: Betriebsschließungen und Abbau von Arbeitsplätzen. In den Jahren 1970 bis 1982 hat sich die Zahl der bundesdeutschen Bekleidungsbetriebe fast um die Hälfte verringert, hauptsächlich sind dabei natürlich kleine und mittlere Betriebe über die Klinge gesprungen.[42] Allein im Jahre 1982 gingen in der Bekleidungsindustrie 21 000 Arbeitsplätze verloren, 211 Betriebe mußten schließen[42], meist sehr zu Lasten ungelernter Arbeitskräfte (darunter sehr viele Frauen), die nur schwer eine neue Beschäftigung finden.

Kleine Bekleidungsbetriebe, die sich bisher noch halten konnten, geraten in eine immer größere Abhängigkeit von den großen Handelsgesellschaften. Um überleben zu können, müssen sie sich oft vertraglich an Kaufhauskonzerne und Großversender binden. Diese benutzen die Billigimporte aus Fernost zusätzlich als Druckmittel. Sie ersetzen die Hersteller-Marken durch eigene Marken. Der Käufer kann nicht mehr feststellen, wo das Kleidungsstück hergestellt worden ist, wenn auf dem Etikett nur Karstadt, C & A, Hertie, Kaufhof o. ä. zu lesen ist. Billig importierte Waren können so zum gleichen Preis verkauft werden wie das teure Erzeugnis aus bundesdeutscher Produktion, ohne daß der Kunde davon etwas merkt.[42]

Auch Chemiefasergiganten wie Bayer, Hoechst und DuPont locken in Not geratene Betriebe mit verheißungsvollen Angeboten. Sie übernehmen die gesamten Kosten der teuren Kollektionsgestaltung. Die neue Mode wird in den Stylingbüros der Chemiefirmen entwickelt. Voraussetzung für derartige Vergünstigungen ist allerdings, daß die Kleidung aus Chemiefasern des betreffenden Konzerns hergestellt wird.[42] So können die Betriebe wählen zwischen der Abhängigkeit von Handelsunternehmen und der von Chemiegiganten.

Internationale Arbeitsteilung, das klingt nach Gegenseitigkeit und Gleichberechtigung. Doch für die Länder der Dritten Welt bedeutet sie nur eine weitere Abhängigkeit von den Industrienationen und langfristig den Verlust der landeseigenen Kultur. Ohne Arbeitsschutzgesetze müssen Frauen und Kinder oft zwölf oder dreizehn Stunden täglich arbeiten. Gewerkschaftliche Rechte sind oft eingeschränkt. Ein Streikrecht gibt es meist nicht. Wird eine Frau für längere Zeit krank oder heiratet sie, so muß sie mit Entlassung rechnen. Millionen

Quelle: «Nachrichten für Außenhandel», Juni 1981

von Kindern sind der Stützpfeiler des europäischen Kleiderüberflus-ses.[42]

In vielen Ländern der Dritten Welt existiert eine lange Tradition der Kleiderherstellung. In Westafrika beispielsweise gibt es eine hochentwickelte Kunst des Webens, Färbens und Bestickens von Baumwollstoffen. Doch mehr und mehr verliert das traditionelle Textilhandwerk an Bedeutung, da die Kleidung im westlichen Stil billiger zu haben ist.[41]

«Zieht man all diese Faktoren in Betracht, so wird deutlich, daß die überwiegende Mehrheit der Entwicklungsländer sicherlich nicht zu den Gewinnern dieser neuen internationalen Arbeitsteilung gehö-

Arbeitsbedingungen in Textil- und Bekleidungsbetrieben in einigen fernöstlichen Entwicklungs- und Schwellenländern

	Hong-kong	Taiwan	Süd-Korea	Thai-land	Indo-nesien	Philip-pinen	Singa-pur	Malay-sia
Wochen-arbeitszeit (Std.)	50–60	50–60	54–60	10–16 pro Tag	48	44–48	44	45–48
Arbeits-zeitbe-grenzung	keine	max. 12 Std./ Tag	keine	keine	max. 2 Ü.-Std. pro Tag	keine	max. 2 Ü.-Std.	keine
Urlaub (Tage pro Jahr)	7	7–14	8	6	12	11	7–21	11–18
Lohnfort-zahlung (Tage/ Jahr)	12 bei ⅔ Lohn	30 bei ½ Lohn	⅔ Lohn	30 voller Lohn	24	15	14	14
Kinderar-beit	ja	?	ja	ja	ja	ja	?	ja
Nachtar-beitsver-bot f. Frauen	nein	nein	nein	ja[1]	ja[1]	nein	ja	ja[1]
Intern. Abkom-men über Arbeitsin-spektoren unter-zeichnet	nein	ja	nein	nein	nein	nein	ja	ja
Einschrän-kung ge-werk-schaftl. Rechte: a) Streik-recht einge-schränkt b) Streik-verbot c) andere Behinde-rungen		a)	b)	a)	a)	c)	a)	c)

[1] Frauenarbeit per Ausnahmegenehmigung in Textilbetrieben üblich

Quellen: Gewerkschaftliche Informationen und ILO-Daten 1981/82, Zusammenstellung: Wassermann, W., aus: «textil bekleidung», 9/82 September 1982

ren wird. Gewinner wird auch nicht die Mehrheit der in der BRD durch Arbeitsplatzverluste betroffenen Beschäftigten sein. Gewinner werden jene Unternehmen sein, die sich ihre weltweite Reorganisation gleich doppelt subventionieren lassen: durch die über den Beschäftigungsabbau im Industrieland erreichte Lohnminderung und durch den Zugriff auf billige Arbeitskräfte in den Entwicklungsländern.»[42]

Altkleidersammlung – und dann?

Der Kleiderschrank der Westeuropäerin ist bis zum Platzen gefüllt. Kleidungsstücke, die ‹out› geworden sind, müssen sofort daraus verschwinden, damit wieder Platz für neue Sachen entsteht. Doch wohin mit dem ganzen alten Kram? Zum Wegwerfen ist er eigentlich noch zu schade. Also ab in die Altkleidersammlung. Damit tut man ja sogar noch ein gutes Werk, denn man hilft Armen und Bedürftigen, die nichts anzuziehen haben.

Was passiert eigentlich mit dem ganzen Kleiderberg, der auf diese Weise zusammenkommt? Altkleider aus den bekannten caritativen Sammlungen werden zunächst sortiert. Kaputte Sachen kommen in den Reißwolf und werden zu Putzlappen für die Industrie verarbeitet. Gewebe aus Baumwolle, Polyamid oder Wolle werden nach Indien oder auch nach Italien geschickt, dort zerrissen und wieder versponnen. Heile Kleidung und Schuhe gehen in Länder der Dritten Welt und werden dort billig verkauft.[43]

Sehr umstritten ist jedoch der Vorteil derartiger Hilfsmaßnahmen. Wohl gibt es Fälle, in denen wirklich aktuelle Not gelindert werden muß. Doch die billig angebotenen Altkleider aus den Industrieländern machen dem heimischen Textilhandwerk das Leben noch schwerer, als es ohnehin schon ist. Die Näherinnen, die in den Fabriken Modekleidung für Europa herstellen, können sich selbst oft nur billige Altkleider leisten. Alte Kleidertraditionen geraten dabei in Vergessenheit.[41]

Ökotips

● Achten Sie beim Kauf neuer Kleidungsstücke nicht nur auf Mode, Preis und Pflegbarkeit, sondern auch und vor allem auf guten Tragekomfort, denn falsche Kleidung mindert die körperliche und geistige Leistungsfähigkeit. Alltagskleidung sollte allen vorkommenden Tragesituationen gerecht werden können, z. B. Büroarbeit, Weg zur U-Bahn, Fahrt mit dem Fahrrad, Angstschweißausbrüche, weil der Chef kommt, leichte körperliche Arbeit...

Woran erkenne ich eine solche Kleidung im Geschäft?

Weiter Schnitt: Eng anliegende Kleidungsstücke können kaum wärmende Luft einschließen. Das Wärmepolster ist dünn und reicht nur für geheizte Räume, für den Weg zur U-Bahn zum Beispiel schon nicht mehr. – Übrigens, auch der leichte Luftzug, der durch eine Klimaanlage verursacht wird, weht ständig etwas von dem kostbaren Luftpolster weg. In klimatisierten Räumen muß man sich daher wärmer einpacken als in gleichwarmen geheizten Räumen.

Möglichkeiten zur Veränderung: Kleidung sollte möglichst variabel sein. Durch das Überziehen oder Weglassen einer Jacke oder Weste kann man sich schnell kälteren oder wärmeren Bedingungen anpassen. Bei plötzlichen Schweißausbrüchen können Reißverschlüsse, Knöpfe oder Schnürzüge, die man öffnen kann, Erleichterung verschaffen.

Saugfähige Fasermaterialien: Saugfähige Textilfasern – und das sind vor allem die Naturfasern, allen voran die Wolle – können die normale Körperfeuchtigkeit und kurze Schweißausbrüche aufsaugen und langsam nach außen weiterleiten. Sie wirken gleichsam als Puffer für die Schweißflüssigkeit. Nur wenn man längere Zeit stark schwitzt, wie beim Joggen, sind auch Naturfasern irgendwann überfordert und werden naß. Näheres dazu im Kapitel Sportkleidung.

Flauschige Garn- und Gewebekonstruktion: Nur stark gekräuselte Fasern können wärmende Luft einschließen. Sie kleben außerdem nicht so leicht auf der Haut und fühlen sich daher angenehmer an. Flauschige Strickwaren sind naturgemäß wärmer als ein glattes Gewebe. Ist eine Seite flauschig und eine glatt, so sollte die flauschige Seite innen getragen werden.

• Bevorzugen Sie Naturfasern für Ihre normale Alltagskleidung. Direkt auf der Haut ist es am wichtigsten. Bei den äußeren Stoffhüllen, z. B. beim Mantel oder der Jacke, kann man schon eher Kompromisse eingehen, wenn sie genügend Lüftungsmöglichkeiten besitzen, durch die der Schweiß abdampfen kann.

• Baumwolle und Leinen sind gut geeignet für Kleidungsstücke, die oft und heiß gewaschen werden sollen oder sehr schmutzig werden, z. B. Spielkleidung für Kinder, Berufskleidung (Kittel, Blaumann), Krankenhauswäsche.

• Reine Schurwolle verspricht den höchsten Tragekomfort, da sie am besten wärmt und die meiste Feuchtigkeit aufsaugen kann. Außerdem stinkt sie nicht und wird kaum schmutzig.

• Gute Naturseide kommt Wolle in den Eigenschaften sehr nahe und wird auch von wollempfindlichen Menschen vertragen.

• Personen mit empfindlicher oder allergischer Haut sollten Baumwolle oder Leinen (naturbelassenes!) auf der Haut tragen.

• Wollen Sie unbedingt knitterfreie Blusen, Hemden, Kittel o. ä. haben, so müssen Sie Einbußen im Tragekomfort in Kauf nehmen (Ausnahme: Wolle. Sie knittert kaum. Knitter verschwinden durch Aushängen in feuchter Umgebung).

• Einem Kleidungsstück aus Synthesefasern kann man seinen Tragekomfort kaum ansehen. Da synthetische Gewebe elastischer sind als solche aus Naturfasern, sind solche Kleidungsstücke oftmals hauteng. Sie sollten diese Textilien eine Nummer größer kaufen, so daß sie nur lose anliegen, sonst tragen sie sich sehr unangenehm und fördern Hautreizungen und Pilzerkrankungen.

• Kaufen Sie grundsätzlich nur Socken, die Sie mit mindestens 60 °C waschen können, sonst werden Sie Fußpilze schlecht wieder los.

• Wenn Sie synthetische Kleidungsstücke tragen, müssen Sie in der Sonne auch Ihre bekleidete Haut vor Sonnenbrand schützen.

• Die Ressourcen unserer Welt an Rohstoffen und Energie sind begrenzt. Der Kleiderüberschuß bei uns geht auf Kosten der Umwelt und Armut und Entbehrung in der Dritten Welt.

• Achten Sie auf gute Qualität beim Kleiderkauf. Topmodische Artikel sind oft sehr schlecht verarbeitet und überstehen kaum eine Saison.

- Dritte-Welt-Läden bieten Kleidungsstücke aus Entwicklungsländern an, die dort in traditioneller Handarbeit erzeugt werden. Mit dem Kauf solcher Artikel unterstützen Sie das Bemühen der Menschen dort um Unabhängigkeit und Eigenständigkeit.
- Wenn Sie etwas handwerkliches Geschick besitzen, können Sie aus alten Kleidern wieder prima neue nähen. Großmutters Kleid taugt vielleicht noch einmal für eine modische Bluse.
- Tauschen Sie Kleidungsstücke, die Ihnen nicht mehr gefallen, mit Freunden, oder bringen Sie sie zum Secondhand-Laden.
- Geben Sie alte Kleider in die Altkleidersammlung, aber hüten Sie sich zu glauben, Sie hätten damit viel Gutes für die Dritte Welt getan.

Literatur

1 Kost, H., 1960: Die Physiologie der Haut und ihre Bedeutung für die Bekleidung. Melliand Textilberichte 41, S. 344–349.

2 Mecheels, J., 1977: Körper – Klima – Kleidung – Textil. Melliand Textilberichte 11, S. 773–776, 857–860, 942–946.

3 Diebschlag, W., Mauderer, V., Nocker, W., 1977: Thermophysiologische Aspekte der Arbeitskleidung. Arbeitsmedizin, Sozialmedizin, Präventivmedizin.

4 Gesamtverband der Textilindustrie in der Bundesrepublik Deutschland, 1977: Körper, Klima, Kleidung. Frankfurt a. M.

5 Nylons – ein ganz dünner Traum. Constanze Heft 1 (März), 1948.

6 Weißler, S., 1985: Plastikwelten. Elefanten Press, Berlin.

7 Öko-Institut Freiburg, Katalyse Umweltgruppe, Verein für Umwelt- und Arbeitsschutz, Bund für Umwelt- und Naturschutz Deutschland e. V., 1984: Chemie im Haushalt. Rowohlt Verlag, Reinbek, 2. Aufl.

8 Fiedler, H. P., 1980: Mikrobiologische Probleme der Hautpflege unter besonderer Berücksichtigung der Desodorierung. Ärztliche Kosmetologie 10, S. 50–56.

9 Mecheels, J., 1986: Leistungsfähig und komfortabel in funktioneller Bekleidung. Textilveredlung 21, S. 323–330.

10 Behmann, W., 1971: Untersuchungen zur Beurteilung des bekleidungsphysiologischen Verhaltens von filzfrei ausgerüsteter Wolle. Dissertation an der TH Aachen.

11 Benisek, L., Harnett, P. R., Palin, M. J., 1987: Einfluß von Faserart und Gewebekonstruktion auf thermophysiologischen Komfort. Melliand Textilberichte 68, S. 878–888.

12 Haudek, H. W., Viti, E., 1980: Textilfasern. Herkunft, Herstellung, Aufbau, Eigenschaften, Verwendung. Melliand Textilberichte.

13 Knobloch, H. W., 1964: Das Geschenk der Seidenprinzessin. Franz Schneider Verlag, München.

14 Trudel, B., 1985: Seidenproduktion. Textilveredlung 20, S. 73–77.

15 Bauer, R., 1966: Chemiefaser-Lexikon. Deutscher Fachverlag, Frankfurt a. M.

16 Lehmann, P. J., 1986: Naturkleidung. Edition Schangrila, Haldenwang.

17 Adebahr-Doerel, L., 1982: Von der Faser zum Stoff. Handwerk und Technik, Hamburg, 28. Aufl.

18 Zollinger, H., 1985: Textilchemie und Mode. Textilveredlung 20 (10), S. 301–307.

19 ‹Grüne Welle› auch gegen Arbeitskleidung mit ‹Chemie›anteil (Mischgewebe)? Reiniger + Wäscher 38, Heft 9, 1985, S. 21–23.

20 Mecheels, J., Rieker, J., 1978: Einflüsse von Kleidungstextilien auf die Entstehung von Schweißgeruch. Melliand Textilberichte 12, S. 1012–1018.

21 Frust bei Frost. Konsument 10, 1987, S. 22–26.

22 Massoth, P. + E., 1987: Das aktive Gesundheitsbuch. Goldmann Ratgeber-Taschenbuch Nr. 103 65.

23 Der Preis für gute Form. Konsument 9, 1986.

24 Maxwill, E., 1988: Fußpilz-Stopper. Leserbrief im Stern Nr. 23, 1. 6. 88, S. 11.

25 Niemann, I., 1985: Gibt es permanent antistatisch ausgerüstete Gewebe? Reiniger + Wäscher 38, 1985, Heft 12, S. 34.

26 Hingst, W., 1988: Zeitbombe Kosmetik, Goldmann-Verlag.

27 Rieländer, M., 1987: Gesunde Kleidung. Idea-Verlag, Puchheim.

28 Iseli, S., Geissmann, C., Speidel, J. B., 1986: Tragdauer fünfzehn Tage...? Prüf mit, Nr. 6.

29 Böggering, H., Gebhard, J., 1981: Beanstandungen bei waschbaren Textilien. Textilveredlung 16, S. 273–280.

30 Tensfeld, 1987: Vortrag im A. U. G. E.-Umweltberater-Seminar.

31 Deutsches Wollforschungsinstitut an der TH Aachen: Schreiben vom 30.6. 88.

32 Internationales Wollsekretariat: Schreiben vom 29. 6. 88.

33 Internationales Wollsekretariat, 1988: Hausstaubmilben und Allergien. Haustex 6, S. 36–37.

34 Kohl, E.-G., Pruggmeyer, D., 1978: Luftverunreinigungen durch Vinylchlorid (VC) aus PVC-Erzeugnissen. Forschungsbericht 78-104 03 884 des Umweltbundesamtes.

35 Koch, E. R., 1984: Krebswelt. Fischer Taschenbuch.

36 Rose, W. D., 1987: Krebsgifte. Mosaik-Verlag.

37 Gesamttextil, 1987: Jahrbuch der Textilindustrie 1987. Frankfurt.

38 Albrecht, W., 1983: Die Hauptrichtungen der Entwicklung der Chemiefasern in den 80er Jahren. Textilveredlung 18, S. 217.

39 Albrecht, W., 1987: 25 Jahre Chemiefaserforschung und -entwicklung – ihr Weg in die Zukunft. Textilveredlung 22, S. 6–12.

40 Modisches mit Blößen. Konsument 1, 1987, S. 8–11.

41 Erklärung von Bern, 1986: Kleider und Mode bei uns und in der Dritten Welt. Zürich.

42 Engel, J., 1985: Internationale Wirtschaftsbeziehungen und Strukturwandel. Am Beispiel der bundesdeutschen Textil- und Bekleidungsindustrie. Skarabäus-Verlag, Bremen.

43 Eurotec, 1988: Altkleider-Verwendung. Schriftliche Auskunft der Marketing und Rohstoff-Recycling GmbH Eurotec.

Gefährliche Chemikalien in der Kleidung

Erinnern Sie sich noch an die ersten Jeans und Cordhosen? Die begehrten Beinkleider hatten leider einen großen Nachteil. Mit jeder Wäsche wurden die Hosenbeine ein Stückchen kürzer. Hatte man sich leichtsinnigerweise ein gerade passendes Exemplar gekauft, so besaß man nach der ersten Wäsche nur noch lächerliche Hochwasserhosen, mit denen man sich nicht mehr unter seine Freunde trauen konnte. – Seltsam, der Ärger mit den Hochwasserhosen ist schon fast vergessen. Die heutigen Hosen behalten immer ihre Länge. ‹Magie oder Technik?› so fragten schon 1965 die Fortschrittsgläubigen.[1]

Die Hochveredlung von Baumwolle, so kann man erfahren, ist des Rätsels Lösung. Seit die knitterfreien, form- und maßstabilen Synthetics neue Maßstäbe in der Textilpflege setzten, muß Baumwolle auf den gleichen Standard wie die Kunstfasern ‹hoch›veredelt werden. Nur werden durch die sogenannte ‹Veredlung› Textilien nicht etwa edler, sondern mit mehr oder weniger großen Mengen von Chemikalien angereichert, deren Auswirkungen auf die menschliche Gesundheit nur in den seltensten Fällen hinreichend bekannt sind.

Der Käufer verlangt es so, behauptet die Chemieindustrie. Daß das wirklich unangenehme Einlaufen mit einem einfachen mechanischen Verfahren (s. Sanfor-Ausrüstung) zufriedenstellend verhindert werden könnte, wird dabei lieber verschwiegen. Schließlich gibt es ja inzwischen einen ganz neuen Industriezweig, die ‹Industrie der Zauberer›, die von der chemischen Ausrüstung der Textilien lebt.

Die Industrie der Zauberer

Textilien werden mit allerlei Chemikalien traktiert, um ihre Eigenschaften zu beeinflussen. Der Textilhilfsmittelkatalog führt ca. 6500 Stoffe auf, die in der Textilverarbeitung eingesetzt werden.[2] Die Palette reicht von so harmlosen Substanzen wie Kartoffelstärke bis hin zu gefährlichen wie chlorierten Kohlenwasserstoffen oder Formaldehyd.

Neuerdings werden sogar besondere Modeeffekte durch eine ausgefallene Ausrüstung erzielt. «Nicht umsonst spricht man heute von einer Ausrüstermode», so können wir in einschlägigen Fachzeitschriften erfahren.[3] Nicht mehr ein gekonnter Schnitt, sondern geschickte Ausrüstung zeichnet Modetendenzen aus. Veredlungseffekte wie Doubleface, Crincle, Chintz, Prägeeffekte, Ölfinish, Secondhandlook, Softhandle oder Knitter-Look sind ‹in›. Mit der chemischen Keule wehrt sich die bundesrepublikanische Textilindustrie gegen die Konkurrenz der Billigimporte. Das Know-how der ausgeklügelten Textilausrüstung befindet sich nämlich immer noch in den Industrieländern, und hier hofft man noch Profite machen zu können. «Ziel muß einfach sein, in der Zukunft relativ billige Rohstoffe mit teuren Ideen und teurer Arbeit zu veredeln», wie es Professor Dr. Giselher Valk einmal ausgedrückt hat.[3]

Um die Gesundheit der Käufer macht man sich dabei keine Gedanken. Laut Gesetz dürfen Textilien die Gesundheit des Menschen nicht gefährden. Eine Kontrolle dieser sehr allgemein gehaltenen Gesetzesrichtlinie ist nicht vorgesehen und bei der unüberschaubaren Vielzahl der vorhandenen Stoffe auch gar nicht möglich. Man setzt auf die Eigenverantwortung der Industrie, so lange bis Schlagzeilen wie «Gift im neuen Baumwoll-Pullover» die Öffentlichkeit erschüttern[4] und die offensichtliche Unverantwortlichkeit der Industrie deutlich machen.

Gift im neuen Baumwoll-Pullover

Mit tränenden Augen, brennenden Lippen und gereizten Nasen- und Ra-chenschleimhäuten mußte sich vor ein paar Jahren eine Hamburgerin krank-schreiben lassen, nachdem sie sich einen neuen Baumwoll-Pullover gekauft hatte. «100% Baumwolle» stand auf dem Etikett. An dem etwas sonderba-ren Geruch des Pullovers hatte sie sich zunächst wenig gestört. Doch schon auf dem Weg zur Arbeit wurde ihr übel in dem neuen Stück. Im Büro ange-kommen zog sie den Pullover aus und hängte ihn in den Schrank. Jedesmal wenn die Schranktür geöffnet wurde, beschwerten sich die Kollegen über den unangenehmen Geruch. Jetzt beschwerte sich die Hamburgerin im Modege-schäft. Man riet ihr, den Pullover zu waschen, doch nach dem Waschen hatte sich nicht das geringste geändert. Daraufhin begab sie sich mit ihrem Pull-over zur Umweltschutzabteilung des TÜV (Technischer Überwachungsver-ein). Formaldehyd, so fanden die Prüfer heraus, war der Übeltäter. Die in Verruf geratene Chemikalie, die aus Spanplatten, Möbeln und Teppichböden entweicht, war also auch in diesem Pullover enthalten. Das ist jedoch nicht etwa ungewöhnlich – im Gegenteil, die Mehrzahl der im Handel erhältlichen, ganz oder teilweise aus Baumwolle bestehenden Textilien enthält Form-aldehyd. Das besondere Pech der Hamburgerin bestand nur darin, daß sie ein ungewöhnlich stark belastetes Stück erwischt hatte.

Der Inhaber des Modegeschäfts, auf diese Situation hingewiesen, erklärte dazu, daß die Ware aus Hongkong stamme. Er werde darauf drängen, daß sich etwas an der Herstellung ändere, aber die Pullover seien schon so gut wie ausverkauft.[4]

Baumwolle – viel Chemie, wenig Natur

Cellulosefasern, allen voran die Baumwolle, sind der beliebteste Ge-genstand der Textilausrüster. Baumwolle hat beim Käufer den Ruf einer guten Naturfaser, kann jedoch auf der anderen Seite mit viel Chemie auf die verschiedenste Art und Weise verändert werden. Daß der Trend ‹Zurück zur Natur› mit viel Chemie erkauft wird, ist wohl nur den wenigsten bewußt, denn «das ‹reine Naturprodukt› Baum-wolle ist heute nicht mehr handelsüblich, auch nicht bei dem Etiket-tenaufdruck ‹100% Baumwolle›»[5] (s. auch Kapitel Textilkennzeichnung). Textilausrüster freuen sich: «Dem gegenwärtigen Trend zufolge ist Cellulose der quantitativ bedeutendste Rohstoff für die Zukunft. Züchtungsergebnisse auf dem Cellulosegebiet versprechen eine um 50 Prozent gesteigerte Ernte. Der Celluloseveredlung kommt daher für die nächsten Jahre eine besondere Bedeutung zu.»[3]

Der wichtigste Ausrüstungsschritt bei Baumwolle ist die Erzielung von Pflegeleichteigenschaften, die sogenannte Hochveredlung. Doch «muß man sich auch darüber klar sein, daß die Pflegeleicht-Ausrüstungen, die ja zum Ziel haben, zellulosische Fasern und Wolle den Synthetics ähnlicher zu machen, zwangsläufig Veränderungen bewirken, die bei den natürlichen Rohstoffen als nachteilig empfunden werden».[6] Durch die Hochveredlung werden Baumwollsachen nämlich weniger saugfähig und damit weniger hautfreundlich. Sie verschleißen außerdem schneller, da sie an Scheuerfestigkeit verlieren. Wie Synthetics neigen hochveredelte Sachen zur elektrostatischen Aufladung. In der Waschmaschine müssen sie bei einem Viertel der sonst üblichen Beladung gewaschen werden.

Durch die Hochveredlung wird das Einlaufen verhindert und gleichzeitig die Knitteranfälligkeit herabgesetzt. Derzeit sind ca. 90 Prozent der auf dem Markt befindlichen Baumwollstoffe hochveredelt.[7] Auch Strickwaren, wie Unterwäsche, Socken oder Pullover, werden mit der Kunstharzausrüstung versehen, um das lästige Einlaufen zu verhindern. Diese Kunstharze sind in jedem Fall formaldehydhaltig. Reste des Ausgangsstoffes Formaldehyd können auf der Faser zurückbleiben oder beim Waschen bzw. während des Tragens wieder freigesetzt werden.

Die Zeitschrift Öko-Test ließ 1986 eine Untersuchung durchführen, in der neue Kleidungsstücke auf ihren Gehalt an freiem Formaldehyd getestet wurden. Für Erwachsenenkleidung wurde der Spitzenwert von 108 ppm gefunden, Kinderkleidung lag noch weit darüber (s. Kapitel Kinderkleidung).[8] Zu ähnlichen Ergebnissen kam auch die kritische Verbraucherzeitschrift Chancen, als sie 1987 Herrenhemden untersuchen ließ. Der Spitzenwert lag hier bei 118 ppm.[9]

Bei einer kürzlich in Baden-Württemberg durchgeführten Untersuchung wurden 242 Proben analysiert. Es handelte sich dabei um Textilien unterschiedlichster Art, wie Strümpfe, Unterwäsche, Windelvlieseinlagen, Hemden, Schlafanzüge, Bettwäsche. Die Ergebnisse waren bedenklich: Nur ein kleiner Teil der Proben enthielt weniger als 10 ppm Formaldehyd. Die Mehrzahl der Textilien wies Werte von 10–100 ppm Formaldehyd auf. 26 Proben lagen jedoch zwischen 500 und 1000 ppm, und zwei Samtstoffe enthielten sogar mehr als 1500 ppm Formaldehyd.[10]

Formaldehyd gehört zu den zehn Substanzen, die am häufigsten als Allergieauslöser (Allergen) in Erscheinung treten. Allergische Hautausschläge, sogenannte Kontaktekzeme, sind der Ausdruck einer Formaldehyd-Allergie. Dabei spielen Kleidungsstücke eine bedeutende Rolle. Nach Einführung der Hochveredlung wurden in der medizinischen Fachliteratur vermehrt Formaldehyd-Allergien beschrieben, die durch Kleidungsstücke ausgelöst worden waren. In England waren 1963 27 von 30 Patienten, die mit einer Formaldehyd-Allergie den Arzt aufgesucht hatten, durch Kleidungsstücke krank geworden (sensibilisiert worden). In Dänemark waren 1960 bei 50 Prozent der Formaldehyd-Kranken hochveredelte Kleidungsstücke schuld an der Allergie. In Norwegen waren es zwischen 1953 und 1962 knapp 10 Prozent der Patienten mit einem Hautekzem, die durch formaldehydhaltige Kleidung erkrankt waren.[11] Diese erschreckend hohen Zahlen sind auch kein Wunder, war es doch zu dieser Zeit nicht unüblich, daß Formaldehyd-Konzentrationen von 1300 bis 4500 ppm (= 0,13 % bis 0,45 %) in Kleidungsstücken vorhanden waren.[11] Derartig hohe Formaldehyd-Gehalte führen bei den meisten Menschen außerdem zu direkten Vergiftungserscheinungen wie juckender Nase, kratzendem Hals und Kopfschmerzen.[11]

Was ist 1 ppm?

ppm ist die Abkürzung für *parts per million*. Übersetzt bedeutet 1 ppm also: ein Teil von einer Million Teile. Man benutzt diese Konzentrationsangabe häufig, um geringe Gehalte von Chemikalien in Wasser, Lebensmitteln, Gebrauchsgegenständen oder wie in unserem Fall in Textilien anzugeben.

1 ppm entspricht z. B. 1 mg pro kg (1 mg = 0,001 g), 1 ppm = 0,0001 %

Formaldehydbelastung von Kleidungsstücken

Artikel	Markenname	Geschäft	Gehalt an freiem Formaldehyd
Herrenhemd	Daniel Collection	Kaufhalle	118 ppm
Herrenhemd	picdor	SB Mode-Center	108 ppm
Herrenhemd	de Soto	Hertie	89 ppm
Herrenhemd	Young Style	Kaufhalle	82 ppm
Herrenhemd	New Fast	C & A	82 ppm
Herrenhemd		C & A	72 ppm
Herrenhemd	Alpenland	C & A	68 ppm
Herrenhemd	de Soto	Czech (Fachgeschäft)	66 ppm
Herrenhemd	Haupt	Hertie	61 ppm
Herrenhemd	Tom Taylor	Hertie	49 ppm
Herrenhemd	Canda	C & A	47 ppm
Herrenhemd	Seidensticker	Hertie	42 ppm
Herrenhemd	Gaucho	Kaufhalle	38 ppm
T-Shirt	Passport	Brohmann (Fachgeschäft)	32 ppm
Herrenhemd	Seidensticker	Kaufhof	25 ppm
Bettwäsche	classic	Wertkauf	21 ppm
Herrenhemd	Marshal	Klecker-Moden	17 ppm
Bettwäsche	Andra	Hertie	16 ppm
T-Shirt		Kaufhof	14 ppm
T-Shirt		C & A	14 ppm
Bettwäsche	pfersee collection	Neckermann	12 ppm
T-Shirt	Succo di frutta	Jeany (Fachgeschäft)	10 ppm
Bettwäsche	frisch & frech	Massa	9 ppm
Bettwäsche	Irisette	Deubele (Fachgeschäft)	6 ppm
T-Shirt	Benelton	Benelton	4,2 ppm

Quellen: Kuzu, G., Formaldehyd in Baumwolle. Öko-Test 6, 1986, S. 26–29.
Pfitzenmaier, G.: Formaldehyd in Hemden. Chancen 11, 1987, S. 72–75.

Nachdem Formaldehyd Mitte der 70er Jahre als krebsauslösend in Verruf geriet, wurden formaldehydarme Ausrüstungsmittel entwickelt und eingesetzt. Doch auch sehr viel geringere Formaldehyd-Werte reichen aus, um eine Allergie hervorzurufen. Kleidungsstücke, die etwa 750 ppm (= 0,075 %) Formaldehyd enthalten, können bei anfälligen Personen (Atopikern) zu einer Kontaktdermatitis führen.[11]

Seit Oktober 1986 gibt es in der Bundesrepublik eine Gefahrstoffverordnung für Textilien, «die beim bestimmungsgemäßen Gebrauch mit der Haut in Berührung kommen».[9] Sind mehr als 1500 ppm (0,15 %) freies Formaldehyd in dem Kleidungsstück enthalten, so muß es mit dem Hinweis versehen werden: «Enthält Formaldehyd». Dem Käufer wird schriftlich empfohlen, «das Kleidungsstück zur besseren Hautverträglichkeit vor dem ersten Tragen zu waschen.»[9] Was auf den ersten Blick wie Verbraucherschutz aussieht, erweist sich bei Kenntnis der Sachlage als bloße Augenwischerei. Diese Verordnung ist kaum geeignet, vor direkten Vergiftungserscheinungen durch Formaldehyd zu warnen. Sie können immerhin schon bei 1300 ppm vorkommen. Einen Schutz vor Allergien bietet sie auf keinen Fall, denn ein fehlender Hinweis auf dem Kennzeichnungsetikett oder auf der Verpackung bedeutet ja noch lange nicht, daß kein Formaldehyd enthalten ist.

Im Gegenteil, die Tests haben gezeigt, daß Formaldehyd immer in mehr oder weniger großer Menge enthalten ist. Außerdem machte die Stiftung Warentest im Juni 1987 darauf aufmerksam, daß auf die Deklaration nicht immer Verlaß ist.[12] Textilien aus Fernost können schon deshalb höhere Formaldehyd-Werte aufweisen, weil die Stoffe auf ihrem feucht-heißen Lagerplatz oder beim Schiffstransport zum Schutz vor Schimmelpilzen, den gefürchteten Stockflecken, mit der Chemikalie behandelt werden.[9] Daß man einem Kleidungsstück nicht ansehen kann, ob es eine lange Reise hinter sich hat oder nicht, wurde bereits erläutert (s. Made in Hongkong).

Zu fragen hat man sich auch, welche Kleidungsstücke wohl beim ‹bestimmungsgemäßen Gebrauch› auf der Haut zu tragen sind. Ist es der bestimmungsgemäße Gebrauch, wenn ich im Sommer einen Baumwoll-Pullover direkt auf der Haut trage, oder ist es bestimmungsgemäß, ein Hemd oder eine Bluse darunter anzuziehen? Die schwammige Gesetzesformulierung erlaubt jede Art der Auslegung.

Gesundheitsrisiko durch Formaldehyd in Kleidung

	Gehalt an Formaldehyd in der Kleidung
Reizung der oberen Atemwege, brennende Augen	1300–4500 ppm
Kennzeichnungspflicht für Textilien	ab 1500 ppm
Allergieauslösung durch Kleidungsstücke möglich	ab 750 ppm
Hauterscheinungen (Ekzeme) bei bereits vorhandener Allergie möglich	300 ppm und weniger

Quelle: Hatch, K. L.: Chemicals and Textiles. Textil Research Journal 54, 1984, S. 721–732

Trotz aller Vorschriften ist daher bei jedem neuen Baumwollstück nur Rätselraten über seinen Gehalt an Formaldehyd möglich.

Daß die DIN-Meßmethode, mit der der Formaldehyd-Gehalt bestimmt wird, auch noch so ausgelegt ist, daß relativ harmlose Werte erhalten werden, ist noch gar nicht berücksichtigt. Es wird nämlich nur der Gehalt an freiem Formaldehyd gemessen. Während des Gebrauchs spaltet sich jedoch auch Formaldehyd ab, das vorher im Gewebe gebunden war. So erhält man z. B. nach der DIN-Meßmethode für eines der getesteten Herrenhemden 89 ppm Formaldehyd. Würde man auch das sich abspaltende Formaldehyd erfassen, so ergäbe sich der weitaus höhere Gehalt von 230 ppm.[9]

Schließlich ist Formaldehyd auch noch wasserlöslich. Nach Aussage des Chemikers Ulrich Krieg vom Kölner Katalyse-Institut ist es durchaus denkbar, daß Formaldehyd durch Schweiß gelöst wird und sich beispielsweise in der Ellenbeuge zu höheren Konzentrationen ansammeln kann.[9]

Auch niedrige Formaldehyd-Gehalte sind nicht unbedenklich. Bei Menschen, deren Haut bereits geschädigt ist (zum Beispiel durch formaldehydhaltige Kosmetika oder Reinigungsmittel), können nämlich auch Formaldehyd-Gehalte von weniger als 300 ppm ein Ekzem hervorrufen.[11] So fanden amerikanische Ärzte heraus, daß ein Drittel ihrer Patienten mit Formaldehyd-Allergie bereits bei einer Testlösung mit 100 ppm Formaldehyd eine positive Reaktion zeigten.[13] Da

Formaldehyd in unzähligen Produkten des täglichen Lebens enthalten ist, besitzen viele Menschen bereits eine Allergie gegen die Chemikalie. 18 Prozent aller Hausfrauen, die zwischen 1981 und 1987 in der Nürnberger Universitäts-Hautklinik wegen einer Allergie in Behandlung waren, reagierten allergisch auf Formaldehyd.[14] Sie sind daher auch durch schwach formaldehydhaltige Textilien gefährdet.

Hinzu kommt, daß sich Formaldehyd im Tierversuch als krebserregend erwies. Um eine eventuelle krebserzeugende Wirkung beim Menschen tobt immer noch eine heiße Diskussion. Industrievertreter streiten jegliche Gefahr ab, während Verbraucher und kritische Wissenschaftler auf Versuchsergebnisse hinweisen, die für ein krebserzeugendes Potential sprechen.[15]

Daß es möglich ist, Kleidungsstücke mit niedrigen Formaldehyd-Gehalten herzustellen, zeigen die Analysen-Ergebnisse ebenfalls. Eine Reihe von Produkten wies weniger als 10 ppm Formaldehyd auf.[8] Strengere Gesetzesvorschriften wären daher unbedingt nötig. Ein zufriedenstellendes Ersatzverfahren gibt es nämlich schon viel länger als die Hochveredlung. Die Sanforisierung ist ein mechanisches Verfahren, mit dem Baumwolle vorgeschrumpft wird, so daß sie beim späteren Waschen nicht mehr einlaufen kann. Ein maximaler Resteinlaufwert von 1 Prozent wird garantiert. Unterwäsche, bei der Knitter überhaupt keine Rolle spielen, wäre auf diese Weise hervorragend ausgerüstet. Anwendung oder Einlagerung von Chemikalien ist dabei nicht nötig. Leider kann die Chemieindustrie an diesem Verfahren deshalb auch nichts verdienen.

Die Neuentwicklung, das Sanfor-Set-Verfahren, kombiniert das alte mechanische Verfahren mit einer Flüssig-Ammoniak-Behandlung. Diese Behandlung erfordert hohe Investitionen in Maschinen, liefert jedoch sehr hochwertige Baumwoll- und Leinenstoffe mit Pflegeleichteigenschaften sowie unverminderter Saugfähigkeit und Scheuerfestigkeit.

Auch hier bleiben keine Chemikalien in den Fasern zurück, wenn das Ammoniak, dessen Verdunstungstemperatur bei −33 °C liegt, vollständig verdampft ist. Knitteranfällige Textilien wie Blusen, Hemden oder Kleider ließen sich auf diese Weise pflegeleichter machen. Allerdings wäre zu prüfen, ob die dann auftretenden Ammoniakprobleme nicht ebenfalls unakzeptabel hoch ausfallen.

Japan hat als erstes Land vorgeführt, daß strenge Gesetzesregelungen möglich sind. Seit 1975 gibt es dort das ‹law 112›, in dem festgelegt wird, daß Unterwäsche und Pyjamas nicht mehr als 75 ppm Formaldehyd enthalten dürfen.[9] Hiesige Gesetzgeber täten gut daran, sich davon eine Scheibe abzuschneiden. Sie scheinen jedoch eher den Versicherungen der Chemieindustrie Glauben zu schenken. Für Dr. Harro Petersen (Firma Hoechst) ist Formaldehyd «ein Bioprodukt, das in Pflanzen, Früchten, Gemüse und Holz enthalten ist». Eine Allergiegefahr durch formaldehydhaltige Kleidungsstücke streitet er[16] rundweg ab. Für Ulrich Krieg vom Katalyse-Institut ist eine solche Argumentation ähnlich haarsträubend, wie wenn jemand feststellt, daß der Mensch zu 80 Prozent aus Wasser bestehe und daraus folgert, daß man nicht ertrinken kann.[9]

Vom Gesamtverband der deutschen Textilindustrie ‹Gesamttextil› ist auch nur Verharmlosendes zu hören: «Trotz unendlicher Bemühungen ist es bisher nicht gelungen, Hinweise darauf zu finden, daß Formaldehyd beim Menschen Krebs erregen kann. Führende Allergologen, wie z. B. Prof. Tronnier, sagen uns zudem, daß das auf Textilien aus deutscher Produktion gefundene Formaldehyd weder für eine Sensibilisierung noch zur Auslösung einer Formaldehyd-Allergie ausreicht. Wer dennoch glaubt, sich gegen eine solche imaginäre Gefahr schützen zu müssen, der hat die Möglichkeit, auf formaldehydfreie Produkte auszuweichen, die auf dem Markt angeboten werden. Ich sehe keine Notwendigkeit für die Textilindustrie, auf Formaldehyd und für die Verbraucher auf pflegeleichte Textilien zu verzichten.»[17]

So sind wir als Verbraucher aufgrund der fehlenden Gesetzesvorschriften den formaldehydbelasteten Kleidungsstücken ziemlich hilf- und in den meisten Fällen wohl auch ahnungslos ausgesetzt. Die häufig zu hörende Empfehlung, neue Kleidungsstücke aus reiner Baumwolle oder Baumwoll-Synthetic-Mischungen vor Gebrauch zu waschen, löst das Problem auch nicht zufriedenstellend. Teilweise ist nämlich dreimaliges Waschen nötig, um den Gehalt an freiem Formaldehyd auf weniger als ein Drittel zu senken. Es ist jedoch auch möglich, daß durch die Wäsche noch mehr Formaldehyd freigesetzt wird. Eine alkalische Lösung – und Waschwasser ist üblicherweise alkalisch – fördert nämlich die Abspaltung (Hydrolyse) von gebundenem Formaldehyd.[18] Außerdem kann drei bis vier Tage nach der Wäsche

76

Die häufigsten Allergieauslöser und ihr Vorkommen

Nickel
Modeschmuck, Wäscheschnallen, Jeansknöpfe, Reißverschlüsse, Uhrenarmbänder, Brillenfassungen, Blasinstrumente, Türgriffe, Badarmaturen, Bestecke, Taschenmesser, Schlüssel, Zweiradlenker, Werkzeuge, Farben, Zement, Glasuren, Dünger, Waschmittel...

Kobalt
Farben, Glasuren, Kunstdünger, Waschmittel, Werkzeuge; ferner mit Nickel zusammen in einer ganzen Reihe der nickelhaltigen Metallgegenstände; radioaktives Kobalt wird in der Medizin verwendet.

Kaliumdichromat
Zement, Zementverputz, Rostschutzmittel, Holzschutzfarben, Imprägnierungs- und Beizmittel für Textilien und Pelze, Labor- und Fotochemikalien, Galvaniklösungen, Lichtpauspapiere, Tinte, Kugelschreiberfarbe, Bohnerwachs, Schuhcreme, Streichholzköpfe.

Formaldehyd
Desinfektionsmittel, Konservierungsmittel, Hilfsmittel, um Textilien knitterfrei und pflegeleicht zu machen, Kunstfasern, Spanplatten, Schäume zur Wärmedämmung, Gerbmittel, Lacke, härtbare Formmassen, Klebstoffe; zur Konservierung auch in Kosmetika, Reinigungsmitteln und Medikamenten.

Quelle: Bläschen unterm Jeans-Knopf. *natur* 11, 1987, S. 98

---

der Formaldehyd-Gehalt schon wieder angestiegen sein, da sich dann neues Formaldehyd aus dem Gewebe abgespalten hat.[9] Auch in Kleiderschränken, in denen solche Textilien aufbewahrt werden, können hohe Formaldehyd-Gehalte in der Luft entstehen.[9] Beim Öffnen der Schranktür kann einem dann schon einmal eine kräftige Giftwolke in die Nase steigen.

Formaldehyd-Allergiker tappen zur Zeit jedenfalls völlig im Dunkeln. Jeder Kleiderkauf wird zum Roulette-Spiel, solange nicht end-

Krank durch Kleidung

In den letzten Jahren registrieren Ärzte eine Zunahme allergischer Hauterkrankungen.[22] Allergien sind überschießende Abwehrreaktionen des Immunsystems. Die körpereigene Schutzpolizei hält dabei harmlose Stoffe wie Blütenpollen, Hausstaub u. ä. für gefährlich und wehrt sich unangemessen stark. Wir kennen die triefenden Nasen und tränenden Augen der Heuschnupfenkranken, die sich während der Blütezeit von Bäumen und Gräsern kaum in die Natur trauen können. Doch auch Hautausschläge mit quälendem Jucken, Rötungen oder Bläschen kann man bekommen, wenn das Immunsystem gereizt reagiert. Hat man gar allergische Eltern, Großeltern oder Geschwister, so sind die Würfel bereits gefallen. 65 Prozent der Kinder von allergisch kranken Eltern (beide Elternteile) bekommen ebenfalls eine Allergie im Laufe ihres Lebens.[23] Solche sogenannten Atopiker neigen stark zu allergischen Reaktionen. Dabei kann grundsätzlich jede Substanz als Allergieauslöser wirken. Ärzte kennen jedoch Stoffe, die besonders häufig als Allergene (Allergieauslöser) in Erscheinung treten. Daher wäre es für Atopiker durchaus ratsam, den immer wiederkehrenden Kontakt mit jenen vier Substanzen zu vermeiden, die am häufigsten die Ursache des Übels sind, denn eine Allergie kann man nicht heilen. Ärzte können zwar ihre Auswirkungen lindern, doch die Überempfindlichkeit des Körpers bleibt bestehen, und bei jeder neuen Berührung mit der unverträglichen Substanz gibt es einen neuen Allergieschub. Nur selten verliert sich eine Allergie im Laufe des Lebens. In der Regel verschlimmert sie sich, und es kommen neue allergieauslösende Stoffe hinzu.

Allergien, die durch Kleidungsstücke ausgelöst werden, sind bekannt. Unter Kleidungsstücken können ja auch besonders günstige Bedingungen für eine Hautreizung auftreten. Der Schweiß löst einerseits alle möglichen Substanzen aus den Textilien. Auf der anderen Seite wird die Haut durch ein feucht-warmes Kleinklima aufgeweicht, so daß sie durchlässiger für Stoffe aller Art wird. Auch fettlösliche Chemikalien können aus Kleidungsstücken herausgelöst werden, denn an der Wurzel der Körperhaare sitzen Talgdrüsen, die ständig Fett produzieren. Durch dieses Fett können zum Beispiel Substanzen aus Kunstfasern herausgelöst werden.[24]

Kleidungsstücke rufen typischerweise nicht an allen Hautpartien, mit denen sie in Berührung kommen, Hauterscheinungen hervor, sondern nur an den Stellen, an denen man viel schwitzt und/oder das Kleidungsstück sehr eng am Körper anliegt oder reibt. Bevorzugte Stellen

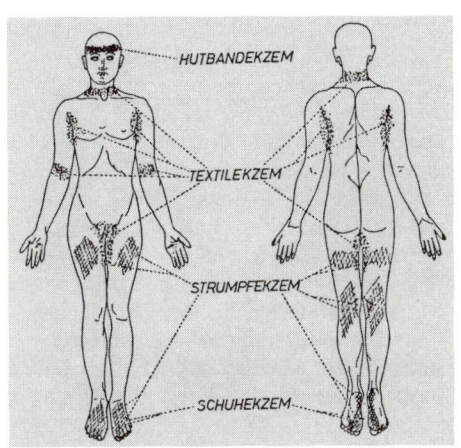

Kontaktekzeme durch Kleidung und deren häufigste Verursacher

Textilekzem	Hutbandekzem	Schuhekzem	Strumpfekzem
Farbstoffe	Lorbeeröl	Chrom	Farbstoffe
Formalin	Chrom	Formalin	
Formalin-		Gummi	
derivate			
Harnstoff-		Farbstoffe	
derivate			
Chrom		Leime	
optische			
Aufheller			

Quelle: Ebner, Kontaktekzeme durch Kleidung. *Der Hautarzt* 26, 1975, S. 72–74.

sind die Nackenpartie, die Ränder der Achselhöhlen, Ellenbeugen, Oberschenkel, Kniekehlen, Füße (Strümpfe, Schuhe) und die Stirn (Hüte). Ärzte sprechen von Textilekzemen, Hutband-, Schuh- und Strumpfekzem.[24] Dabei ist nicht das eigentliche Grundmaterial der Kleidungsstücke (Leder, textile Fasern) der Allergieauslöser, sondern immer irgendwelche Zusätze, die während der Verarbeitung hinzugefügt werden. Folgende Substanzen fallen dabei besonders häufig auf: Formaldehyd, Kaliumdichromat, Paraphenylendiamin (Farbstoffe) und Gummi.[24]

Beim Auftreten allergischer Hauterscheinungen müssen Ärzte und Patienten sich zunächst einmal auf die Suche nach dem möglichen Übeltäter begeben. In kleinen Hauttests wird die Haut mit gängigen Allergenen konfrontiert. Zeigt sich eine Hautreaktion (Rötung, Jukken, Quaddeln), so ist der Allergieauslöser gefunden. Bei Bekleidungsekzemen ist diese Suche oft mühsam, da man nicht unbedingt genau weiß, welches Kleidungsstück verantwortlich ist und welche Chemikalien darin enthalten sind.[24] Eine sichere Diagnose wäre aber nötig, denn das Allergen muß in Zukunft strikt gemieden werden, sollen nicht wieder Hautausschläge vorkommen. Da es zur Zeit keinerlei Kennzeichnungspflicht für Chemikalien (Ausnahme: Formaldehyd s. S. 73 ff) in Kleidungsstücken gibt, ist Kleiderkauf für Allergiker ein Lotteriespiel. Mehrmaliges Waschen und Spülen vor dem Tragen kann die Gefahr eventuell etwas vermindern.[24]

lich eine vollständige Deklaration aller Inhaltsstoffe eines Kleidungsstücks Pflicht wird. Allerdings sollte man nicht wie bei Lebensmitteln auf ein verbraucherunfreundliches Abkürzungssystem ausweichen, um die Mittelchen anzugeben, die in der Textilausrüstung gang und gäbe geworden sind.

Schließlich wird Baumwolle in der Regel nicht nur mit Kunstharzen versehen. Mit Weichmachern wird ein permanenter ‹Weichgriff› erzeugt. Daß dem Verbraucher zusätzlich Weichspüler verkauft werden, ist genauso widersprüchlich, wie es sich anhört. Quaternäre Ammoniumverbindungen, wie sie unter anderem zum Weichmachen verwendet werden, sind aus der Kosmetik ebenfalls als Allergieauslöser bekannt.[19]

Zur Easy-wash-Ausrüstung von hochveredelter Ware werden unter anderem Fluorkohlenwasserstoffe verwandt.[20] Sie gehören zur Gruppe der Halogenkohlenwasserstoffe, die im Verdacht stehen, Krebs zu erzeugen.[21] Ein allergisches Ekzem allerdings ist bisher erst einmal dokumentiert.[11]

In einer Untersuchung von Trachtenstoffen konnten folgende Substanzen nachgewiesen werden: Parachlormetakresol, 2-Phenylphenol, Pentachlorphenol (PCP), Chloracetamid, Formaldehyd und optische Aufheller.[17] Eine makabere Chemikalienmischung trägt man da also auf der Haut. Aber «nach Ansicht der Textilindustrie geht von Textilien weder ein kalkulierbares noch ein unkalkulierbares Risiko aus».[17]

Der Matratzentest

Was stellen Sie sich unter einem Matratzentest vor? – Einen Test, in dem Matratzen auf ihre Bequemlichkeit getestet werden? Völlig falsch! Man höre und staune: In einem Matratzentest werden textile Ausrüstungen auf ihre Vergilbungsneigung geprüft. Dazu werden auf einer Schaumstoffmatratze Stoffproben, die mit der zu prüfenden Textilausrüstung versehen sind, ca. drei Wochen lang gelagert. Die eingetretenen Verfärbungen zeigen, wie stark die Ausrüstung den Gilb in der Wäsche festhält.

Denn tatsächlich treibt seit einiger Zeit der Gilb sein Unwesen in textilen Produkten, ja sogar in neuen, noch verpackten Kleidungsstücken. Unerklärliche Fälle von Vergilbungen wurden in der Eidgenössischen Materialprüfungsanstalt, der EMPA, in St. Gallen registriert. Dort machte man sich an die Arbeit, dieses Phänomen aufzuklären. Nitrophenol und butyliertes Hydroxy-Toluol (BHT), das durch stickoxidhaltige Luft in Nitrophenol umgewandelt wird, wurden als die Hauptübeltäter bei den Vergilbungen festgestellt. Diese beiden Substanzen werden von Verpackungsmaterialien wie Karton, Polyethylenbeuteln oder Schaumstoffmatratzen abgegeben. Auch in Gummibändern oder Polyestergarn können sie enthalten sein. Während BHT in Kunststoffprodukten als Antioxidans (Sauerstoffhemmer) eingesetzt wird, gelangt das Nitrophenol bei der Herstellung von Karton aus Altpapier auf unbekannten Wegen in das Verpakkungsmaterial. Aufgrund ihrer leichten Flüchtigkeit gelangen diese Stoffe in die Textilien, wo sie dann als gelbe Verfärbung sichtbar werden.[25]

Wie gut die farbigen Substanzen sichtbar werden, ist von der Art der Ausrüstung des Textils abhängig. So bewirkt zum Beispiel die Anwendung von Weichspülmitteln in der Haushaltswäsche eine intensivere Verfärbung des Stoffs. Das kuschelweiche Bettuch auf der nitrophenol- und BHT-haltigen Schaumstoffmatratze wird also sehr bald von dem häßlichen Gilb befallen, der nur durch erneute Wäsche wieder zu entfernen ist. Auch die Luftverschmutzung hat hier noch ein Wörtchen mitzureden. Durch den erhöhten Gehalt von Stickoxiden in der Luft wird die Umwandlung von BHT in Nitrophenol und damit die Vergilbung beschleunigt.

Ehrlich gesagt, als ich von diesem Problem las, kam ein bißchen Schadenfreude auf: Die chemischen Hilfsstoffe, die in *einem* Industriezweig eingesetzt werden, nämlich die Antioxidantien in den Kunststoffprodukten, bereiten einem *anderen* schweres Kopfzerbrechen. Die Stickoxide, die unter anderem aus den Fabrikschornsteinen kommen, tragen zur Verschlechterung des hergestellten Produkts bei.

Aber leider bereitet der Gilb nicht nur der Textilindustrie, sondern auch uns Verbrauchern Kopfzerbrechen. Sind die häßlichen Flecke wirklich nur ein Schönheitsfehler? – Das Chemie-Lexikon sagt: Nitrophenol ist giftig. Der Hautkontakt damit ist zu vermeiden.[26]

‹Reizende› Perlonstrümpfe

Perlonstrumpfhosen, die Fahnen des Neubeginns, waren seit ihrer Einführung mit einer unliebsamen Nebenerscheinung verknüpft. Sie können bei einigen Menschen innerhalb von einer halben Stunde Hautrötungen, Schwellungen und Juckreiz an der Innenseite der Oberschenkel hervorrufen.[27] Die zunächst als Nylondermatitis bekannt gewordene Krankheit wird, wie man bald feststellte, jedoch nicht etwa von den Polyamidfasern selbst, sondern von den Farbstoffen der Strümpfe hervorgerufen. Nur ganz selten gibt es auch einmal eine Allergie gegen Perlon.[28]

Die Strumpffarben-Allergie beschäftigt Hautärzte und Konsumentinnen unvermindert seit fast 50 Jahren. Eine 1984 durchgeführte Umfrage in den Strumpfabteilungen von 15 Hamburger Kaufhäusern und Fachgeschäften zeigte, daß die Strumpfhosen-Unverträglichkeit durchweg bekannt ist und zum täglichen Erfahrungsschatz des Verkaufspersonals gehört. Die häufig darauf angesprochenen Verkäuferinnen empfehlen ihren Kundinnen, auf Perlonstrümpfe zu verzichten und Woll- oder Seidenstrümpfe zu tragen. Wird dieser Rat befolgt, so

neue
Strumpftat!

Ah... Stretch

Opal
3D

Quelle: Perlonzeit. Wie die Frauen ihr
Wirtschaftswunder erlebten. Berlin 1985

verschwinden die Hauterscheinungen ohne weitere Behandlung. Ein Arztbesuch unterbleibt daher oftmals, so daß die tatsächliche Häufigkeit der Strumpffarben-Allergie wohl weit über der von Hautärzten registrierten Anzahl von Patientinnen liegt.[29]

Perlonstrümpfe geben besonders leicht ihre Farbstoffe ab. Um Synthetics anzufärben, wurde nämlich eine ganz neue Klasse von Farbstoffen, die Dispersionsfarbstoffe, entwickelt. Diese Gruppe von Färbemitteln wird nicht wie die konventionellen für Wolle, Seide oder Baumwolle fest mit den Fasern verbunden. Sie werden vielmehr nur durch sehr lockere Anziehungskräfte (Van-der-Waals-Kräfte) auf den Kunststoffen festgehalten. Kein Wunder, daß sie auf die Haut gelangen und dort im feuchtwarmen Kleinklima Hautallergien auslösen können.

Die Industrie hat seit dem ersten Bericht über eine ‹Nylondermatitis› zwar die Ablösbarkeit der Farbstoffe verringert, doch ein grundlegend anderes Verfahren wurde bisher nicht gewählt. Der Grund ist ganz einfach darin zu suchen, daß andere Färbetechniken teurer wären, was sich bei dem Wegwerfprodukt Feinstrumpfhose nicht lohnen würde. Medizinische Stütz- und Kompressionsstrümpfe werden anders gefärbt. Von ihnen lösen sich kaum Farbstoffe ab.[29]

Die für die Allergie verantwortlichen Farbsubstanzen gehören überwiegend der Gruppe der Azofarbstoffe an. Dispersionsgelb 3, Dispersionsorange 3 und Dispersionsrot 1 wurden kürzlich in der Hamburger Universitäts-Hautklinik als wichtigste Allergene entlarvt.[29]

Alle auf dem deutschen Markt erhältlichen Feinstrumpfhosen werden mit Farbstoffkombinationen gefärbt, die aus den gleichen sechs bis zwölf Einzelkomponenten bestehen. Die Allergieauslöser sind so gut wie immer dabei. Daher ist es nicht möglich, Perlonstrumpfhosen ohne die bedenklichen Farbstoffe zu kaufen. Wen's schon erwischt hat, dem bleibt nur die Wahl, entweder auf Perlonstrumpfhosen ganz zu verzichten und Woll- oder Seidenstrümpfe zu tragen oder die Strumpfhosen zu entfärben und anschließend mit Naturfarbstoffen neu einzufärben (s. nachfolgendes Rezept).

Allerdings ist man trotz dieser Maßnahmen nicht unbedingt gefeit gegen Rückschläge, denn Azofarbstoffe gleicher oder ähnlicher Zusammensetzung werden auch in ganz anderen Bereichen zum Färben benutzt. Kosmetika (Lippenstifte, Nagellack), Toiletten- und Hygieneartikel, Nähmaterial, Benzin, Leder, Kunststoffe, Überzüge von

Rezept zum Entfärben und Neueinfärben von Perlonstrumpfhosen

Allergieauslösende Strumpffarbstoffe lassen sich mit den in Drogerien erhältlichen Textilentfärbern völlig von den Strumpfhosen ablösen. Anschließend ist Neueinfärben mit Pflanzenfarbstoffen möglich.

Entfärben: Strumpfhosen (am besten mehrere auf einmal) zur Entfernung der Appretur einmal vorwaschen. In einen 10-Liter-Topf 7 bis 8 Liter lauwarmes Wasser geben, Strumpfhosen und Entfärber (Entfärber evtl. vorher anrühren s. Gebrauchsanleitung) zufügen. Wasser unter gelegentlichem Rühren innerhalb einer Stunde zum Kochen bringen. Strumpfhosen anschließend zur vollständigen Entfärbung noch ein- bis zweimal mit der Hand (Gummihandschuhe!) waschen.

Achtung: Entfärber enthalten oft aggressive Chemikalien, die ihrerseits zu Beeinträchtigungen der Gesundheit führen können. Daher ist beim Kochen für ausreichende Lüftung zu sorgen. Die Dämpfe dürfen nicht eingeatmet werden.[30] Benutzen Sie Gummihandschuhe und beachten Sie die Warnhinweise auf der Packung, oder verzichten Sie aus Umweltschutzgründen lieber auf diese Prozedur und tragen Woll- oder Seidenstrümpfe.

Färben: Zum Färben können Pflanzenfarbstoffe benutzt werden, die nur sehr selten eine Hautallergie hervorrufen.[29] Beim Färben mit manchen Naturfarbstoffen müssen allerdings giftige Chemikalien oder sogar die ebenfalls allergieauslösenden Chromsalze verwendet werden. Daher wird hier die Färbung mit schwarzem Tee beschrieben, bei der man ohne zusätzliche Chemikalien auskommt:

Drei bis vier Eßlöffel schwarzen Tee mit 6 Liter Wasser aufkochen, über Nacht stehen lassen und durch ein Tuch seihen, Strümpfe hineingeben und langsam aufkochen. Kurz vor Erreichen der Kochtemperatur zwei Eßlöffel Salz und zum Schluß zwecks besserer Fixierung etwa drei Eßlöffel Essig zugeben. Anschließend von Hand nachwaschen. – Übrigens, die Feinstrumpfhosen überstehen das mehrmalige Aufkochen völlig unbeschadet.

Wer in seiner Nähe einen Walnußbaum weiß, der kann es im Herbst auch einmal mit folgendem Rezept für Wolle ausprobieren. Man verwendet die noch grünen, äußeren Walnußschalen. Die frischen Walnußschalen werden kleingeschnitten und mit Wasser bedeckt ca. 24 Stunden stehengelassen. Anschließend gibt man die Feinstrumpfhosen in den kalten Farbsud. Man läßt sie darin 48 Stunden ziehen. Danach kann man sie herausholen. Die zunächst grüngelbe Farbe oxidiert erst an der Luft zu einem schönen Orangebraun. Erst nach dem völligen Ausfärben wird nachgewaschen.[31]

Dragées und Tabletten und Lebensmittel (Getränke, Süßigkeiten, Gebäck, Eis) können derartige Azofarbstoffe enthalten. Ist man also erst einmal durch Strumpfhosen sensibilisiert worden, so können solche Produkte ebenfalls zu allergischen Erscheinungen führen.[29]

Auch in anderen Kleidungsstücken aus Synthetics können allergieauslösende Farbstoffe enthalten sein. Insbesondere Dispersionsblau 124 und Dispersionsblau 35 (Anthrachinonfarbstoff) wurden ebenfalls als Allergene entlarvt. So bekamen viele Frauen, die bereits eine Strumpffarben-Allergie besitzen, auch von anderen Kleidungsstücken allergische Hautausschläge. Blusen, Kleider, Hosen oder Röcke aus Synthetics werden dann nicht mehr vertragen, da sie ebenfalls Azofarbstoffe abgeben.[29]

Auch das Haarefärben kann gefährlich werden, denn viele Haarfärbemittel enthalten Para-Phenylendiamin, ein Abbauprodukt der Azofarbstoffe, das die Allergie erneut hervorruft. Bei Friseusen kommen daher häufig Rückschläge bei der Farbstoff-Allergie vor.[29]

Para-Phenylendiamin muß auf der Packung deklariert sein und sollte dann gemieden werden.[30]

Jucken unterm Jeansknopf

Es fängt meistens ganz harmlos an. Ein leichtes Jucken am Bauch, etwas unterhalb des Bauchnabels macht sich bemerkbar. Nach kurzer Zeit zeigt sich eine kreisrunde Hautrötung mit Bläschen, ein kleines Ekzem. Besonders Leute, die ihre Jeans gern auf nackter Haut tragen, klagen oft über Juckreiz im Bereich des Bauchnabels. Schuld ist in der Regel eine allergische Reaktion auf Nickel, das in dem Metallknopf der Jeans enthalten ist. Durch Schweiß wird das Nickel aus dem Metallknopf herausgelöst. Wärme und Reibung ermöglichen es dem Metall, in die Haut einzudringen.[30]

In der Nürnberger Universitäts-Hautklinik wurden 1987 die Fälle von 5500 Patienten analysiert, die in der Klinik in den davorliegenden sechs Jahren wegen einer Allergie vorstellig geworden waren. Dabei wurde festgestellt, daß Nickel in 24 Prozent der Fälle die Ursache der Allergie war. Es war damit das häufigste Allergen überhaupt.[14] Auf der Haut getragene Jeansknöpfe oder aber billiger Modeschmuck können offenbar sehr leicht eine Nickelallergie auslösen.

Im Friseurberuf Tätige sind ganz besonders durch das Metall gefährdet. Bis zu 30 Prozent aller Friseure reagieren heute überempfindlich auf Nickel, überwiegend junge Frauen zwischen 16 und 35 Jahren. In diesem Beruf kommt die Haut durch Scheren, Clips, nickelhaltige Dauerwellpräparate und Haarfärbemittel besonders häufig und intensiv mit Nickel in Berührung.[30] Da sich die quälenden Hauterscheinungen nur dann wieder zurückbilden, wenn der Kontakt mit dem Allergieauslöser vermieden wird, kann die Allergie die Ausübung des Berufs unmöglich machen. Die Fälle von Berufsunfähigkeit mehren sich.[30]

Berufsgenossenschaften weigern sich jedoch, die Nickel-Allergie als Berufskrankheit anzuerkennen, wenn die Überempfindlichkeit schon vorher durch Tragen von Ohrringen oder Jeansknöpfen erworben wurde. Das Ohrlochstechen im frühen Kindesalter kann so manchem jungen Mädchen den späteren Berufsweg erschweren und den Traumberuf unmöglich machen.[30]

Für Nickel-Allergiker ist das tägliche Leben eine schwierige Sache. Fast alle metallischen Gegenstände enthalten Nickel. Die Nirosta-Spüle, der Haustürschlüssel, die Schere, der Kugelschreiber, das Brillengestell, das Eßbesteck, die Kochtöpfe, das Uhrenarmband, überall lauert das unverträgliche Metall.[30] Selbst echter Schmuck aus Gold oder Silber enthält meistens geringe Mengen Nickel, die zwar nicht ausreichen, eine Allergie hervorzurufen, bei bereits erworbener Allergie jedoch zu Rückfällen führen.[32]

Der Gefahr einer Nickel-Allergie sollte man sich daher keinesfalls leichtfertig aussetzen. Alle Metallteile in Kleidungsstücken, die direkt auf der Haut zu liegen kommen, sind gefährlich, zum Beispiel Metallknöpfe in Jeans, Nieten, Reißverschlüsse, Verschlußhaken von Büstenhaltern u. ä. Sie sollten daher zumindest von innen mit einem Pflasterstreifen überklebt werden.[30]

Ekzem unter der Uniform

In Schweden reagierten zwei Männer im wahrsten Sinne des Wortes ‹allergisch› auf ihre Einberufung zum Militär. Sie konnten die grüne Uniform nicht vertragen und mußten nach ein paar Tagen einen Arzt aufsuchen. Juckende Ekzeme an den Oberschenkeln, in den Kniekehlen und an den Armen machten ihnen das Leben schwer. Der konsultierte Arzt fand heraus, daß Chromsalze die Auslöser der allergischen Hauterscheinungen waren.[33]

Die beiden Patienten hatten sich vorher durch Arbeiten mit Zement eine Chrom-Allergie zugezogen. Sie konnten nicht ahnen, daß in der grünen Uniform ebenfalls der Allergieauslöser steckte. Das Schwermetall Chrom war in den Farbstoffen enthalten und wurde selbst nach wiederholtem Waschen noch von dem Gewebe abgegeben. Chrom wird bei verschiedenen Färbeverfahren als Hilfsmittel benutzt und ist Bestandteil zahlreicher Farbstoffe.

Allerdings können die in den Uniformen gefundenen Chrom-III-Verbindungen erst in höherer Konzentration eine Allergie hervorrufen[34], aber Bekleidungsekzeme durch Chrom kommen vor.[33,35] Chrom-Allergiker sollten daher durch eine entsprechende Textilkennzeichnung ebenfalls vor unliebsamen Überraschungen geschützt werden.

UV-Strahlen in der weißen Unterwäsche

Daß optische Aufheller weiße Wäsche besonders schön strahlend weiß erscheinen lassen, ist im Zuge der Diskussion um hautunverträgliche und umweltbelastende Waschmittel allgemein bekannt geworden. Nur wenige wissen jedoch, daß weiße und pastellfarbene Kleidungsstücke von vornherein mit optischen Aufhellern ausgerüstet werden. Weiße Hemden, Blusen, Unterwäsche, Büstenhalter u. ä. erhalten so die gewünschte Leuchtkraft.

Optische Aufheller wandeln unsichtbares UV-Licht in sichtbares blaues Licht um. Ein Weiß mit einem leichten Blaustich erscheint dem menschlichen Auge besonders weiß. Die Aufheller werden wie Farbstoffe an die Fasern gebunden. Da eine solche Bindung niemals hundertprozentig erfolgt, lösen sich während des Gebrauchs stets mehr oder weniger große Mengen ab. Einige Wissenschaftler wiesen darauf hin, daß die menschliche Haut bei der Berührung mit optisch aufgehellten Textilien (weiße Unterwäsche, Büstenhalter) örtlich ‹angefärbt› wird, indem optische Aufheller aufgelagert werden. Sie befürchteten, daß der gesamte Organismus dadurch angegriffen werde und medizinisch notwendige Röntgenuntersuchungen erschwert würden. Diese Behauptungen sind mittlerweile aber entkräftet worden.[6]

Die zweifelhaften Substanzen können jedoch Allergien hervorrufen und Hautkrankheiten begünstigen.[21] Daher scheint ein ständiger intensiver Hautkontakt mit den Chemikalien durchaus nicht ratsam. Es ist auch gar nicht einzusehen, weshalb selbst Unterwäsche strahlend weiß sein muß.

Selbst der umweltbewußte Verbraucher, der ein aufhellerfreies Waschmittel benutzt, kann sich kaum dem Hautkontakt entziehen. Bestenfalls hat man die Wahl zwischen weißer Unterwäsche mit optischen Aufhellern oder bunter Unterwäsche mit Farbstoffen, die eventuell ebenfalls zu einer Allergie führen können. Dunkelblaue oder schwarze Textilien enthalten nämlich ca. 8 bis 10 Prozent Farbstoffe[36], von denen sich beim Gebrauch ebenfalls ein Teil ablöst und auf die Haut gelangt.

Bakterienkiller in den Socken

Im Zweiten Weltkrieg wurden die Uniformen amerikanischer Soldaten zum Teil mit DDT imprägniert, um Insekten (Flöhe, Wanzen u. ä.) abzutöten. Bei den Soldaten, die diese Uniformen trugen, wurden besonders häufig Hauterkrankungen beobachtet, die jedoch nicht auf DDT zurückgeführt werden konnten.[11]

Chemische Kriegsführung in der Kleidung? Leider ja: In der Wäsche sind Feldzüge gegen unerwünschte Kleinlebewesen immer noch gang und gäbe. Von extrem giftigen Stoffen wie DDT ist man zum Glück inzwischen abgekommen. Doch die amerikanische Desinfektionshysterie hat auch vor Unterwäsche und Socken nicht Halt gemacht. Geruch und Hautpilze, so meint man, müssen daraus vertrieben werden. Das ist sicher nicht verkehrt. Aber schon bei einer zehnminütigen 60 °C-Wäsche wird die Anzahl der für Fußpilze häufig verantwortlichen Hefepilze um den Faktor 10 000 vermindert.[37]

Nur – Synthetics kann man leider nicht kochen, und manche der modernen Kunstharzausrüstungen vertragen auch keine heiße Wäsche. So behaupten die Chemiefaserhersteller auf der einen Seite, Synthetics hätten überhaupt keine heiße Wäsche nötig, denn die Fasern seien so glatt, daß Bakterien und Pilze selbst in der leichten Handwäsche weggespült würden. Andererseits vertreiben Ausrüstungsmittel-Hersteller antimikrobiell wirksame (bakterien- und pilzhemmende) Produkte mit dem Argument, daß Synthetics in der Handwäsche nicht hygienisch sauber werden.[38] Die Wahrheit scheint – wenn es um die Werbung geht – dehnbar zu sein.

Tatsache ist jedoch, daß es mittlerweile antimikrobielle Ausrüstungsmittel für nahezu alle Bekleidungstextilien gibt: Fein-Strumpfhosen, Strickstrümpfe, Unterwäsche, Pullover, Strickjacken, T-Shirts, Hemden, Futterstoffe, Trainingsanzüge, Sportkleidung, Schuhfutter und Ärztekleidung können mit Pilz- und Bakterienhemmern versehen werden. Empfohlen wird die Anwendung hauptsächlich für Synthetics, da diese «nur feingewaschen werden können. Bei diesen Temperaturen werden Mikroben nicht abgetötet.»[38]

Ganz besonders wird dabei auf Fußpilzerkrankungen hingewiesen, die in der letzten Zeit stark zugenommen haben. Deshalb: Tragen Sie nur Socken, die man mindestens mit 60 °C waschen kann.

Doch noch eine andere unangenehme Erscheinung soll mit den Bakterienkillern bekämpft werden. Schweiß entwickelt bei der Zersetzung durch Bakterien bekanntermaßen unangenehme Gerüche. Durch die antimikrobielle Ausrüstung will man die Mikroorganismen am Wachstum hindern und so die Gerüche hemmen. Dabei könnte man doch auch einfach saugfähige Naturfasern tragen, die von Natur aus nicht so stark riechen.

Die chemische Kriegsführung wird mit Geheimwaffen durchgeführt, deren genaue Zusammensetzung nicht einmal dem Bundesgesundheitsamt bekannt ist. Die Fraktion der Grünen richtete 1985 eine ‹Kleine Anfrage› an den Deutschen Bundestag, in der nach Zusammensetzung, Hautverträglichkeit und Ökologie der Sanitized-Ausrüstung (antimikrobiell) gefragt wird. Ahnungslos – weil offenbar gänzlich uninformiert – gab die Bundesregierung unter Berufung auf Angaben des Herstellers bekannt, daß in der Sanitized-Ausrüstung folgende Gruppen von chemischen Verbindungen verwendet werden: quaternäre Ammoniumverbindungen, Bisphenole, Imidazole, Diphenylether, Thiobisphenole und organische Zinnverbindungen.[39] Auch wenn die Firma offenbar nicht die genaue chemische Zusammensetzung verriet, sträuben sich beim Durchlesen der obigen Aufzählung die Nackenhaare jedes Chemikers: Die meisten organischen Zinnverbindungen sind sehr giftig[21]; quaternäre Ammoniumverbindungen werden als Konservierungsstoffe in Kosmetika verwendet – sie können Allergien auslösen[19], Bisphenol A ebenfalls[40].

Wie können unsere obersten Gesundheitshüter ihre Pflichten wahrnehmen und uns Bundesbürger vor Gefahren schützen, wenn sie offenbar nicht einmal imstande sind, sich die nötigen Unterlagen zu beschaffen (Firmengeheimnis!)? Doch auch da weiß die Bundesregierung ihre Hände in Unschuld zu waschen: «Wie in den allgemeinen Bemerkungen dargelegt, ist es nach dem Lebensmittel- und Bedarfsgegenständegesetz (§ 30 LMBG d. A.) Aufgabe des Herstellers, dafür Sorge zu tragen, daß die in den Verkehr gebrachten Bedarfsgegenstände (darunter fallen auch Kleidungsstücke d. A.) bei bestimmungsgemäßem oder vorauszusehendem Gebrauch nicht geeignet sind, die Gesundheit durch ihre stoffliche Zusammensetzung, insbesondere durch toxikologisch wirksame Stoffe oder durch Verunreinigungen, zu schädigen.» «Das Bundesgesundheitsamt»… «untersucht darüber hinaus einzelne Erzeugnisse, sobald entsprechend begründete Hinweise auf konkrete Gesundheitsgefahren gegeben sind».[39]

Erst wenn das Kind schon in den Brunnen gefallen ist, werden also die Gesundheitsapostel alarmiert. Wahrscheinlich müssen schon faustgroße Geschwüre auf der Haut wachsen, bevor das Bundesgesundheitsamt aufwacht. Eine leichte Zunahme allergischer oder unerklärlicher Hauterkrankungen scheint die Gesundheitshüter jedenfalls nicht auf den Plan zu rufen. Angeblich hat die Hersteller-Firma Untersuchungen über Mutagenität (Veränderungen des Erbguts), Cancerogenität (Krebserzeugung), Teratogenität (Schädigung der Samen- und Eizellen), LD 50 (Menge, die von Versuchstieren aufgenommen werden muß, damit die Hälfte der Tiere stirbt) und schädliche Wirkung auf die Haut durchführen lassen. Was dabei herausgekommen ist, erfährt man leider nicht.[39] Und was die Umweltverträglichkeit des Produkts angeht, so sieht die Sache keineswegs besser aus. Auch hier wird auf die ‹Sorgfaltspflicht› des Herstellers vertraut.

Ob noch andere Stoffe zur antimikrobiellen Textilausrüstung eingesetzt werden[39], darüber liegen der Bundesregierung keine Informa-

tionen vor. Ein Blick in ein Fachbuch für Textilveredler genügt je
doch, um sich darüber zu informieren, daß die Sanitized GmbH
außerdem Salicylanilid-Derivate und Neomycinsulfit als antimikro-
bielles Ausrüstungsmittel für Kleidung produziert.[20] Wer mag wissen,
ob sich unter diesen Oberbegriffen nicht z. B. Tribromsalicylanilid
verbirgt[30], das in Verbindung mit Sonnenlicht ein starkes Allergen ist.
Neomycinsulfat jedenfalls ist ein Antibiotikum, das in der Medizin
hauptsächlich zur Behandlung eitriger und entzündeter Wunden verwandt wird.[41]

Bakterien, die ständig mit Antibiotika konfrontiert werden, entwickeln oft sehr schnell eine dicke Haut. Sie werden resistent. Ob das
Medikament im Ernstfall noch hilft, wenn man seine Bakterien durch
die Kleidung schon lange daran gewöhnt hat, ist fraglich. Es ist in der
Medizin bekannt, daß Neomycin bei längerer Anwendung resistente
Mikroorganismen erzeugen kann. Außerdem kann Neomycin Allergien hervorrufen.[41] Was tut ein Neomycin-Allergiker beim Sockenkauf? Gibt es demnächst Socken auf Rezept?

Schließlich deckt das Textilausrüster-Handbuch auch noch auf[20], daß darüber hinaus halogenierte Phenole eingesetzt werden. In dieser Stoffklasse tummeln sich unter anderem bekannte Vertreter wie das hochgiftige Pentachlorphenol (PCP), auch in manchen Holzschutzmitteln enthalten war.

Dichlorophen jedenfalls wird von einer Firma zu diesem Zweck hergestellt. Schon 1970 wurde von Allergiefällen berichtet, die durch Dichlorophen enthaltende medizinische Stiefel hervorgerufen wurden. Eine Konzentration von 0,25 Prozent reichte aus, um Hautveränderungen zu bewirken.[42] Dichlorophen ist außerdem eng verwandt mit Hexachlorophen, das durch einen Skandal mit Babypuder bekannt geworden ist. Durch einen Fehler in der Produktion waren in Frankreich Babypuder auf den Markt gekommen, die den Konservierungsstoff Hexachlorophen in 10facher Überdosierung enthielten. 36 Säuglinge starben, 158 trugen Schäden unterschiedlichen Ausmaßes davon.[43] Die Verwendung von Hexachlorophen in Kosmetikartikeln wurde seither stark eingeschränkt.

In welchem Umfang der Krieg gegen die Bakterien geführt wird, läßt sich nur schwer feststellen. Angeblich werden solche Ausrüstungen im Bereich Bekleidung für Socken, Strümpfe, Futterstoffe und Schuhe verwandt.[39, 20] Nach Auskunft von Branchenfachleuten spielt zwar die antimikrobielle Ausrüstung bei uns nur eine untergeordnete Rolle, aber immerhin gab die Sanitized GmbH an, im ersten Halbjahr 1985 allein von einem ihrer Präparate 375 kg verkauft zu haben. Diese Menge reicht aus, um 20 Tonnen Kleidung antimikrobiell auszurüsten.[44]

Antimikrobiell behandelte Kleidungsstücke müssen nicht besonders gekennzeichnet sein. Teilweise wird es wohl aus Werbegründen gemacht. So fand ich Strümpfe, die als Deo-Socke angepriesen werden. Bioguard nennt sich die Marke auch noch.

Auf einem anderen Strumpf-Etikett ist zu lesen: ‹fußpilzhemmend›. Da gleichzeitig nur eine 30 °C-Wäsche erlaubt wird, kann damit wohl nur eine antimikrobielle Ausrüstung gemeint sein. – Sockenkauf ist also Vertrauenssache.

Mottenschreck im Kleiderschrank

Sommerzeit ist Mottenzeit. Früher waren heiße Sommertage auch die Zeit, in der die dicken Wintersachen ausgelüftet und ausgeklopft wurden. Diese jährliche Sonnen- und Luftkur erfüllte einen wichtigen Zweck: In den Sommermonaten, etwa im Juni oder Juli, liegt die Schwarmzeit der Kleidermotten. Die kleinen braunen Falter mit den langen Fühlern und gefransten Flügeln ziehen zu dieser Zeit gern in die Wohnungen ein. Sie stammen meistens aus den Nestern verwilderter Haustauben, in der freien Natur leben die Raupen in den Nestern von Vögeln und Säugetieren.[45]

Die weiblichen Falter suchen sich im Sommer ein geeignetes Nest für ihre gefräßige Nachkommenschaft. Dabei sind sie durchaus wählerisch. Tierhaare müssen es sein. In unseren Wohnungen nehmen sie daher das Beste vom Besten: Wolle oder echte Pelze. Besonders geschätzt sind verschmutzte oder verschwitzte Sachen. Alle anderen Materialien schmecken der Nachkommenschaft nämlich nicht. Nur bei großem Hunger oder wenn sie darunter schmackhafte Wollsachen wittern, fressen sie sich durch fast alles hindurch.

Jede Motte legt ca. 50 Eier, aus denen bei günstigen Entwicklungstemperaturen schon nach 3 Wochen die Raupen ausschlüpfen. Insgesamt kann die Nachkommenschaft eines einzigen Mottenweibchens jährlich um die 30 kg Wolle verzehren.[46]

Wenn Sie im Sommer abends einige der kleinen Schmetterlinge im Schlafzimmer finden, brauchen Sie noch keine Panik zu bekommen. Das sind die Mottenweibchen auf der Suche nach einer geeigneten Eiablagestelle. Also überlegen Sie erst einmal, ob Sie überhaupt gefährdete Kleidungsstücke besitzen: Wollsachen oder echte Pelze. Falls Ihr Kleiderschrank sowieso nur Baumwollsachen und Synthetics enthält, brauchen Sie sich überhaupt keine Sorgen zu machen. Öffnen Sie das Fenster, und befördern Sie die unerwünschten Gäste wieder ins Freie.

Aber selbst um ihre gekauften Wollsachen und Pelze brauchen Sie sich in der Regel nicht zu kümmern. Die Hersteller haben in der Regel vorgebeugt und alles mottenecht behandelt. Sollten Sie jedoch zu den wenigen gehören, die naturbelassene (nicht mottenschutzausgerüstete) Wollsachen besitzen, sind ein paar Überlegungen nötig. Unterwäsche, die regelmäßig getragen und gewaschen wird, ist für Motten kein geeigneter Wohnort. Winterpullover jedoch, die im Sommer nicht getragen werden, oder Wollsachen aus dem Schwangerschaftsurlaub sind schon eher gefährdet.

Motteneier sterben durch Sonnenbestrahlung schnell ab, sagt das Insektenlexikon.[45] Also nichts wie raus mit den Klamotten an die frische Luft, kräftig geschüttelt und geklopft. Schmutzige Sachen sollte man bei der Gelegenheit auch vielleicht mal wieder waschen. Danach kommt das Einmotten. Alte Hausmittel tun hier gute Dienste. Mottenklee (Steinklee), Lavendelblüten, Waldmeister oder ähnliche wohlriechende Kräuter helfen bei der Mottenabwehr. Auch Kampfer oder Kernseife im Kleiderschrank sollen wirken. Zirbelkiefernnadelöl soll sich als Mottenschreck besonders bewährt haben. Es ist bei Naturfarbenherstellern erhältlich und kann auch Lacken, Ölen, Wachsen oder Polituren beigemischt werden, mit denen man den Kleiderschrank gegen Motten gleichsam versiegelt. Und schließlich kann man die gefährdeten Stücke auch in Zeitungspapier oder dichtgewebte Leinentücher einschlagen. Sie werden von Motten nicht gerne durchfressen.

Von käuflichen Mottenschutzmitteln wie Mottenkugeln, Mottenpapieren o. ä. sollte man lieber die Finger lassen, denn sie enthalten fast durchweg hochgiftige Substanzen wie Naphthalin, Paradichlorbenzol, Dichlorvos oder anderes Zeugs, das verdunstet und sich daher ständig in der Raumluft ausbreitet. Die Dämpfe von Paradichlorbenzol zum Beispiel können beim Menschen Schleimhautirritationen, Kopfschmerzen und Schwindelgefühle hervorrufen.[47] Meistens steht der Kleiderschrank im Schlafzimmer – na denn gute Nacht.

Vergleichsweise harmlos nimmt sich dagegen die Mottenecht-Ausrüstung aus, die bei industriell hergestellten Wollsachen grundsätzlich durchgeführt wird. Eulan (Bayer) und Mitin (Ciba-Geigy) sind die üblichen Mittel. Dabei handelt es sich um Markennamen, unter denen sich ständig wechselnde Verbindungen verbergen. Bei der heutigen ‹Eulanisierung› verwendet man Sulfonamide und Sulfonanilide. Sulfonamide werden in der Medizin wie Antibiotika eingesetzt. Allergien sind dabei bekannte und häufige Nebenwirkungen. Inwieweit auch bei bloßem Hautkontakt oder durch Einatmen solche Erscheinungen hervorgerufen werden können, ist nicht bekannt.[48]

Betörender Duft

Kleidungsstücke, die ihre chemische ‹Veredlung› bekommen haben, sind keineswegs mehr taufrisch, geschweige denn aprilfrisch. Bei der Hochveredlung tauchen Probleme mit Fischgeruch auf. Fragt sich nur, wer so etwas tragen möchte: einen Pullover, der nach Fisch riecht.

In einem Handbuch für Textilveredler lesen wir: «Den fertigen textilen Erzeugnissen haftet oft ein wenig angenehmer ‹Fabrikationsgeruch› an. Man versucht daher durch Anwendung von Riechstoffen der Ware einen angenehmeren Geruch zu geben. Diese ‹Überdeckung› ist eines der Verfahren zur Desodorisierung. Die verkaufsfördernde Wirkung solcher Parfümierungen ist in den USA wiederholt festgestellt worden.»[20] Solche Parfüme lassen sich mit Hilfe von Kunststoffen sogar dauerhaft auf den Fasern fixieren.[20]

Was im Geschäft so duftig frisch unsere Sinne umschmeichelt, verbirgt also nur sehr geschickt seine (un)heimliche Giftlast. Wer mag denn bei so wunderschön frischen Kleidern auch noch an Formaldehyd glauben? – Das übrigens nur nebenbei: manche Parfümkombinationen in Kosmetika können Allergien hervorrufen.[49]

Reimport von Pflanzenschutzmitteln

Fresno County ist eine kleine Stadt in Kalifornien. Daß die Luft in Fresno zu bestimmten Zeiten einen stechend scharfen Geruch bekommt, kennen die Bewohner schon. Sie wissen auch, woher das kommt. Außerhalb der Stadt wird auf unvorstellbar großen Flächen Baumwolle angebaut[50], nichts als Baumwolle, so weit das Auge reicht. Kurz vor der Ernte ist hier noch einmal Großeinsatz für die Sprühflugzeuge. Die Baumwollpflanzen werden mit Entlaubungsmitteln besprüht, damit sie ihre Blätter abwerfen und die Fruchtkapseln gleichmäßig ausreifen. Nur so können sie mit den großen Erntemaschinen geerntet werden.

Entlaubungsmittel haben durch den Vietnamkrieg eine traurige Berühmtheit erlangt. Mit dem berüchtigten ‹Agent Orange› wurden dort ganze Wälder entlaubt. Agent Orange ist eine Mischung aus 2,4D (Dichlorphenoxiessigsäurebutylester) und 2,4,5 T (Trichlorphenoxiessigsäurebutylester) und enthält als Verunreinigung hochgiftiges Dioxin. Agent Orange führt zu schweren Vergiftungserscheinungen wie Krämpfen, Lähmungen, Bewußtlosigkeit und schließlich zum Tod durch Atemlähmung, wenn es direkt aufgenommen wird. Bei den Veteranen des Vietnamkriegs wurden Spätschäden wie Krebserkrankungen beobachtet. Die Geburt zahlloser mißgebildeter Kinder sowohl in Vietnam als auch bei ehemaligen amerikanischen Vietnamsoldaten wird auf die Sprüheinsätze zurückgeführt.[21]

Inzwischen wird 2,4,5 T nicht mehr hergestellt. Es ist in den meisten Ländern verboten und wird auch im Baumwollanbau (hoffentlich!) nicht mehr verwendet.[51]

Im Baumwollanbau haben Paraquat, DEF und Folex (und sicher noch andere) diese Rolle übernommen.[50] Paraquat, für das keine spezifischen Gegengifte bekannt sind und das im Boden praktisch nicht abgebaut wird, wurde zu Anfang als relativ ungiftiges Präparat ohne Giftklasse eingestuft. Erst spektakuläre Vergiftungsfälle führten zu einer Umklassifizierung.[21] Schon der bloße Hautkontakt genügt nämlich zur Aufnahme der Giftstoffe in den menschlichen Körper. Die Substanz konzentriert sich in der Lunge, zieht schwere Stoffwechselstörungen nach sich und bewirkt, daß sich das Gewebe von Lungen, Nieren und Leber aufzulösen beginnt. Der Tod tritt durch Ersticken ein. Schon ein Teelöffel der chemischen Keule genügt, um irreparable Gesundheitsschäden hervorzurufen.[52]

Doch die Entlaubung ist nur der Schlußpunkt der dauernden Vergiftungsaktionen in den Baumwollfeldern. Fast alle Vertreter des sogenannten ‹Dreckigen Dutzends› von Pflanzenschutzmitteln, einer Liste zwölf hochgefährlicher Pestizide, die von dem «Pestizid Aktions Netzwerk» (einem Zusammenschluß von Umwelt-, Verbraucher- und entwicklungspolitischen Gruppen) zusammengestellt wurde, um weltweit dagegen zu protestieren, werden mindestens in einigen Ländern auch im Baumwollanbau verwendet.[53]

Bis zu 25mal werden die wachsenden Pflanzen mit einer Giftlösung besprüht.[52] 18 Prozent des weltweiten Pflanzenschutzmittelverbrauchs gehen auf das Konto der Baumwolle.[54]

Die Mittel, die von den Industrieländern in die baumwollanbauenden Länder der Dritten Welt exportiert werden, kommen wieder zurück. Schließlich können Baumwollfasern bei einer solchen Behand-

«Das Dreckige Dutzend»

(Zwölf hochgefährliche Pestizide, zusammengestellt vom Pestizid Aktions Netzwerk PAN)

Name	Verwendung im Baumwollanbau
Camphechlor (Toxaphen)	ja (Journal of Commerce, 1982)
Chlordan + Heptachlor	ja (Bremer Umweltinstitut, 1987)
Fundal / Chlordimeform (CDF)	ja (Europa Chemie, 1976)
DDT	ja (Bremer Umweltinstitut, 1987)
Dibromchlorpropan (DBCP)	ja (Bremer Umweltinstitut, 1987)
Drins (Aldrin, Dieldrin, Endrin)	ja (Bremer Umweltinstitut, 1987)
Ethylenbromid (EDB)	ja (FAZ, 1984)
Lindan, HCH	ja (Bremer Umweltinstitut, 1987)
Pentachlorphenol (PCP)	nein
Paraquat (Gramoxone)	ja (Journal of Commerce, 1987)
Parathion (E 605)	ja (Bremer Umweltinstitut, 1987)
2,4,5 T	wurde früher verwendet

lung nicht frei von Giften bleiben. Das Bremer Umweltinstitut und das Faserinstitut Bremen untersuchten Rohbaumwollproben auf mögliche Rückstände von Schädlingsbekämpfungsmitteln. Sie stellten fest, daß sich im Baumwollwachs, das 0,2 bis 0,5 Prozent der Rohbaumwolle ausmacht, Organochlorpestizide anreichern. Dabei können insbesondere DDT-Rückstände auch von früheren Sprühmaßnahmen herrühren, da sich DDT im Boden anreichert.

In den untersuchten Baumwollproben wurden Spuren von HCH-Isomeren (Hexachlorcyclohexan, α-, β-, δ-HCH), Lindan (γ-HCH), Endrin, Heptachlor und Gesamt-DDT festgestellt. Die indische Baumwolle erwies sich als besonders stark belastet mit HCH und DDT. Die Proben aus der UdSSR, der Türkei, aus Peru und der Volksrepublik China waren schwach belastet. Alle anderen Proben wiesen überraschend niedrige Werte auf.[55]

Da indische Baumwolle nur in geringem Umfang in die Bundesrepublik importiert wird, kann man davon ausgehen, daß Baumwolle allgemein schwach bis sehr gering belastet ist. Bei der Baumwollverarbeitung werden außerdem in verschiedenen Wasch- und Reini-

Die bedeutsamsten Exporteure von Pestiziden 1986

Land	Anteil am Pestizidexport 1986 mengenmäßiger Anteil	wertmäßiger Anteil
Bundesrepublik	23,0 %	28,6 %
USA	20,0 %	16,8 %
Großbritannien	16,6 %	15,7 %
Frankreich	19,0 %	14,8 %
Niederlande	10,3 %	8,0 %
Schweiz	7,9 %	11,8 %
Japan	3,2 %	4,3 %

Quelle: Henning Friege / Frank Claus (Hg.): «Chemie für wen?», Reinbek 1988

gungsprozessen alle Wachsanteile vollständig entfernt, so daß in den fertigen Baumwollartikeln kaum noch mit Rückständen zu rechnen ist.[55] Wie aber sieht es bei sogenannter naturbelassener Baumwolle aus, die nur gewaschen wird? Die Naturtextilfirma Engel ließ ihre Baumwollsachen im Bremer Umweltinstitut auf Rückstände untersuchen. Es wurden 7 ppm Lindan und 8 ppm Gesamt-DDT gefunden.[56] Diese minimalen Rückstände sind als gesundheitlich unbedenklich anzusehen.[55] Der Giftgehalt reduziert sich außerdem bei jedem Waschen.

Als Naturprodukt bleibt natürlich auch die Schafwolle nicht von Giftrückständen verschont. Schafe werden einmal pro Jahr in einem Mittel gebadet, das sie vor Zecken und anderen Parasiten schützen soll. Früher wurde zu diesem Zweck hauptsächlich DDT und Lindan verwendet, das jetzt in den meisten Ländern nicht mehr zugelassen ist. Doch schwarze Schafe unter den Wollproduzenten gibt es wohl noch immer. Außerdem wird die Wolle für den Schiffstransport mit Insektiziden eingenebelt, damit sie nicht von Motten aufgefressen wird.[57]

Auch Dieldrin wird benutzt, um Wolle vor Motten zu schützen. Dieldrin ist für den Menschen drei- bis fünfmal giftiger als DDT und wird leicht durch die Haut aufgenommen. Das veranlaßte schon 1962 eine Untersuchung über die Giftwirkung dieldrin-behandelter Schurwolle. Das Ergebnis der Versuche war erschreckend genug: «Die von 100 g dieldrin-imprägnierter Wolle durch einen Liter, also

99

Organochlorpestizidrückstände in Rohbaumwolle

Herkunfts-land	α-HCH	β-HCH	Lindan	δ-HCH	Hepta-chlor	Endrin	Gesamt-DDT
Indien	15	22	7	5	4	–	858
Israel	2	2	–	–	–	–	7
USA	–	–	2	–	–	–	–
UdSSR	3	3	4	–	3	3	48
Türkei	2	2	2	–	–	–	65
VR China	8	3	2	–	–	–	–
Syrien	–	–	–	–	–	–	–
Paraguay	–	–	–	–	–	–	10
Ägypten	–	–	–	–	–	–	436
Peru	2	3	5	–	–	–	–
Zimbabwe	–	–	–	–	–	–	66
Mexico	–	–	–	–	–	3	–
Westafrika	–	–	–	–	–	–	10
Sudan	–	–	–	–	–	–	9
Pakistan	–	–	–	–	–	–	48

Die Konzentration ist in µg / kg Rohbaumwolle angegeben
– = Nicht nachweisbar, d. h. Gehalte liegen unter 0,5 µg / kg Rohbaumwolle
HCH = Hexachlorcyclohexan

Quelle: Cetinkaya, M.; Schenek, A., Untersuchung verschiedener Rohbaumwollproben auf
Organochlorpestizidrückstände, Bremer Umweltinstitut, Faserinstitut Bremen, ohne Jahr

etwa die menschliche Tagesproduktion an Schweiß, durchschnittlich abgelöste Menge von 2,5 mg Dieldrin ist, gemessen an der toxischen Dosis (akute LD 50 für Ratten cutan 150 mg/kg = bei Aufnahme von 150 mg Dieldrin pro kg Körpergewicht über die Haut sterben bei Ratten 50 Prozent der Versuchstiere d. A.), nicht groß. Man sollte aber nicht außer Betracht lassen, daß bei wiederholter Aufnahme von Dieldrin in den Organismus eine Kumulierung (Aufsummierung d. A.) seiner Wirkung eintreten kann (14 Kontakte mit je 5 mg/kg bei Ratten tödlich).»[58] Inzwischen ist die regelrechte Imprägnierung von Wolloberbekleidung als Mottenschutz zum Glück nicht mehr üblich. Das Baden der Schafe in Dieldrinlösung gehört jedoch durchaus noch nicht überall der Vergangenheit an.

Wolle ganz ohne Lindanrückstände gibt es praktisch nicht. Die fettlöslichen Pestizide reichern sich dabei besonders im Wollfett an. Da dieses bei industriell verarbeiteter Wolle bis auf 1 Prozent herausgewaschen wird, enthält solche Wolle kaum noch Lindan. Anders ist die Situation bei sogenannten Rohwollartikeln, bei denen bis zu 30 Prozent des Wollfetts erhalten bleiben. Rückstandsuntersuchungen der Rohwollpartien gehören daher zum Alltag verantwortungsvoller Wolleinkäufer. Wenn Sie also fetthaltige Rohwollsachen kaufen (Unterwäsche, Kinderwäsche), sollten Sie nach Lindanrückständen fragen. Ist keine Auskunft zu bekommen, so ist es leider besser, Sachen, die direkt auf der Haut getragen werden sollen, vor Gebrauch gründlich zu waschen. Die Belastung wird damit verringert (s. auch Kapitel Kinderkleidung). Nach Auskunft des Bremer Umweltinstituts ist Wollwäsche ab ca. 100 µg/kg Lindan als belastet anzusehen.[57]

Naturbelassene Kleidung – gibt's das?

Überblickt man das ganze Ausmaß der gängigen Textilausrüstungspraxis, so bekommt man den Eindruck, daß die textilen Faserstoffe selbst allmählich zum bloßen Trägermaterial für eine ganze Palette verschiedenster Chemikalien degradiert worden sind. Immerhin liegt in fertigen Baumwollstoffen der Kunstharzanteil bei 7 bis 14 Prozent, wobei die Weichmacher, Farbstoffe und sonstigen Spezialausrüstungen noch nicht berücksichtigt sind. Von einer natürlichen Hülle oder einer zweiten Haut kann gar keine Rede mehr sein.

Gibt es denn überhaupt noch einigermaßen naturbelassene Kleidung? Zunächst muß man sagen, daß Baumwolle mit Abstand das beliebteste Objekt bei Textilausrüstern ist, direkt gefolgt von Synthesefasern, die ohne eine entsprechende chemische Behandlung gar nicht zu tragbaren Kleidungsstücken zu verarbeiten sind. Die wirtschaftlich weniger bedeutenden Faserstoffe kommen hingegen besser weg. Wollsachen sind zwar in der Regel mottenecht ausgerüstet, doch eine Kunstharzausrüstung haben noch längst nicht alle Artikel bekommen. Filzfrei ausgerüstete Artikel sind außerdem am Kennzeichnungsetikett zu erkennen. Die Angaben ‹Superwash›, ‹waschmaschinenfest› oder auch das Pflegesymbol für eine normale 30 °C-Wäsche kennzeichnen filzfrei ausgerüstete Wollsachen. So hat man immerhin die Wahl zwischen größerem Tragekomfort oder mehr Bequemlichkeit bei der Wäsche.

Naturtextilien

Firma	Faserstoffe	Rückstandswerte bekannt?	Bleiche
Arcana GmbH 3111 Stoetze	Wolle, Seide, Baumwolle	teilweise (?)	nein
Engel KG 7410 Reutlingen	Baumwolle, Wolle, Seide	Rückstandsuntersuchung Bremer Umweltinstitut: Kinderwollwäsche: 4–60 ppm Lindan	nein
Natur + Co 7744 Königsfeld	Schurwolle, Seide	nein	nein
Living-Crafts 7988 Neuravensburg	Baumwolle, Seide, Leinen, Wolle	1987 noch nicht bekannt, aber Rückstandsuntersuchung geplant	s. Spalte Sonstiges
Schäfereigenossenschaft Finkhof e.V. 7970 Leutkirch-Winterstetten	Schafwolle	Verwendung von unbehandelter, nicht gebadeter Schurwolle, deshalb keine Rückstände	nein
Gesundheitswäsche Brigitte Kyser 8352 Grafenau	Baumwolle, Schurwolle	keine Rückstände (?)	nein
Hess Naturtextilien 6380 Bad Homburg	Wolle, Seide, Baumwolle, Leinen	Hersteller versichern, daß Lindan nur noch in nicht meßbaren Mengen vorhanden ist	–
Wüllner 4452 Billerbeck	Schurwolle	regelmäßige Rückstandsuntersuchungen	nein

Färbung	Mercerisierung	Mottenecht	Pflegeleicht	Sonstiges
Pflanzenfarben	nein	nein	nein	
nein	nein	nein	nein	nur Wäsche
selten; Färbemittel: Walnuß, Eichenrinde, ohne Beizmittel	nein	nein	nein	nur Wäsche
Pflanzenfarben ohne belastende Beizmittel	nein	nein	nein	gekaufte Stoffe teilweise mit Sauerstoffbleiche
Pflanzenfarben, Beizmittel: Alaun, Weinstein	nein	nein	nein	nur Wäsche
chemische Färbung für Schurwolle	nein	nein	nein	
teilweise Pflanzenfarben	–	–	filzfrei ausgerüstete Wolle wird angeboten	kein Hersteller, bemühen sich, nur Artikel aus nicht ausgerüsteten, naturbelassenen Fasern anzubieten
chemische Färbung	–	nein	nein	nur Wäsche

Naturtextilien

Firma	Faserstoffe	Rückstandswerte bekannt?	Bleiche
Werkstatt für Naturwollwäsche	Schurwolle	keine Rückstände (?)	nein
Allerleirauh 2380 Schleswig	Merinowolle	Untersuchung: manchmal geringe Lindanrückstände	nein (?)
Simpatico 2000 Hamburg 13	Wolle, Seide, Baumwolle	Rückstandsuntersuchung Umweltschutzgruppe Physik / Geowissenschaften e. V.: Pestizidrückstände nicht nachweisbar	nein
Ingrid's bio treff 5060 Bergisch-Gladbach 1	Wolle, Seide	Rückstandsuntersuchung: geringe Rückstände	–
Kahita Naturkleidung 2074 Mollhagen	Seide, Leinen, Baumwolle	Fragen wurden an Stofflieferanten weitergegeben	–

Diese Tabelle ist das Ergebnis zweier Umfrageaktionen unter Naturtextilherstellern. Die firmeneigenen Angaben konnten unsererseits nicht weiter überprüft werden.
Etwas zweifelhafte Angaben wurden mit einem (?) versehen. So erscheint zum Beispiel die Aussage, daß keine Lindan-

Seidensachen sind wegen ihrer geringen wirtschaftlichen Bedeutung bisher weitgehend unbehelligt geblieben. Allerdings ist die Seidenerschwerung mit Metallsalzen eine alte Methode zur Verbilligung dieser wertvollen Stoffe (s. Textilausrüstung – wie wird's gemacht?).

Leinensachen sind wie Baumwolle hochveredelt.

Nicht bzw. wenig ausgerüstete Textilien sind wohl nur ausnahmsweise im Handel erhältlich. So halten *einige* Trachtenhersteller aus traditionellen Gründen an weitgehend unbehandelten Naturstoffen fest. Auch im Bereich teurer Herrenoberbekleidung sind wohl teilweise noch Stoffe ohne Kunstharztrikot üblich.

Kein Wunder, daß es inzwischen im alternativen Sektor eine breite

Färbung	Mercerisierung	Mottenecht	Pflegeleicht	Sonstiges
nein	nein	nein	nein	
Wolle wird gefärbt gekauft	nein	nein	nein	
Pflanzenfarben	nein	nein	nein	
–	–	–	nein	Händler, keine Hersteller, nur Wäsche mit Wasser wird durchgeführt
–	–	–	–	Betrieb befindet sich noch in der Aufbauphase

– = keine Angaben

rückstände in den Wollsachen enthalten seien, ohne Hinweis auf durchgeführte Rückstandsuntersuchungen wenig glaubwürdig. Die Behauptung, daß die eigenen Stoffe nicht gebleicht seien, erscheint fragwürdig, wenn gleichzeitig mitgeteilt wird, daß die Wolle fertig gefärbt gekauft wird. Der üblichen Textilfärberei geht eine Bleiche voraus.

Palette verschiedenster Naturtextilanbieter gibt. Frei von schädlichen Chemikalien und nur aus natürlichen Faserstoffen sollen diese Kleidungsstücke sein. Da es bisher keine geschützten Markenzeichen für Naturtextilien gibt, kann sich unter diesem Begriff im Prinzip alles verbergen. Auf der einen Seite gibt es Anbieter, die auf dem eigenen Hof Schafe halten und die Herstellung der Kleidungsstücke vom Schaf bis zum fertigen Endprodukt mit sehr viel Handarbeit, aber ohne Verwendung bedenklicher Chemikalien durchführen. Auf der anderen Seite stehen Geschäfte, die fertige Kleidungsstücke aus Naturfasermaterialien einkaufen und diese dann als Naturkleidung anbieten, ohne daß sie etwas über die Herstellungsart wissen.

In den Jahren 1987 und 1988 starteten wir daher zwei schriftliche Umfrageaktionen unter Naturtextilherstellern. Wir fragten nach der Verwendung irgendwelcher chemischer Ausrüstungen, Färbemethoden, Fasermaterialien und Kenntnis von Pestizidrückständen in der Naturkleidung. Insgesamt erhielten 27 als Hersteller von Naturkleidung im ‹Alternativen Branchenbuch›[59] bezeichnete Firmen einen Fragebogen. Es kamen 14 Antworten, wobei eine Firma angab, daß sie die Kleidung nicht selbst herstelle und deshalb keine Auskunft geben könne. Liegt es an der Arbeitsüberlastung oder an der mangelnden Informationsbereitschaft der übrigen, daß der Rücklauf so gering war? Aufklärung und Information sollte doch eigentlich das oberste Anliegen der alternativen Kleiderhersteller sein.

Einige Firmen gaben an, daß sie ihre Kleidung bzw. die Stoffe fertig einkaufen und daher nur dahingehend Einfluß nehmen könnten, daß sie von ihren Zulieferfirmen die Zusage über Naturbelassenheit und Schadstofffreiheit verlangen. Vor allem kleinere Betriebe haben dabei kaum Kontrollmöglichkeiten und müssen sich auf die Zusagen ihrer Zulieferer verlassen. Gut informiert zeigten sich zwei Anbieter von Säuglings- und Kleinkinderartikeln, die auch schon Rückstandsuntersuchungen ihrer Wollsachen hatten durchführen lassen. Schadstofffreie Stoffhüllen für die Allerkleinsten scheinen sowieso bisher der bedeutendste Markt bei Naturtextilien zu sein. Hier gibt es inzwischen reichlich Auswahl, wobei der Süden Deutschlands besser bestückt ist als der Norden.

Vor kurzem haben sich einige engagierte Naturtextilfirmen (Turmalin Naturtextilien Müller & Partner KG, Tuttlinger Str. 17, in 7768 Stockach, Fa. Engel KG, Seestr. 9, in 7410 Reutlingen, Fa. Georg Wüllner, Aulendorfer Weg, in 4425 Billerbeck und Fa. Living Crafts GmbH, Kirchstr. 1, in 7988 Neuravensburg) zu einer Gruppe ‹Naturtextilien› in dem neugegründeten ‹Bundesverband Naturwaren und Naturkost› zusammengeschlossen. Durch die Erarbeitung verbindlicher Qualitätskriterien (siehe Kasten) für künftige Mitgliedsfirmen soll der Textilbereich transparenter und vertrauenswürdiger werden. Man kann nur hoffen, daß wir als Verbraucher damit ein verläßliches Entscheidungskriterium an die Hand bekommen, um wirklich chemiefreie Ware (soweit dies überhaupt möglich ist) von anderer zu unterscheiden.

Qualitätskriterien

Arbeitskreis der Naturtextilhersteller

1. Was sind Naturtextilien?
Naturtextilien sind Kleidungsstücke, die aus reinen unbehandelten oder gefärbten, aber nicht chemisch ausgerüsteten Naturfasern hergestellt werden.

2. Was sind reine Naturfasern?

Reine Naturfasern sind tierischer oder pflanzlicher Herkunft:
a) tierische Fasern – Eiweißfasern
   Wolle (Schafschurwolle), Schafkamelwolle wie Lama (Guanako und Alpaka) und Vicunja, Kamelhaar, Hasenhaar (Angora), Ziegenhaar (Mohair und Kaschmir)
   Seide (Maulbeer- und Tussahseide)

b) pflanzliche Fasern
   Baumwolle, Flachs (Leinen), Ramie.

Wegen ihrer Nichtanwendung im Textilbereich wurden in der Aufzählung ausgelassen: Rinderhaar und andere grobe Tierkörperhaare (Roßhaar), Spinnen- und Muschelseiden, Hanf, Jute und Blattfasern wie Agave-, Gras- und Palmfasern sowie Torf.
   Fasern natürlichen Ursprungs, die jedoch erst durch chemische Aufbereitung zur Spinnbarkeit gelangen (Viscose), sind davon ausgenommen. Es gehören ebenfalls nicht dazu Fasern mineralischen oder chemischen Ursprungs.

3. Was gilt als unbehandelte Naturfaser?

Als unbehandelte Naturfasergarne dürfen Garne bezeichnet werden, die weder Kunstharz- noch Chemie-Ausrüstungen erhalten haben, wie

Antifilz –	(Superwash, Basolan, Dekatur etc.)
Mottenecht –	(Eulan, Mitin etc.)
Antischmutz –	(Scotchgard, Antisoiling)
Hygiene –	(antimikrobielle)
Knitterarm –	
Krumpfecht –	
Maschenfest –	
Flammhemm –	
Antistatik –	
Antipilling-Appretur	
Mercerisierung	
Seidenbeschwerung	

sowie weder gebleicht noch gefärbt wurden.

Es sollen Naturfasern die Haut berühren und ihre wohltuende Wirkung ausüben und nicht Chemikalien oder Kunststoffüberzüge auf der Faser oder Gift die Eigenschaften der Naturfasern beeinträchtigen.

4. Was gilt als nichtausgerüstete Naturfaser?

Naturfasergarne, die pflanzlich gefärbt oder ohne vorherige Bleichung chemisch gefärbt wurden und ansonsten die vorbeschriebenen Anforderungen für unbehandelte Naturfasern (Ausrüstung) erfüllen.

Schmälze und Schlichte
Die für die maschinelle Verarbeitung der Fasern notwendige Paraffin-Schmälze (Spinnfett), muß herauswaschbar sein und somit nicht die Trageeigenschaften der Naturfasern beeinträchtigen, ebenso die bei der Webware aufgebrachte Webschlichte aus modifizierter Kartoffelstärke.

Rückstandskontrollen
Auf evtl. Rückstände im Rohmaterial der verwendeten Naturfasern
wie z.B. Pestizide, Herbizide, Formaldehyd wird bei jeder neuen
Garncharge durch unabhängige Institute (z.B. Katalyse-Institut,
Bremer Umweltlabor etc.) untersucht.
   Die Ergebnise der Untersuchungen werden auf Wunsch offenge-
legt.

Deklarationspflicht
Produkte, die anders als vorbeschrieben hergestellt werden, müssen
deklariert werden. Außerdem gilt das Textilkennzeichnungsgesetz.

Weiterentwicklung der Qualitätskriterien
Wir sind uns darüber im klaren, daß es nicht bei den vorgenannten
Qualitätskriterien bleiben soll, sondern daß das nächste Ziel sein
muß, die Rohstofffrage über Tierhaltung, Anbau, Ernte, Aufbereitung zu klären, d.h. Engagement für artgerechte Tierhaltung und
ökologischen Anbau der Pflanzen.
   Die Lösung dieser und anderer Probleme sowie offener Fragen
soll in Fortbildungsveranstaltungen und Kontaktaufnahme zu biologisch wirtschaftenden Betrieben angegangen werden.

Vertriebswege
Wir wenden uns mit unserem Lieferprogramm an den ökologisch
orientierten Fachhandel (Naturwaren- und Naturtextilläden).

25.8.88

Der Preis für gute Kleidung

Wie könnte es anders sein – naturbelassene Kleidung ist teuer. Mit
billigen Sonderangeboten in Kaufhäusern kann sie ganz gewiß nicht
konkurrieren.
   Daher hier mein Rat zur Umstellung auf naturbelassene Kleidung:
Fangen Sie bei den Sachen an, die Sie direkt auf der Haut tragen. Atmungsaktivität, Saugfähigkeit und Schadstofffreiheit sind hier wichtige Kriterien. Naturbelassene Unterwäsche ist daher der erste
Schritt. Dabei muß man bei Baumwolle für eine komplette Garnitur

(kurze Unterhose + Trägerhemd) mit 25,– bis 33,–DM rechnen. Wer die Vorteile natürlicher Eiweißfasern (Wolle und Seide) kennenlernen möchte, muß etwas tiefer in die Tasche greifen (63,– bis 87,–DM für Woll- oder Wildseidengarnituren), wird jedoch mit höherem Tragekomfort belohnt. Meiner Ansicht nach lohnt es sich mit Sicherheit, einmal auf ein modisches Sonderangebot zu verzichten und sich statt dessen eine qualitativ hochwertige zweite Haut zu gönnen. Mit zwei bis drei Garnituren aus Wolle oder Seide kommt man sehr gut zurecht, da sie länger ohne Geruch getragen werden können und sich schnell durchwaschen lassen.

Übrigens, Naturfaserwäsche sieht keineswegs altmodisch oder hausbacken aus. Informieren Sie sich nur einmal über das Angebot. Adressen gibt's (nach Postleitzahlen geordnet) im Alternativen Branchenbuch[59] (Verlag: AL-TOP Verlags- und Vertriebsgesellschaft, München, 1987/88).

Buntes Wasser

Die Glatt ist ein kleiner Fluß im Norden der Schweiz. Der Patient ‹Glatt› macht den Anwohnern große Sorgen. Das ehemals saubere Flußwasser hat sich zu einer schmutzigen Brühe entwickelt. Trotz ausgebauter Abwasserreinigungsanlagen wird das Qualitätsziel gemäß der ‹Verordnung über Abwassereinleitungen› besonders bei Niedrigwasser nicht erreicht. Eine eingesetzte Untersuchungskommission hatte bald herausgefunden, woher die unverdauliche Schmutzfracht kam. Neben der milchverarbeitenden Industrie fielen dabei besonders die «Abwässer aus einigen mittleren bis großen Textilbetrieben, in denen Gewebe unter Einsatz großer Mengen von Detergentien, Komplexbildnern, Farbstoffen und vielen weiteren Textilhilfsmitteln veredelt werden», auf.[60]

Die Textilabwässer erwiesen sich für die Kläranlagen als besonders schwer verdaulich, denn zu ihren Besonderheiten gehören unter anderem:
• die großen Tagesmengen (einige Hundert bis einige Tausend Kubikmeter)

• die schwer überschaubare Vielfalt organischer und anorganischer Verbindungen in stark verdünnter Lösung oder Suspension
• der mehr oder weniger hohe Anteil an biologisch schwer abbaubaren, sogenannten ‹refraktären› organischen Stoffen
• der Gehalt an Detergentien und Komplexbildnern, die Flockungs- und Fällungsprozesse erschweren

Von der Menge her am bedeutendsten sind die sogenannten Schlichtemittel. Diese Schlichtemittel sind nötig, damit Garne industriell verwebt werden können. Ein Gewebe besteht aus Schuß- und Kettfäden. In Längsrichtung des Stoffes werden beim Weben die langen Kettfäden gespannt, durch die quer die Schußfäden hindurchgeschossen werden. Dabei sind die Kettfäden in den modernen, schnell laufenden Webautomaten einer enormen Scheuerwirkung ausgesetzt, die normalerweise kein Garn aushalten würde. Daher werden die Kettfäden mit einem zähelastischen, abriebfesten, faserverklebenden Schutzfilm, der Schlichte, überzogen. Nach der Fertigstellung des Gewebes hat die Schlichte ihre Aufgabe erfüllt und muß nun vor den weiteren Verarbeitungsgängen (Färben, Drucken, Ausrüsten) wieder vollständig entfernt werden.[61] Und wohin wandert sie? Natürlich ins Abwasser.

Während früher hauptsächlich Stärke als Schlichte benutzt wurde, sind mit dem Kunststoffzeitalter auch hier synthetische Stoffe üblich geworden. Diese sind jedoch im Gegensatz zu dem Naturstoff Stärke oft nur langsam und unvollständig biologisch abbaubar. Polyacrylat zum Beispiel ist praktisch überhaupt nicht abbaubar.[62]

Besonders die Farbstoffe machen den Textilbetrieben immer wieder Ärger, kann man in Fachzeitschriften lesen. Rotes, oranges oder schwarzes Flußwasser wird von der Bevölkerung nicht als sauber akzeptiert. Beschwerden von Kläranlagen, Fischern und Normalbürgern hagelt es in den Betrieben, wenn der heimatliche Fluß mal wieder leuchtendbunt geworden ist. Dabei mangelt es den Firmen nicht an Beteuerungen, daß die Farbigkeit als solche nichts weiter als ein Schönheitsfehler ist, der hauptsächlich auf emotionale Ablehnung stößt. Aus der Verhaltensforschung wissen wir jedoch, daß sich zum Beispiel viele Fischarten nur anhand ihrer Augen in den heimischen Gefilden orientieren können. Daß rotes Flußwasser dabei ganz ohne Einfluß bleiben soll, mag nicht so recht einleuchten.

Einige abwasserliefernde Prozesse der Textilindustrie

Prozeß	Prinzip, Zweck	Abwasser
Schlichten	Behandlung der Kettgarne in der Weberei mit Lösungen oder Dispersionen von Polymeren zur Verbesserung der Widerstandsfähigkeit beim Weben	Restliche Schlichtebäder können Stärke, Stärkeäther, Carboxymethylcellulose, Polyvinylalkohol, Polyacrylate und verwandte Polymere enthalten
Entschlichten, Abkochen, Vorreinigen	Entfernung der Schlichte, Spinnöle und von natürlichen Verunreinigungen aus dem Rohgewebe in einem oder mehreren Behandlungsbädern	Prozeß mit der größten Abwasserbelastung bezügl. BSB und CSB; Schlichteprodukte mit Ausnahme von Stärke meist in polymerer (nicht abgebauter) Form, außerdem Tenside, Komplexbildner, ausgewaschene Öle, Fette, Wachse, Fasern und Faser-Begleitstoffe, oft alkalisch
Bleichen	Behandlung des Textilgutes mit Oxydationsmitteln, z. T. auch Reduktionsmitteln, in wäßriger Flotte	Kann restliches Hypochlorit, Chloramine, Chlorit, evtl. Sulfit, Hydrosulfit, Thiosulfat sowie Tenside und Komplexbildner enthalten
Färben	Meist aus wäßrigen Farbstofflösungen oder -dispersionen, denen Salze, Säuren oder Alkalien zugesetzt werden; Polyesterfasern werden oft unter Zusatz von Färbebeschleunigern («Carrier») gefärbt	Restflotten können um 15 % des eingesetzten Farbstoffs, viel Kochsalz oder Natriumsulfat sowie Reste von Färbebeschleunigern und von Zn-, Cu- oder Cr-Verbindungen enthalten

Prozeß	Prinzip, Zweck	Abwasser
Drucken	«Örtliches Färben» nach verschiedenen Techniken, Druckfarben enthalten außer Farbstoff z. B. Entwickler, Fixierhilfsmittel, Lösungsvermittler, Dispergiermittel sowie Verdickungsmittel, letztere v. a. auf Basis Stärke, Cellulose oder Alginsäure	Oft starke Belastung durch Farbstoffe, Verdickungsmittel, organische Lösungsmittel usw. beim Auswaschen der bedruckten Gewebe und beim Reinigen der Druckschablonen
Appretieren	Behandlung des Textilgutes mit chemischen Stoffen, v. a. Polymeren, aus wäßriger Lösung oder Suspension, zur Erzielung der verschiedensten Effekte	Meist sehr konzentrierte Restflotten mit Polymeren, Formaldehyd und Verbindungen davon, Komplexbildnern, Weichmachern u. a.; Flottenverluste können besonders bei kurzen Partien 20 % und mehr betragen

Quelle: Schefer, W.: Textilabwasser und Materialprüfung. Textilveredlung 20, 1985, S. 281–286.

In der Kläranlage sind Farbstoffe praktisch nicht abbaubar. 40 bis 80 Prozent werden im Klärschlamm abgelagert. Der Rest, also bis zu 60 Prozent, wandert weiter mit dem Wasser in die Flüsse.[63] Fast überall in der Umwelt, in den Flüssen, im Trinkwasser, in der Luft, sind Farbstoffe inzwischen nachweisbar.[63]

Manche Färber haben ein ‹probates› Mittel für ‹Notfälle›: Chlorbleichlauge. Dazu der Kommentar eines Abwasser-Experten: «Obgleich wohl nicht geahndet, muß die Natur und auch die Kläranlage dies als kriminellen Akt empfinden, gewissermaßen als chemischen Keulenschlag, und es wäre gut, die Keule führe auf den Schwinger wie ein Bumerang zurück. Mit diesem Eingriff werden nämlich ‹Garausmacher› gebildet, wie sie als Chlorphenole und dergleichen (…) Schreckenszeilen in die Zeitungen liefern.» «Für die Natur wäre es sicher am besten, es gäbe diese Verbindungsklasse (chlororganische Verbindungen d. A.) nicht. Hoffentlich wird man nicht einmal sagen müssen: Wo Chlorkohlenwasserstoffe sind, gibt es die Natur nicht mehr.»[64] Trotz solcher Warnrufe werden chlororganische Verbindungen in vielen Bereichen der Textilausrüstung verwandt.

Schließlich landet ein Teil der Textilhilfsmittel im Klärschlamm und erhöht dessen Giftlast durch zusätzliche Schwermetalle, wie Zink, Kupfer oder Chrom, oder organische Stoffe wie Färbebeschleuniger, Detergentien und Ausrüstmittel, die hier ihre Schadwirkung entfalten.[60]

Abwasserexperten sind sich einig, wenn es darum geht, welche Sanierungsmaßnahmen zum Schutze der Umwelt dringend notwendig wären. Nur der Verzicht auf umweltbelastende Chemikalien in der Produktion kann Abhilfe verschaffen. Doch zur Zeit ist selbst ein gutwilliger Textilveredler überfordert, findet er sich doch bald in einem Dickicht von Markenbezeichnungen für chemische Stoffe, deren wirkliche chemische Zusammensetzung als Firmengeheimnis gehütet wird. Vorbeugender Gewässerschutz ist kaum möglich, wenn man nicht weiß, welcher Art die Stoffe sind, mit denen man hantiert.[60, 64] Eine wirkliche Kennzeichnung wäre daher auch in diesem Bereich dringend notwendig. Prüfungen der biologischen Abbaubarkeit sowie der Giftwirkung täten ebenfalls not.

Gefährliche Arbeitsplätze

Die Bluse aus 60 Prozent Baumwolle und 40 Prozent Polyester hat schon einiges hinter sich, bis sie auf unsere Haut gelangt. Schauen wir uns den Werdegang dieser Bluse doch einmal genauer an.

Es beginnt auf der Baumwollplantage, wo der Naturfaseranteil der Bluse wächst. 180 Millionen Menschen leben heute nach Schätzungen hauptsächlich von der Baumwollerzeugung und -verwertung. Gerade in vielen Entwicklungsländern erhoffte man sich durch eine Ausdehnung des Baumwollanbaus eine wichtige Einnahmequelle zu verschaffen. Geradezu charakteristisch ist die Entwicklung in Nicaragua. Dort wurde in den 50er Jahren der Baumwollanbau stark intensiviert. Die Anbauflächen wuchsen von 1950 bis 1973 von 15 000 auf 250 000 Hektar an, und Baumwollexporte wurden die Hauptdevisenquelle. 1971 lag Nicaragua bereits an fünfzehnter Stelle in der Weltbaumwollproduktion.[65]

Während die Baumwollanbaufläche zwischen 1952 und 1967 um 400 Prozent expandierte, gingen die Flächen, auf denen Kleinbauern Grundnahrungsmittel wie Mais und Bohnen anbauten, um über 50 Prozent zurück.[65] Der monokulturelle Anbau von Baumwolle beansprucht nämlich die fruchtbarsten Böden. Außerdem benötigt kaum eine Kulturpflanze mehr Pflanzenschutzmittel für ihren Wuchs als die Baumwolle. Viele große Chemiekonzerne gründeten Handelsniederlassungen in Nicaragua und verkauften hochgiftige Pflanzenschutzmittel wie DDT und Methylparathion (E 605) zur Anwendung in den Baumwollkulturen.

Bald traten die ersten Resistenzprobleme auf. Bereits Mitte der 60er Jahre waren viele wichtige Baumwollschädlinge resistent gegen die eingesetzten Pestizide geworden. Neue Mittel und häufigere Spritzungen waren die Folge. Um Zeit und Personal zu sparen, wurde überwiegend von Flugzeugen und Hubschraubern aus gespritzt. Der Pilot orientiert sich dabei an einem Fahnenschwinger, der zumeist ohne Schutzkleidung mitten im Feld steht und als lebende Markierung für die einzusprühende Fläche dient. Schon bei geringer Windstärke wird ein Teil des Sprühnebels auf benachbarte Felder oder sogar Wohnsiedlungen geweht.[65]

FAO-Schätzungen (FAO = Welternährungsrat) gehen allein für die Zeit zwischen 1962 und 1972 von 3000 Vergiftungsfällen aus, zwischen 1972 und 1980 wurden 4680 Fälle bekannt. Die tatsächliche Zahl liegt wahrscheinlich noch höher, da viele Fälle nicht als Pestizidvergiftungen erkannt bzw. nicht gemeldet wurden.[52]

Eine Untersuchung der GTZ (Gesellschaft für technische Zusammenarbeit) ergab, daß Säuglinge in Nicaragua mit 20 g Milchfett täglich 0,66 mg DDT aufnehmen, was eine 33fache Überschreitung des WHO-Grenzwertes bedeutet. Die DDT-Werte im menschlichen Fettgewebe lagen 1978 bei 82 ppm, im Jahre 1980 erreichten sie sogar 97 ppm. Der weltweite Durchschnitt liegt bei 6 ppm.[52]

Pro Jahr vergiften sich weltweit ca. 500 000 Menschen im Umgang mit Pflanzenschutzmitteln, so schätzt die Weltgesundheitsorganisation.[66] Das Unkrautvernichtungsmittel Paraquat, das auch im Baumwollanbau in großem Umfang eingesetzt wird, erweist sich als besonders fatal. So hatte sich in den USA ein 25jähriger Gärtner versehentlich Paraquat über sein Gesicht und seine Kleidung gespritzt. Der junge Mann starb zweieinhalb Monate nach seinem Unfall. Die Ärzte konnten ihn nicht retten.[66]

Die Paraquat-Hersteller behaupten unbeeindruckt, daß das Mittel bei sachgemäßem Gebrauch unschädlich sei. Doch in vielen Ländern der Dritten Welt versprühen Landarbeiter das Gift, die nicht die Gebrauchsanweisungen lesen können.[66] Schutzkleidung wird in dem tropischen Klima kaum getragen.[67] Auf dem Feld wird die Spritzbrühe oft mit der Hand umgerührt, aus undichten Spritzgefäßen tropft das Gift auf die Haut.[66] Oft wird Paraquat aus den großen Vorratsbehältern in kleinere Gefäße umgefüllt, die später wieder für Trinkwasser benutzt werden. In leere Coca-Cola-Flaschen umgefülltes Paraquat hat wegen seiner braunen Farbe schon oft zu tödlichen Verwechslungen geführt, denn ein kleiner Schluck genügt, um den Menschen für alle ärztliche Kunst unrettbar zu vergiften.[68]

Nach dieser Giftkur werden die reifen Baumwollkapseln geerntet. Zu großen Ballen gepreßt werden die Baumwollfasern zum Transport in die Spinnereien verladen. Der Umgang mit den losen Baumwollfasern erweist sich als tückisch. Wie man sich leicht vorstellen kann, geht es dabei nämlich ganz schön staubig zu, und Atemschutzmasken sind durchaus nicht überall üblich. Schon im 18. Jahrhundert erkannte der französische Arzt Patissier, daß das Einatmen von Baumwollstaub zu Atembeschwerden und Asthma führen kann.[69] Unter dem Namen ‹Byssinose› wurde die Krankheit bekannt, die besonders bei Spinnereiarbeitern beobachtet wurde. Schon fünf bis zehn Jahre Arbeit unter staubigen Bedingungen genügen, um die Krankheit hervorzurufen. Auch in Webereien treten ähnliche Erscheinungen sowie der sogenannte ‹Weberhusten› auf. Ähnlich in der Wirkung, aber noch aggressiver sind die bei der Hanf- und Flachsverarbeitung auftretenden Stäube.

Die schlimmste Belastung in allen Bereichen der Textilindustrie ist jedoch der übergroße Lärm. An vielen Arbeitsplätzen ist es nicht

Kardierungs-
maschine

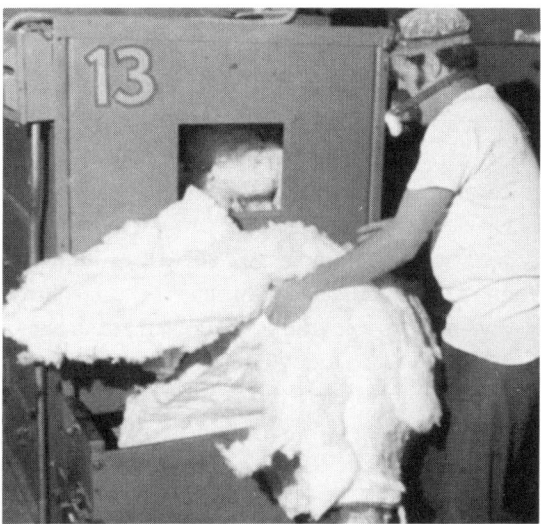

Quelle: Zethner, O.: Naturprodukt Baumwolle. Würzburg 1985

möglich, sich zu verständigen, ohne sich in die Ohren zu schreien. 20
Prozent der Beschäftigten sind einer Lärmbelästigung ausgesetzt, die
als gesundheitsschädlich eingestuft wird. Lärmtaubheit und -schwer-
hörigkeit sind daher als Berufskrankheit anerkannt.[70]
Die Polyesterfasern, der künstliche Anteil der Bluse, sind in der
Spinnerei dazugestoßen. Sie kommen direkt aus der chemischen Fabrik. Nach dem Spinnen und Weben ist ein rohes Gewebe entstanden.
Nun beginnt die aufwendige Veredlung. Zunächst fängt alles ganz
harmlos an. Über Gasbrennern werden abstehende Faserflusen und
-enden abgesengt, so daß man ein glattes Gewebe erhält. Anschließend wird die Schlichte, der Schutzfilm, der verhindert, daß die langen Kettfäden beim Weben durchreißen, im Entschlichtungsbad entfernt. Nun geht's weiter mit dem Beuchen. In einem Druckkessel wird
der Stoff gekocht, um natürliche Farbstoffe und Fette zu entfernen.
Jetzt erst beginnt die Reihe der chemischen Behandlungen mit ihren vielfältigen Belastungen von Umwelt und Arbeitern. Es fängt an
mit dem Bleichen. Natriumhypochlorit, Wasserstoffperoxid und Natriumchlorit ($NaClO_2$) sind hier die Mittel der Wahl. Wasserstoffperoxid (MAK-Wert 1 ppm) ist giftig und kann bei Kontakt schwere

Hautverletzungen hervorrufen. Tückischer sind jedoch die Chlorverbindungen, aus denen Chlorgas freigesetzt werden kann. Chlorgas schädigt Haut und Augen und greift das Lungengewebe an.[70] Zum Bleichen von Synthesefasern aus Polyester, Polyacrylnitril und Polyamid wird hauptsächlich Natriumchlorit benutzt, da andere Bleichmittel hier nicht den gewünschten Effekt ergeben.[71]

Da die Vorschriften über Abwassereinleitungen immer weiter verschärft worden sind, hat es sich eingebürgert, statt Wasser in manchen Arbeitsgängen organische Lösungsmittel zu verwenden. Als Umweltschutz wird dieses Vorgehen bezeichnet, denn man schone die Gewässer. Perchlorethylen und Konsorten (Trichlorethylen, Dichlormethan, Fluorkohlenwasserstoffe) entweichen nämlich mehr in die Luft als ins Wasser. Was sie in der Umwelt und beim Menschen für einen Schaden anrichten können, steht im Kapitel «Chemische Reinigung».[71]

Ist der Stoff fertig gebleicht, so beginnt das Färben oder Drucken. Die bunte Farbenvielfalt, die für uns heute selbstverständlich geworden ist, ist erst möglich seit Entdeckung der künstlichen Farbstoffe zu Beginn dieses Jahrhunderts. Azo- und Anthrachinonfarbstoffe sind die gängigsten Buntmacher.

In Indien wurden Arbeiter in Textil‹fabriken› untersucht. Die Besonderheit der Verhältnisse in Indien liegt darin, daß die Arbeiter die Tätigkeit von Kindesbeinen an erlernen. Die meisten Arbeiten werden in Handarbeit im Hof des Hauses durchgeführt. Der Färbevorgang gehört in der Regel zu den Obliegenheiten der Frauen. Diese Art der Herstellung ist dort üblich, und Kleidungsstücke dieser Produktion werden auf der ganzen Welt verkauft.

Von 250 untersuchten Textilarbeitern litten 19,6 Prozent unter einer Dermatitis, einer Hauterkrankung. 13,2 Prozent besaßen gereizte Bindehäute und Nasenschleimhäute. 2,4 Prozent hatten einen allergischen Schnupfen. Besonders der Gruppe der 21–30jährigen machten Hauterkrankungen zu schaffen. Über die Hälfte der Hauterkrankten (53 Prozent) waren Färber, 16 Prozent mußten spülen und waschen, 30 Prozent taten alle anfallenden Arbeiten. Arbeiter, die nur verpackten, litten niemals unter Hauterkrankungen. Als Ursache für die allergischen Hauterkrankungen wurden fünf Azofarbstoffe sowie Naphthol identifiziert.[72]

In Industrieländern bieten bessere Arbeitsbedingungen den Färbern einen gewissen Schutz. Doch auch hier gehören Hautentzündungen zu den gängigen Berufserkrankungen, denn vor allem die pulverförmigen Farbstoffe können leicht in den Körper gelangen. Auch Blasenkrebs ist eine unter Färbereiarbeitern gefürchtete Krankheit, die nach ca. 20jähriger Tätigkeit auftreten kann.[69] Von vielen Azofarbstoffen ist ihre krebserzeugende Wirkung bekannt. Dabei sind vermutlich aromatische Amine, die in den Farbstoffen als Verunreinigung enthalten sind, die eigentlichen Krebsauslöser.[69] Die krebserregenden Benzidinfarbstoffe sind inzwischen in der Bundesrepublik verboten.[70]

Besonders gefährliche Substanzen kommen beim Färben von Polyester oder wie bei unserer Bluse Polyestermischgeweben zur Anwendung. Hier benötigt man sogenannte ‹Carrier›, die den Farbstoff in die Fasern hineintransportieren. Giftige Stoffe wie Biphenyl, o-Phenylphenol oder Trichlorbenzol werden hier verwandt. Biphenyl z. B. ist stark haut- und schleimhautreizend und kann längerfristig zu schweren Lungen- und Bronchialerkrankungen führen.[21] Diese gefährliche Färbemethode ließe sich umgehen, doch sind hierzu druckbeständige Maschinen und damit teure Investitionen nötig.

Der bunte Stoff bekommt als Abschluß noch seine chemische Ausrüstung verpaßt. Knitterfrei, nicht einlaufend, weich im Griff, antistatisch und nicht so leicht anschmutzbar soll er sein. Form-

Formaldehydbelastung verschiedener Arbeitsplätze in der Textilindustrie

Bereich	gemessene Formaldehydkonzentration	Meßjahr
Textilherstellung	0,0–2,7 ppm	1968
Textilverarbeitung	bis 5,0 ppm	1971
Stoffverarbeitung	1–11 ppm	1955
Stofflager	0,88 ppm	1982
Schneiden und Nähen	0,13–0,45 ppm	1959
Bekleidungsproduktion	0,9–2,7 ppm	1966
Bekleidungsgeschäfte	0,9–3,3 ppm	1966

Quelle: Grießhammer, R., Vahrenholt, F., Claus, F.: Formaldehyd – Eine Nation wird geleimt, Reinbek 1985

aldehydhaltige Verbindungen sind in diesem Bereich der Textilherstellung allgegenwärtig. Sei es die Pflegeleicht-, die Hydrophob- oder die Flammenhemmend-Ausrüstung, überall ist Formaldehyd dabei.[71]

Reizende Formaldehyd-Dämpfe begleiten den Stoff von nun an bis in unsere Kleiderschränke. Der bloße Kontakt mit dem Textil wird nun zum Berufsrisiko. Alle Arbeitsplätze in der weiterverarbeitenden Industrie sind durch hohe Formaldehyd-Konzentrationen in der Raumluft gekennzeichnet. Wie ein Rattenschwanz zieht sich dieser Duft durch die gesamte Bekleidungsindustrie.

Formaldehyd gehört zu den stark allergieauslösenden Stoffen. Allergische Reaktionen gehören daher zum textilen Berufsrisiko. So bekam eine Damenschneiderin nach 47jähriger Tätigkeit allergische Hautekzeme an Händen und Füßen. Schmerzhafte Risse in der Haut erschwerten ihr die Arbeit. Im Hauttest wurde Formaldehyd als Ursache identifiziert. Auch Baumwoll-Polyester oder Schurwoll-Polyester-Mischgewebe rief im Test die Hauterscheinungen hervor.[74] Die geplagte Dame hatte sich durch das Dämpfen der fertigen Kleidungsstücke sensibilisiert.

In Spanien kam ein 55jähriger Textilarbeiter in ärztliche Behandlung, da er unter hartnäckigen, roten Stellen im Gesicht, am Nacken und an beiden Händen litt. Der durchgeführte Hautallergietest entlarvte eine ganze Reihe gängiger Hilfsmittel in der Textilausrüstung: Formaldehyd, Neomycin, Epoxidharz und Bisphenol A. Nachdem der Mann 40 Tage nicht gearbeitet hatte, waren die Hauterscheinungen vollständig verschwunden. Nach Wiederaufnahme seiner beruflichen Tätigkeit erschienen sie jedoch sofort wieder.[40]

Ein 57 Jahre alter Arbeiter bekam Nasenkrebs, nachdem er 25 Jahre lange im Bereich der Textilausrüstung niedrigen Konzentrationen von Formaldehyd ausgesetzt war. Im Tierversuch wurde bei Ratten ebenfalls diese Krebsart ausgelöst.[70]

In Verbindung mit Salzsäure bildet Formaldehyd das starke Karzinogen BCME (Bis[chlormethyl]ether). BCME wurde in mehreren Farb- und Finishing-Fabriken in den USA nachgewiesen und wird als Ursache für mehrere Fälle von Bronchialkrebs angesehen.[70]

Seit 1971 ist in der Bundesrepublik der MAK-Wert für Formaldehyd auf 1 ppm festgesetzt. Der MAK-Wert (maximale Arbeitsplatzkonzentration) ist der Mittelwert, der bei täglich achtstündiger

Belastung nicht überschritten werden darf. Der Wert von 1 ppm ist nicht gerade niedrig, beträgt doch die zulässige Dosis danach täglich immerhin 7 mg Formaldehyd.[73] Die DFG-Kommission (Deutsche Forschungs-Gemeinschaft) legte daher 1983 einen Spitzenwert von 2 ppm fest, der grundsätzlich nicht überschritten werden darf. 2 ppm dürfen dabei höchstens achtmal pro Schicht für jeweils maximal fünf Minuten erreicht werden. Andere Verbände (VDI, BAG) empfehlen sogar noch niedrigere Raumluftkonzentrationen. Seit 1980 ist der Stoff nämlich in die Gruppe III der Liste maximaler Arbeitsplatzkonzentrationen aufgenommen worden, die Stoffe enthält, bei denen ein ‹nennenswertes krebserzeugendes Potential zu vermuten› ist.[73]

Ob damit ein echter Gesundheitsschutz erreicht ist, bleibt die Frage, denn in welchem Kleidergeschäft wird schon eine Formaldehyd-Messung durchgeführt?

Chemische Textilausrüstung – wie wird's gemacht?

1. Ausrüstungen für Cellulosefasern (Baumwolle, Leinen, Viskose…)

Hochveredlung – Pflegeleichtausrüstung

Bei der Verarbeitung von gewebten Stoffen durchlaufen die langen Stoffbahnen zahlreiche Bleich-, Färbe- oder Druckbäder. Da Cellulosefasern wie Baumwolle, Leinen oder Viskose in nassem Zustand aufquellen und dadurch ihren Umfang vergrößern, müssen die Stoffe während der vielen Naß- und Trocknungsprozesse ständig in gespanntem Zustand gehalten werden, damit keine Falten entstehen. Sogenannte ‹Spannrahmen› ziehen das Gewebe immer wieder auf die gewünschte Stoffbreite. In Längsrichtung zieht ständig die weiterlaufende Stoffbahn am Gewebe. Durch die abschließende Trocknung werden diese Spannungen im Stoff fixiert. Wir kaufen also Baumwoll-Gewebe im wahrsten Sinne des Wortes in ‹gespanntem› Zustand. Kein Wunder, daß es sich bei der ersten Wäsche wieder entspannt und seine ursprüngliche Größe einnimmt. Baumwolle läuft also eigentlich nicht ein, sondern ist beim Kauf auseinandergezogen.

Haben Sie auch schon eine glänzende Idee, wie man das lästige Einlaufen von Baumwolle verhindern könnte? Man müßte das Baumwollgewebe ja nur vor der Verarbeitung zu Kleidungsstücken wieder in entspannten Zustand bringen, indem man es naß macht und schrumpfen läßt. Tatsächlich gibt es auch ein solches Verfahren. Es ist die fast schon wieder in Vergessenheit geratene Sanforisierung von Baumwolle (s. nächster Abschnitt).

Für Stoffhersteller ist diese mechanische Ausrüstung jedoch leider kein lukratives Geschäft. Schließlich werden die Stoffe ja kleiner durch die Behandlung. Bis zu 30 Prozent[20] können sie an Fläche verlieren. Da Stoffe jedoch meterweise gehandelt werden und nicht etwa nach Gewicht, bedeutet das auch weniger Gewinn bzw. einen deutlich höheren Preis der sanforisierten Stoffe.

Wieviel lukrativer ist es daher, die Stoffe im gespannten Zustand dauerhaft zu fixieren. Höhere Gewinne beim Stoffverkauf locken, und die Chemieindustrie kann dabei auch noch etwas verdienen. In den sogenannten Hochveredlungsverfahren werden die Stoffe nämlich mit einer Kunstharzausrüstung versehen. Harnstoff-Formaldehydharze oder Melamim-Formaldehydharze werden auf die Fasern aufgebracht. Bei der sogenannten ‹Vernetzung› werden diese Kunstharze nicht einfach im Fasergefüge des Gewebes abgelagert, sondern wandern in die Fasern selbst und gehen eine chemische Bindung ein. Zwischen den Kettenmolekülen der Fasern werden Molekülbrücken abgebaut und in veränderter Form wieder aufgebaut. Die neuen Molekülbrücken ziehen die Einzelfasern immer wieder in die ursprüngliche Lage zurück und sorgen so für Größen- und Formstabilität der ‹vernetzten› Gewebe.[6]

Durch eine derartige Behandlung werden Cellulosefasern etwas syntheticähnlicher gemacht. Die Knitterneigung wird verringert, das Gewebe trocknet ohne Faltenbildung, und der Quellwert der Fasern wird herabgesetzt. Das bedeutet, daß der Stoff zwar erfreulich schnell trocknet, doch auch deutlich weniger Schweiß aufsaugen kann. Die Fasern können sich elektrostatisch aufladen. Außerdem müssen sie mit langer Flotte (¼ der sonst üblichen Waschmaschinenbeladung) gewaschen werden. Mit den schönen natürlichen Eigenschaften von Baumwolle oder Leinen ist es damit weitgehend vorbei. Halbe Synthetics sind daraus geworden. Gegenüber den haltbaren Synthetics haben sie jedoch einen großen Nachteil bekommen. Um bis zu 35 Prozent kann sich die Scheuerfestigkeit von Baumwollgewebe durch die Hochveredlung verringern.[6] Die hochveredelten Sachen stinken schneller, da sie nicht mehr so saugfähig sind, müssen also häufig gewaschen werden – im Schonwaschgang natürlich –, und sie gehen auch noch schneller kaputt. Die gesparte Bügelarbeit wird teuer bezahlt.

Doch das ist noch längst nicht alles. Formaldehyd, die Chemikalie, die zu den zehn stärksten Allergieauslösern zählt und im Tierversuch krebserregend ist, befindet sich auf dem hochveredelten Gewebe. Es kann sich dabei um Reste der Ausgangssubstanzen des Kunstharzes handeln, die sich nicht mit den Fasern verbunden haben. Doch auch aus dem gebundenen Kunstharz kann immer wieder neues Formaldehyd freigesetzt werden. Inzwischen gibt es formaldehydarme Vernetzer, die bei korrekter Anwendung niedrige Formaldehydgehalte in dem fertigen Stoff ergeben.

Etwas schadenfroh ist auch noch anzumerken, daß es bei der Lagerung von knitterfrei gemachten Textilien ab und zu Probleme mit auftretendem Fischgeruch geben kann. Ammoniak, Formaldehyd und Ameisensäure haben dann ein stinkendes Gemisch gebildet.

Hochveredelte Baumwoll- oder Leinenwaren sind in der Regel nicht besonders gekennzeichnet. In der Regel stellt man erst beim Gebrauch deren erstaunliche Glätte und die geringe Saugfähigkeit fest. 90 Prozent der im Handel befindlichen Baumwollsachen sind nämlich hochveredelt.[7] Auch bei wenig knitteranfälligen Maschenwaren, wie zum Beispiel Unterwäsche, wird eine Kunstharzausrüstung aufgebracht, um das Einlaufen zu verhindern.

Sanfor-Ausrüstung

Die schon 1930 erfundene Sanfor-Ausrüstung ist ein mechanisches Veredlungsverfahren für Cellulosefasern, bei dem das Einlaufen in der Wäsche sozusagen vorweggenommen wird. Der Stoff erfährt durch diese Behandlung eine echte Werterhöhung, da Kleidungsstücke aus sanforisiertem Gewebe auch nach der Wäsche exakt ihre Paßform behalten. Es wird garantiert, daß sie bei der Wäsche nicht mehr als 1 Prozent einlaufen.[6]

Bei der Sanfor-Ausrüstung wird das Gewebe zunächst angefeuchtet und anschließend in einer ausgeklügelten Anordnung so um eine Trommel herumgeführt, daß es in Längsrichtung ohne Faltenbildung genau in dem Maß zusammengestaucht wird, in dem es später eingehen würde. Dieses Maß wird vor jeder Sanfor-Behandlung in einer mit wissenschaftlicher Genauigkeit durchgeführten Waschprobe festgestellt. Die Stauchung in der Breite erfolgt nach dem gleichen Prinzip. Auf geeigneten Maschinen ist eine Schrumpfung bis zu 30 Prozent erreichbar.

Unter einem starken Mikroskop kann man sehen, daß die Fäden des sanforisierten Gewebes ein wenig stärker hochgebogen sind, als dies zum Überkreuzen des quer verlaufenden Fadens notwendig wäre. Nach der ersten Wäsche haben sich die Fäden wieder so verkürzt, daß das Gewebe nicht von einem anderen zu unterscheiden ist.

Da der Stoff durch die Sanfor-Behandlung kleiner wird, sind solche Gewebe bis zu 10 Prozent teurer als nicht geschrumpfte Gewebe gleicher Art. Doch der höhere Stoffpreis wird zum Teil wieder dadurch ausgeglichen, daß beim Anfertigen des Kleidungsstücks nicht die Verkürzung des Stoffs berücksichtigt werden muß und man daher auch mit etwas weniger Stoff auskommt.[6]

Das Sanfor-Patent ist derzeit ausgelaufen, doch ist die Verwendung des Markenzeichens lizenzpflichtig. Die mit dem Markenzeichen ‹Sanfor› versehenen Gewebe müssen strenge Einlaufkontrollen passieren.

Bei der Weiterentwicklung, dem *Sanfor-Plus-Verfahren*, wurde die mechanische Stauchung mit einer Kunstharzausrüstung kombiniert. Solche Gewebe sind zusätzlich knitterfrei, besitzen damit jedoch auch die gleichen Nachteile wie die anderen hochveredelten Stoffe: geringere Saugfähigkeit, Formaldehydausdünstung, elektrostatische Aufladung, geringere Scheuerfestigkeit. Allerdings werden sie auf Reiß- und Einreißfestigkeit geprüft.

Das *Sanfor-Plus* 2-*Verfahren* entspricht dem Sanfor-Plus-Verfahren, doch werden hier Mischgewebe mit mindestens 15 Prozent Syntheticanteil verwendet.

Eine echte Neuerung wurde mit der erst in den 8oer Jahren entwickelten *Sanfor-Set-Behandlung* erreicht. Hier wird der Stoff vor der Schrumpfung mit flüssigem Ammoniak getränkt. Durch die Ammoniak-Behandlung wird ein der Mercerisation (s. Mercerisation) ähnlicher Effekt erreicht: weicher Griff, Glanz, Reißfestigkeit und gute Anfärbbarkeit. Gleichzeitig erhält der Stoff jedoch eine gewisse Knitterfreiheit. Durch die Sanfor-Set-Behandlung erhält man daher einen Stoff, der tatsächlich hervorragende Eigenschaften besitzt, ohne daß irgendwelche zusätzlichen Chemikalien eingelagert werden müssen. Das flüssige Ammoniak verdunstet nämlich wieder vollständig.
  Die Durchführung dieses Verfahrens erfordert jedoch aufwendige und teure Anlagen. Ca. 2 Millionen DM kostet die Anlage für die Flüssig-Ammoniak-Behandlung und noch einmal genausoviel kostet die Anlage zur Rückgewinnung des Ammoniaks. Damit verteuert sich ein Meter Stoff um ca. 2 DM.[36]
  Dennoch können die mit der Sanfor-Set-Behandlung erreichten Eigenschaften bei Baumwolle, Leinen und Halbleinen bisher mit keinem anderen Ausrüstungsverfahren erreicht werden. Gleichzeitig stellt es sich hinsichtlich der Gesundheitsbelastung des Verbrauchers gegenüber den Kunstausrüstungen sehr viel unproblematischer dar. Allerdings wäre die Umweltbelastung durch entstehendes Ammoniakgas zu prüfen.

Die *Sanfor-Set-Ausrüstung* hat folgende Auswirkungen:
• vollkommene, dauerhafte Entspannung des Gewebes (maximal 1 Prozent Einlaufen selbst nach Tumbler-Trocknung.)
• Glanz, glatte Faseroberfläche
• natürlicher, weicher, voller Griff
• wesentlich verbesserte Einreiß- und Reißfestigkeit
• verbesserte Scheuerfestigkeit
• geringere Neigung zum Knittern; entstandene Knitter lassen sich in trockenem Zustand leicht wieder glatt streichen
• verbesserte Glatt-Trocknung
  Bei Verwendung des Markenzeichens Sanfor-Set unterliegen alle genannten Eigenschaften strengen Kontrollen.

Mercerisierung

Ein ebenfalls zu den unproblematischeren Ausrüstungen gehörendes Verfahren ist die Mercerisierung. Hier werden Baumwollstoffe in gespanntem Zustand mit kalter, starker Natronlauge behandelt, ausgewaschen und durch eine anschließende Säurebehandlung wieder neutralisiert. Durch diese Behandlung wird der Stoff dichter und fester und bekommt einen seidenartigen Glanz. Chemikalien-Reste sind auch hier nicht im Stoff vorhanden, doch entstehen bei diesem Prozeß große Mengen von Abwasser durch das Ausspülen der Natronlauge.

Die Mercerisation wird auch heute noch in großem Umfang durchgeführt, speziell vor der Hochveredlung, da mercerisierter Stoff reißfester wird und damit den Verlust an Reißfestigkeit durch die Kunstharzeinlagerung teilweise ausgleicht.[20]

Weichmachen

Hochveredelte Baumwolltextilien haben eine Reihe von Nachteilen bekommen. Unter anderem besitzen sie einen härteren Griff.[20] Von den meisten Kleidungsstücken wird jedoch erwartet, daß sie weich und geschmeidig sind. Was tun? Eine weitere chemische Behandlung wird durchgeführt. Zusätzlich zu den Kunstharzen werden jetzt noch Weichmachungsmittel in die Gewebe eingelagert. Die Auswahl an Stoffen, die für diesen Zweck zur Verfügung stehen, ist beachtlich. Sie reicht von relativ harmlosen Substanzen wie pflanzlichen Ölen oder tierischen Fetten bis hin zu komplizierten Verbindungen, die in ihrer Wirkung schwer einzuschätzen sind (fettsäuremodifizierte Melamimharze, Siloxane, quaternäre Ammoniumsalze).[20, 75] Quaternäre Ammoniumsalze sind in der Kosmetik als Allergieauslöser bekannt.[19]

Weichmachungsmittel wurden in der Bundesrepublik im Jahre 1986 in der beachtlichen Menge von 12348 t verbraucht. Sie liegen damit an der Spitze im Verbrauch von allen Ausrüstungsmitteln.[3] Auch Synthetics werden nämlich häufig mit Weichmachern behandelt.

Erhöhung der Scheuerfestigkeit (Texylon-Ausrüstung)

Da die Scheuerfestigkeit von hochveredelter Baumwolle und Leinen stark gelitten hat, sind die pflegeleichten Stoffe beispielsweise für Bettwäsche kaum noch zu gebrauchen. Sie bekommen daher noch zusätzlich eine Scheuerfest-Ausrüstung verpaßt. Bei der Texylon-Ausrüstung werden die Stoffe in einem Kieselsäurebad getränkt, wobei plastische Harze mitverwendet werden.[6]

Easy-Wash-Ausrüstung

Hochveredelte Baumwolle wird leichter schmutzig als unbehandelte und wird in der Wäsche schlechter wieder sauber.[20] Daher wird bei der Pflegeleicht-Ausrüstung in der Regel gleichzeitig eine Easy-Wash-Ausrüstung aufgebracht. Diese Behandlung erleichtert das Auswaschen des Schmutzes. Hierzu wird auf die Fasern ein dünner, negativ geladener nicht klebender Film aus Kunstharzprodukten aufgebracht.[20] Unter anderem werden Fluorkohlenwasserstoffe verwandt.[20]

2. Ausrüstungen für Synthetics

Mattierung

Glatte Synthetics besitzen einen nicht immer erwünschten Hochglanz. Daher werden Synthesefasern schon bei der Herstellung mattiert (rauhe Faseroberfläche, Einlagerung von Pigmenten). Teilweise werden jedoch auch hochglänzende Garne nachträglich mattiert. Bei Acetatfasern ist das Mattieren besonders einfach. Die Ware wird eine halbe bis eine Stunde in Seifenbädern gekocht, wobei Phenol, Terpentinöl, Pineol, Fenchylalkohol u. ä. zugesetzt wird.[20] Phenol ist u. a. erbgutschädigend und krebserzeugend.[21] Der erreichte Matteffekt verschwindet außerdem bei heißem Bügeln in feuchtem Zustand wieder.

Andere Synthesefasern werden nach dem Färben oberflächlich mit einer trüben Schicht versehen. Man verwendet Salze wie Glaubersalz, Bariumchlorid, Alkalisulfid, Zinksulfat, Ferrocyankalium, Alkalimolybdate, Cobalt- oder Chromsalze oder weiße Pigmente wie Titandioxid, Zinksulfid, Lithopone.[20] Unter anderem werden auch Harnstoff-Formaldehydharze beim Mattieren benutzt.[20]

Hydrophilierung

Trotz aller gegenteiliger Behauptungen fühlen sich nicht saugfähige Fasern auf der Haut unangenehm an. «Wenn jedoch Unterwäsche aus Polyamiden unmittelbar mit dem Körper in Berührung kommt, kann sich ein unangenehmes Tragegefühl einstellen.»[75]

Aus diesem Grund wird die Oberfläche von Synthetics, die hautnah getragen werden sollen, wasserliebend (hydrophil) gemacht. Dadurch wird die Wasseraufnahmefähigkeit zwar nicht erhöht, doch Feuchtigkeit wird schneller auf der Fläche verteilt und kann dann verdunsten[75]. Gleichzeitig werden dabei die elektrostatische Aufladung und das Anschmutzungsvermögen herabgesetzt.[20]

Zu diesem Zweck werden Polyacryl-, Polyamid-, Silikonemulsionen u. ä. aufgebracht.[20]

Antistatische Ausrüstung

Die Neigung verschiedener Fasern, sich durch Reiben beim Tragen elektrostatisch aufzuladen, ist bekannt und besonders für Synthetics typisch. Auch bei Wolle und Seide kann es vorkommen, daß sie sich aufladen, doch waren bei den Naturstoffen damit nie besondere Probleme verbunden. «Ernstere Probleme traten in der Textilindustrie erst mit dem Aufkommen der Synthesefasern auf.»[20] Verarbeitungsmaschinen mußten plötzlich geerdet werden, da sonst gefährliche Spannungen entstehen konnten.

Bei Kleidungsstücken ist die Aufladung unangenehm, wenn Teile am Körper kleben und beim Ausziehen knistern. Außerdem werden selbst nicht getragene Teile schnell schmutzig, wenn sie gegeneinander reiben können (zum Beispiel im Warenlager des Einzelhandels).[6]

Es werden grenzflächenaktive, also seifen- bzw. tensidähnliche Substanzen eingesetzt, um die elektrische Leitfähigkeit der Faseroberfläche zu erhöhen. Damit wird eine elektrische Aufladung verhindert. Obwohl einige Ausrüstungen wasch- und reinigungsbeständig sein sollen, gibt es noch keine wirklich dauerhafte antistatische Behandlung.[76] Daher macht sich nach längerem Gebrauch doch wieder die Aufladung bemerkbar.

Mit der antistatischen Ausrüstung wird keineswegs gleichzeitig eine Verringerung der Gefahr des Anschmutzens erreicht, wenn auch die statische Aufladung die Anschmutzung fördert. Fast alle waschfesten Antistatika sind nämlich öl- oder fetthaltig und fördern im Gegenteil das Schmutzigwerden.

Schmutzabweisende Appreturen

Wie könnte es anders sein, wenn Synthesefasern derart leicht anschmutzbar sind, erhalten sie eine Ausrüstung mit schmutzabweisendem Effekt. Zu diesem Zweck werden unter anderem Fluorkohlenwasserstoffe benutzt.

Antipilling-, Antipicking-, Antisnag-Ausrüstung

Bei Kleidungsstücken aus Fasergarnen bilden sich beim Gebrauch häufig kleine Knötchen aus Fasern, die sich aus dem Garnverband herausgearbeitet haben. Bei Naturfasern brechen diese Faserknäuel ab und stören deshalb wenig. Bei den reißfesten Synthetics jedoch bleiben sie fest mit der Oberfläche verbunden. Der ganze Pullover kann von solchen Knötchen bedeckt sein. Das nennt man den Pilling-Effekt. Der Textilveredler kann die Pilling-Bildung herabsetzen, indem er lose Faserenden abschneidet oder abbrennt. Er kann das Kleidungsstück jedoch auch mit einer Antipilling-Ausrüstung versehen. Mit Acryl- oder Vinylpolymeren zum Beispiel kann er die Oberfläche verkleben.[20]

Bei locker gestrickten Textilien aus Synthetics besteht zusätzlich die Gefahr des Picking und Snagging. Der Picking-Effekt besteht darin, daß sich Einzel-

fasern aus dem Garn herausarbeiten und die ganze Oberfläche ein ungleich-
mäßiges, flusiges Aussehen bekommt.

Beim Snagging-Effekt werden einzelne Garnschlaufen aus der Maschenware herausgezogen, indem man an spitzen Gegenständen hängenbleibt.
Auch die gefürchteten Laufmaschen in Feinstrumpfhosen werden dem Snagging-Effekt zugerechnet.[6]

Die Oberfläche der Synthetics kann mit einer Polyacrylatdispersion verklebt werden, um die gefürchteten Erscheinungen zu verhindern.[75]

3. Ausrüstungen für Wolle
Motten- und Käferschutzbehandlung (Eulanisierung)

Wolle und echte Pelze werden von einigen Insekten gern als Nahrung ver-
speist. Die Raupen bzw. Larven der bekannten Kleidermotte sowie der Tep-
pich- und Pelzkäfer sollen allein in der Bundesrepublik Deutschland alljähr-
lich einen Schaden im Wert von 100 Mio. DM an Wolltextilien anrichten.[6]
Der größte Schaden entsteht dabei wohl weniger in den Privathaushalten als
während des Schiffstransports von Australien oder anderen Ländern nach
Europa und in den großen Warenlagern. Auch Schaufenster sollen sich als
Brutstätte für Textilschädlinge erwiesen haben.[6]

Aus diesem Grund wird Wolle fast grundsätzlich mit Mitteln behandelt,
die den Insektenfraß verhindern sollen. Früher war es üblich, Wollager zu
diesem Zweck mit Insektiziden wie DDT und Dieldrin zu besprühen. Auch
das wegen seiner krebserzeugenden Wirkung in Verruf geratene PCP (Pentachlorphenol) wurde bis vor wenigen Jahren benutzt. Inzwischen sind diese
Mittel in der Bundesrepublik sowie auch in Australien, Neuseeland und Südafrika wegen ihrer starken Giftigkeit völlig verboten.[6,53] In der BRD sind In-
sektizide wegen ihrer vergiftenden Wirkung als Ausrüstungsmittel für Wolle
grundsätzlich verboten.[6] Sie sind auch gar nicht mehr nötig, denn inzwischen
gibt es Fraßgifte (Eulan von Bayer, Mitin von Ciba-Geigy), die das Woll-
eiweiß für Motten unverdaulich machen. Diese Substanzen werden wie Farbstoffe auf die Fasern aufgebracht und dort dauerhaft gebunden. Sie gehören
heute zur selbstverständlichen Grundausrüstung sehr vieler Wollwaren.[46]

Eulan besteht heute aus Sulfonamiden und Sulfonaniliden.

Filzfreiausrüstung (Superwash)

Das allgemein bekannte Phänomen, daß Wollfasern miteinander verfilzen
können, ist in der Haushaltswäsche sehr unangenehm. Die Frage war, wie
man Wolle so behandeln kann, daß sie in der Wäsche nicht filzt, gleichzeitig
aber ihre Eigenschaften nicht beeinträchtigt werden. Da die äußere Schuppenschicht der Wollfasern für den Filzvorgang verantwortlich ist, lag es nahe,

Veränderungen in diesem Bereich vorzunehmen. Prinzipiell ergeben sich zwei Möglichkeiten der Behandlung: Ganz oder teilweise Entfernung der Schuppen oder eine Umhüllung der Schuppenschicht mit einem Kunstharzfilm.

Bei dem heute überwiegend praktizierten Superwash-Verfahren handelt es sich um eine Kombination beider Möglichkeiten. Hier wird nach einer Vorbehandlung mit einer sauren Chlorlösung ein gleichmäßiger, dünner Harzüberzug auf die Fasern aufgebracht.[77] Man verwendet Polyamid-Epichlorhydrin-Harze zu diesem Zweck. Einer der Ausgangsstoffe, Epichlorhydrin, ist im Tierversuch krebserregend und steht in starkem Verdacht, auch beim Menschen Krebs auslösen zu können.[21]

Da die Wolle durch diese Filzfrei-Behandlung einen härteren Griff bekommt, ist eine anschließende Weichmacherausrüstung Bestandteil des Superwash-Verfahrens. Kationische Weichmacher werden zu diesem Zweck aufgebracht (s. Abschnitt Kuschelweiche Wäsche). Das Superwash-Verfahren, das 1970 erstmals auf den Markt kam, ist inzwischen vom Internationalen Wollsekretariat weltweit eingeführt worden. Superwash-ausgerüstete Wollsachen enthalten außer den eigentlichen Wollfasern ca. 2 Prozent Polyamid-Epichlorhydrin-Harz und 0,2 bis 0,5 Prozent Weichmacher.[77]

4. Ausrüstungen für Seide
Erschwerung

Seidenbehandlungen werden nur noch von ganz wenigen Veredlungsbetrieben durchgeführt, da die wirtschaftliche Bedeutung der Seide stark gesunken ist. Das einzige, speziell für Seide existierende Ausrüstungsverfahren ist die Seidenerschwerung. Diese Behandlung wird aus finanziellen Gründen durchgeführt. Seide ist nämlich eine sehr leichte Naturfaser. Durch die Erschwerung gewinnt die Seide an Gewicht und Volumen. Eine Verdoppelung des Gewichts liegt dabei durchaus im Rahmen des Möglichen. Da textile Rohstoffe nach Gewicht gehandelt werden, bedeutet das Schwerermachen einen deutlichen Gewinn bzw. eine Verbilligung der Waren. Eine übermäßige Erschwerung verschlechtert jedoch die Fasereigenschaften.[20]

Bei dem gebräuchlichsten Erschwerungsverfahren wird die Seide mit Zinnchlorid, Wasserglas und Natriumphosphat behandelt.[20] Zinnchlorid ist ein giftiges Salz. Eine Erschwerung nur mit Pflanzenextrakten ist jedoch auch möglich.

Besondere Griff- und Erschwerungsarten:

Souple: nicht abgekochte Seide mit weichem Bast

Ecru: nicht abgekochte Seide mit hartem Bast (durch Behandlung mit Formaldehyd erhärtet)

Végétal: Gerbstofferschwerung ohne Zinn/Phosphat

Charge mixte: Gerbstofferschwerung + Zinn/Phosphat (ohne Wasserglas)[20]

Gängige Textilbehandlungen

Behandlung	Effekt	Artikel	Faserstoffe
Bleichen	weiße Farbe, bessere Anfärbung	alle Artikel	alle Fasern
optisches Aufhellen	strahlendes Weiß	weiße und pastellfarbene Artikel	alle Fasern
Färben	Buntheit	alle Artikel	alle Fasern
Hochveredlung Sanfor-Plus	Knitterfreiheit, rasches Trocknen, kein Einlaufen, verminderte Saugfähigkeit u. Scheuerfestigkeit	alle Artikel	Cellulosefasern, Cellulose-Synthetic-Mischungen
Sanforisierung	kein Einlaufen	alle Artikel	Cellulosefasern
Sanfor-Set-Behandlung	kein Einlaufen, Knitterfreiheit	alle Artikel	Cellulosefasern
Weichmachen	weicher Griff	alle Artikel	alle Fasern
Mercerisierung	höhere Festigkeit, Seidenglanz	alle Artikel	Cellulosefasern
Scheuerfest-Ausrüstung	höhere Scheuerfestigkeit	Bettwäsche, hochveredelte Sachen	Cellulosefasern
Easy-wash-Ausrüstung	Schmutz wird leichter ausgewaschen	hochveredelte Sachen	Cellulosefasern

130

Chemikalien	mögl. Kennzeichnung	mögl. Gefahren
Natriumhydrochlorit, Wasserstoffperoxid	keine	evtl. Bildung von Chlorkohlenwasserstoffen (Umweltprobleme, krebserregend)
org. Substanzen	keine	Hautallergien Umweltprobleme
Azofarbstoffe, Anthrachinonfarbst. Schwermetallgehalt in Farbst.: Kupfer: 33–110 ppm Blei: 6–52 ppm Chrom: 3–83 ppm Zink: 3–32 ppm (Gow, 1983); Carrier zum Färben von Polyester: Diphenyl, Methylnaphthalin, o-Phenylphenol, Trichlorbenzol, Dichlorbenzol, Benzylphenol…	keine	Hautallergien Umweltprobleme krebserregende Carrier
Harnstoff-Formaldehyd-Harze Melamin-Formaldehyd-Harze	‹knitterfrei›, ‹pflegeleicht›, ‹wash and wear›, ‹rapid iron›, ‹hochveredelt›, ‹minicare›, ‹Easy-of-care›, ‹Trupal›, ‹Dressed Cotton›, ‹Cottonova›, ‹Stayrite-finish›, ‹Bancare›, ‹Supercotton›	Hautallergien Formaldehyd ist evtl. krebserzeugend Umweltprobleme
keine, mechanische Stauchung	‹Sanfor›, ‹sanforisiert›	keine
Ammoniak + mech. Stauchung	‹Sanfor-Set›	Umweltprobleme?
pflanzl. Öle u. tierische Fette, fettsäuremodifizierte Melaminharze, Siloxane, quaternäre Ammoniumsalze	keine	Hautallergien?
Natronlauge	‹mercerisiert›	große Mengen von Abwasser
Kieselsäure, plastische Harze	‹Texylon›	?
Kunstharze, Fluorkohlenwasserstoffe	‹Easy-wash›	Umweltbelastung durch FKW (Fluorkohlenwasserstoffe)

Gängige Textilbehandlungen (Forts.)

Behandlung	Effekt	Artikel	Faserstoffe
Mattierung	Hochglanz wird vermieden	alle Artikel	Chemiefasern
Hydrophilierung	Faseroberfläche zieht flüssiges Wasser an	hautnahe Kleidungsstücke	Chemiefasern
antistatische Ausrüstung	keine statische Aufladung	alle Artikel	Chemiefasern
schmutzabweisende Ausrüstung	Schmutzabweisung	alle Artikel	Chemiefasern
Antipilling-, Antipicking-, Antisnag-Ausr.	keine Knötchen- u. Flusenbildung	Gestricke	Chemiefasern
Motten- u. Käferschutzbehandlung	unverdaulich für Motten u. Käfer	alle Artikel	Wolle
Filzfreiausrüstung	kein Verfilzen	alle Artikel	Wolle
Erschwerung	mehr Warengewicht	alle Artikel	Seide
Hydrophobierung	wasserabweisender Effekt	Mäntel, Jacken u. ä.	alle Fasern
antimikrobielle Ausrüstung	gegen Hautpilze und Körpergeruch	Socken, Unterwäsche, Strümpfe u.?	alle Fasern
Flammschutzausrüstung	Verhinderung der Flammenbildung	Arbeitskleidung, Exportartikel	alle Fasern
Desodorierung	angenehmer Duft	alle Artikel	alle Fasern

Chemikalien	mögl. Kennzeichnung	mögl. Gefahren
Phenol, Terpentinöl, Pineol, Fenchylalkohol, Glaubersalz, Bariumchlorid, Alkalisulfid, Zinksulfat, Ferrocyankalium, Alkalimolybdate, Cobalt- u. Chromsalze, Titandioxid, Zinksulfid, Lithopone, Harnstoff-Formaldehyd-Harz	keine	Umweltbelastung, Schwermetalle, krebserregende Stoffe, Allergieauslöser
Polyacryl-, Polyamid-, Silikonemulsionen	keine	?
grenzflächenaktive Substanzen	keine	Hautallergien?
u. a. Fluorkohlenwasserstoffe	–	Umweltbelastung durch FKW
Polyacrylatdispersionen	–	?
Sulfonamide, Sulfonanilide	‹eulanisiert›	?
Chlorlösung, Polyamid-Epichlorhydrin-Harz + kationischer Weichmacher	‹filzfrei›, ‹Superwash›, 30°	?
Zinnchlorid, Wasserglas, Natriumphosphat	–	?
Paraffinprodukte, Aluminium- und Zirkonsalze, Silicon- u. Fluorcarbonprodukte	–	Umweltbelastung durch FKW
quaternäre Ammoniumverb., Bisphenole, Imidazole, Diphenylether, Thiobisphenole, org. Zinnverbindungen, Neomycinsulfit, halogenierte Phenole	‹Sanitized›, ‹Actifresh›, ‹Sanigard›, ‹Durafresh›, ‹Eulan asept›, ‹Hygitex›, ‹Freso›, ‹Bioguard›	Hautallergien? krebserregende u. giftige Stoffe? Umweltbelastung
halogenierte Kohlenwasserstoffe, Phosphorverbindungen Für Wolle: Zirkon- u. Titankomplexe	‹flammgeschützt›	krebserregende Stoffe? Umweltbelastung? Hautallergien?
Parfüme + Kunstharz	keine	Hautallergien?

133

5. Sonderverfahren

Bleichen und optisches Aufhellen

Das Bleichen ist bei Naturfasern die erste Stufe der chemischen Textilbehandlungen. Natürliche Faserstoffe haben niemals eine reinweiße Farbe, sondern überwiegend einen beige-gelben Farbton. Daher werden diese Fasern gebleicht, das heißt die natürlichen Farbstoffe werden durch Oxidation oder Reduktion zerstört. Doch durch das Bleichen allein erhält man noch kein reines Weiß. Ein gelblicher Stich ist immer noch vorhanden. Früher erzielte man ein strahlendes Weiß durch Anfärben mit blauen oder violetten Farbstoffen. Ein leichter Blaustich der Wäsche ruft den Eindruck von besonders weißen Textilien hervor.

Seit Entdeckung der optischen Aufheller werden hauptsächlich diese zum ‹Weißfärben› verwandt. Optische Aufheller sind organische Substanzen, die die unsichtbaren UV-Strahlen des Tageslichts in langwelliges, dem Auge sichtbares blaues Licht umwandeln. Dadurch wird ein besonders leuchtendes Weiß auf den Textilien erreicht.[20]

Auch Synthesefasern werden mit optischen Aufhellern weißgefärbt.

Da in den meisten Haushaltswaschmitteln optische Aufheller enthalten sind, könnten beim Waschen pastellfarbener Textilien Farbveränderungen auftreten. Aus diesem Grund werden auch pastellfarbene Sachen von vorneherein optisch aufgehellt. Die Hersteller vermeiden so spätere Reklamationen.[20]

Hydrophobierung

Ein gängiges Ausrüstungsverfahren ist die Hydrophobierung von Stoffen, die Regen nicht durchlassen oder durch Regenwasser nicht in Form und Farbe beeinträchtigt werden sollen, wie Mäntel und Jacken. Die Gewebe werden durch die Hydrophobierung wasserabstoßend gemacht. Flüssiges Wasser perlt ab, für Wasserdampf bleibt der Stoff jedoch durchlässig. Paraffinprodukte werden in großem Umfang zu diesem Zweck eingesetzt. Gleichzeitig werden dabei Aluminium- oder Zirkonsalze aufgebracht. In den letzten Jahren haben Silicon- und Fluorcarbon-Produkte eine zunehmende Bedeutung erlangt.[3, 20] Fluorcarbon-Produkte gehören zur Klasse der halogenierten Kohlenwasserstoffe, die wegen ihrer schlechten Abbaubarkeit und des Verdachts auf krebserzeugende Wirkung bekannt sind.[21]

Antimikrobielle Ausrüstung (Sanitized)

Antimikrobielle Ausrüstungen werden in Kleidungsstücken zu zwei verschiedenen Zwecken eingesetzt. Indem man Pilzen und Bakterien die Lebensmöglichkeit entzieht, soll die Ausbreitung krankheitserregender Mikroorganismen verhindert werden. Speziell die Ausbreitung von Fußpilzen und anderen Hautpilzerkrankungen soll so eingedämmt werden. Außerdem entstehen bekanntermaßen unangenehme Gerüche, wenn Schweiß durch Bakterien zersetzt wird. Auch dieser Effekt soll durch die Ausrüstung verhindert werden. Man spricht dann von Impedorierung (Geruchsverhinderung). Das erste für Kleidungsstücke entwickelte Verfahren war das Sanitized-Verfahren, das in der Textilkennzeichnung mit den Markennamen ‹Sanitized›, ‹Actifresh›, ‹Sanigard› oder ‹Durafresh› angegeben sein kann (aber nicht angegeben sein muß!).

Die genaue chemische Zusammensetzung der Sanitized-Ausrüstung ist Firmengeheimnis. Bekannt ist nur, daß quaternäre Ammoniumverbindungen, Bisphenole, Imidazole, Diphenylether, Thiobisphenole und organische Zinnverbindungen verwandt werden.[39] Auch Antibiotika (Neomycinsulfit) und halogenierte Phenole werden als Textilausrüstungsmittel genannt.[20]

Weitere Handelsnamen für antimikrobielle Ausrüstungen sind ‹Eulan asept›, ‹Hygitex›, ‹Freso›[6] und ‹Bioguard›.

Flammschutzausrüstung

Schwere Brandunglücke haben in der Vergangenheit immer wieder die Gemüter erregt. Pullover aus gerauhtem Reyon (Viskose) trugen sich den Namen ‹Fackelpullover› ein, nachdem im Jahre 1942 in dem berühmt gewordenen Cocoa-nut-Grove-Brand in Boston 432 Menschen ums Leben gekommen waren. In den USA wurden daraufhin strenge Flammschutzvorschriften für Textilien erlassen. Selbst die Brennbarkeit von bestimmten Kleidungsstücken wird dort Prüfungen unterworfen. In den Fachzeitschriften häufen sich seither die Veröffentlichungen über flammenhemmende Ausrüstungen von Textilien. Doch viele Autoren, die sich mit der Brandgefahr durch Textilien auseinandersetzen, kommen zu dem Schluß, daß diesem Thema, zumindest was Europa angeht, zuviel Aufmerksamkeit gewidmet wird, da die Gefährdung vergleichsweise klein ist.[78]

Textile Faserstoffe sind durchgehend organische Substanzen (Ausnahmen: Asbest, Glasfaser) und damit grundsätzlich brennbar. Dennoch gibt es große Unterschiede hinsichtlich der Brennbarkeit. Cellulosefasern wie Baumwolle und Viskose brennen besonders leicht, ähnlich wie Papier oder Holz, die ja auch aus Cellulose bestehen. Als ebenfalls besonders leicht brennbar hat sich Polyacrylnitril erwiesen. Textilien aus anderen Kunststoffen schneiden in den üblichen Brenntests relativ gut ab.

Da die meisten Synthetics ab einer gewissen Temperatur schmelzen, entziehen sie sich der Flamme durch rasches Schmelzen und täuschen so flammhemmende Eigenschaften vor. «In der Praxis sind solche Stoffe dagegen oft mit anderen nicht-schmelzbaren Fasern zusammen, so daß sie eventuell einer weiteren Zündquelle ausgesetzt sind und brennen können.»[79] Damit sind wir

Entflammbarkeitseigenschaften verschiedener Fasern:

Faser	LOI* $n = \dfrac{O_2}{O_2 + N_2} \cdot 100$	Entzündungstemperaturen °C	Schmelzpunkt bzw. Schmelz-/Zersetzungsbereich
Polyacrylnitril	18,2	465–530	235–320°C (Zersetzung)
Baumwolle	18,4	255	schmilzt nicht
Triacetat	18,4	450–520	293°C
Diacetat	18,6	450–540	255°C
Polypropylen	18,6	570	164–170°C
Viskose	19,7	420	schmilzt nicht
Polyamid	22,4	485–575	160–260°C
Polyester	23,6	485–560	252–292°C
Wolle	25,2	570–600	schmilzt nicht
Modacryl	26,8		160–190°C
Aromat. Polyamide (Nomex)	30,0	800	316°C
Zirpo-Wolle	27–33		schmilzt nicht
Polyvinylchlorid	37,1		100–160°C

LOI-Test: Man bestimmt bei diesem Test den Anteil von Sauerstoff in einem Sauerstoff/Stickstoffgemisch, der notwendig ist, um eine Stoffprobe am Brennen zu erhalten. Es wird der niedrigste Anteil an Sauerstoff in % ermittelt, der gerade noch zum Unterhalt der Verbrennung der Textilprobe genügt. Diese Methode liefert exakte und reproduzierbare Resultate und ist gut zur Beurteilung des Brandverhaltens geeignet.

Quelle: Carl, W.R.: Normung des Brennverhaltens von Textilien. Textilveredlung 22, 1987, S. 407–410.

schon bei den brandgefährdetsten und gefährlichsten Textilien angelangt, nämlich Baumwoll-Synthetic-Mischungen. Baumwolle beginnt schon bei 255 °C zu brennen und wirkt dann als Docht für die schmelzenden Synthesefasern. So kann dann wirklich schnell ein lichterloh brennender Pullover entstehen. Für die Dochtwirkung reichen dabei schon einzelne Fäden, z.B. die Nähfäden zum Zusammennähen, oder sogar Kalkseifenreste aus der Wäsche aus. Selbst mit flammhemmenden Ausrüstungsmitteln ist diesem Problem bisher nicht beizukommen, wie wir von der Firma erfuhren, die sich zu den erfahrensten Flammschutzmittelherstellern zählt: «Die Ausrüstung von Fasermischungen erweist sich aber meist als problematisch, oder gar, vor allem im Fall von 3- oder Mehrfachmischungen, als unlösbar, zumal wenn zusätzliche Forderungen wie z.B. Waschbeständigkeit gestellt sind.»[79] So konnte man schon 1973 erfahren, daß «die Brennbarkeit von Polyamidgeweben eine nicht zu unterschätzende Gefahrenquelle für den Konsumenten»[80] darstellt.

136

Als von Natur aus flammhemmend wird die Wollfaser angesehen. Sie schmilzt nicht und kann erst bei ca. 600 °C entzündet werden. Nach Entfernen der Zündquelle brennt sie häufig nur kurze Zeit weiter. Die entstehende Asche besitzt gute Isolationseigenschaften und kann unmittelbar nach dem Verlöschen angefaßt werden.[77] Mit diesen Eigenschaften bestehen Wolltextilien weniger strenge Prüfungen auf Brennbarkeit ohne besondere Behandlung. Dabei muß man jedoch bedenken, daß die Entflammbarkeit und Brennbarkeit sehr stark von der Art des Gewebes abhängt. Ein fester, dichter Stoff, ein Wollfilz beispielsweise, fängt sehr viel schlechter Feuer als ein offenes, lockeres Gestrick, ein flauschiger Pullover.

Über das Brennverhalten von Seide ist kaum etwas zu erfahren. In einer älteren Untersuchung wurde Seide zusammen mit Wolle, Polyamid und PVC in die Gruppe weniger brandgefährlicher Stoffe eingeordnet.[81]

In den USA gibt es Vorschriften über die Entflammbarkeit von Bekleidungsstücken fast aller Art. Europäische Gesetzgeber sind hier zum Glück etwas zurückhaltender. In der Bundesrepublik gibt es keine Gesetze, jedoch DIN-Vorschriften für technische Bereiche wie Vorhänge und Teppiche, Verkehrsmittel (Sitzbezüge), Spielwaren und Gardinen, Bautextilien und Arbeitskleidung.

Nach Angaben führender Flammhemmend-Mittel-Hersteller wird in der Bundesrepublik flammhemmend ausgerüstete Kleidung nur für den Export (Skandinavien, England, USA) hergestellt, mit Ausnahme der Arbeitsschutzkleidung. Schon aus Preisgründen, aber auch aus modischen Gründen werde normale Kleidung nicht derartig ausgerüstet.

Die Flammhemmend-Ausrüstung ist auch einleuchtenderweise eine schwierige Sache. Auflagen von bis zu 50 Prozent Flammschutzmittel sind nötig, um Textilien weniger leicht brennbar zu machen. Dabei gibt es inzwischen eine Unzahl von Ausrüstungsmitteln. Halogenierte Kohlenwasserstoffe und Phosphorverbindungen stehen dabei im Vordergrund. Die Wirkung der flammhemmenden Mittel beruht zum Teil auf der Bildung einer Schutzschicht, die den Sauerstoffzutritt verhindert und das Nachglimmen unterbindet, so daß es nur zur Verkohlung ohne Flammenbildung kommt, zum Teil auf der Entwicklung unbrennbarer Gase.[20]

Bei einer Untersuchung verschiedener Mittel wurde jedoch nur einem von vier Mitteln eine geringe Giftigkeit bescheinigt.[20] Bei Mindestauflagen von 10 bis 20 Gewichtsprozenten werden Textilien also bei der Flammhemmend-Ausrüstung oft mit einer gehörigen Giftlast angereichert. Dabei ist noch nicht einmal gesagt, daß die so ausgerüsteten Textilien im Brandfall weniger gefährlich sind. In einer Untersuchung wurde nämlich festgestellt, daß die Ausrüstung oftmals bewirkt, daß beim Verbrennen vermehrt giftige Gase entstehen. Ob ein lichterloh brennender Pullover oder ein vor sich hinqualmender, giftgasabgebender Pullover gefährlicher ist, das sei dahingestellt.[82] Außerdem wird die Wirkung der Ausrüstung beeinträchtigt, wenn sich auf dem Gewebe Kalkseifenreste aus der Wäsche abgelagert haben.

Verbrauch von Ausrüstungsmitteln in der deutschen Textilindustrie im Jahre 1986

Weichmachungsmittel	12 348,3 t
Hochveredlungsmittel	8 312,0
Füll-, Versteifungs- und Beschwerungsmittel	7 946,3
Hydrophobierungsmittel (gesamt, bestehend aus 1,2 und3)	2 221,6
Paraffinprodukte (1)	1 199,4
Silikonprodukte (2)	644,8
Fluorchemikalien (3)	377,4
Flammhemmende Mittel	1 827,1
Schiebe- und Maschenfestmittel	1 173,3
Sonstige z.B. Antimikrobielle Mittel	1 096,3
Nähgarnavivagen	536,1
Antielektrostatika	449,9
Schäumer	47,4

Quelle: Hemmpel, W.-H.: Trends und Tendenzen in der Appretur von Web- und Maschenstoffen, textil praxis international, 11, 1987, S. 1374–1377.

Auch für Wolle wurden Flammschutzmittel entwickelt, um sie für Bereiche mit strengeren Brandschutzvorschriften einsetzen zu können. Bei der vom Internationalen Wollsekretariat (IWS) entwickelten Zirpo-Ausrüstung für Wolle handelt es sich um Zirkon- oder Titankomplexe, die fest an das Wollprotein gebunden werden. Die Auflagenhöhe beträgt dabei ca. 2 Prozent und ist damit sehr viel geringer als bei den Flammschutzmitteln für andere Fasern. Nach einer Untersuchung wird das Wollprotein allerdings durch die Ausrüstung etwas geschädigt. Zirpo-Wollen werden für nicht brennbare Arbeitskleidung, Feuerwehranzüge und Flugzeuginnenausstattungen verwendet.

Meistens scheint es weniger gefährlich zu sein, Synthesefasern herzustellen, die von vornherein schwer brennbar sind. Nomex, PVC und Modacryl sind solche schwer brennbaren Synthesefasern.[83] Bei der Verbrennung von PVC entsteht allerdings Salzsäuregas, das zu schweren Vergiftungen und Säureschäden führen kann.[21]

Bei normalen Kleidungsstücken erscheint es mir sehr viel sinnvoller, im Umgang mit Feuer die nötige Vorsicht walten zu lassen. Auch mit flammhemmenden Textilien bleibt die Brandgefahr unkalkulierbar, da der Ausrüstungseffekt in der Wäsche längst verloren gegangen sein kann. 25 Wäschen werden nach der DIN-Vorschrift für Arbeitsschutzkleidung geprüft, wenn in dem Kleidungsstück keine abweichenden Angaben gemacht werden.[83] Zwei Garnituren, die abwechselnd getragen und einmal pro Woche gewaschen würden, wären also schon nach einem Jahr nicht mehr flammgeschützt. Außerdem können bei einem tatsächlich entstandenen Brand möglicherweise giftige Gase entstehen. Eine eventuelle krebserzeugende Wirkung oder Allergiegefahr flammhemmend ausgerüsteter Textilien ist bisher viel zu unzureichend untersucht, als daß man sich diesen Stoffen unbedenklich aussetzen sollte.

Einige Tips zum vorbeugenden Brandschutz:
• Rauchen Sie nicht im Bett, und achten Sie auf Ihre brennende Zigarette bzw. die Zigarettenkippen (in den USA sind Zigaretten die häufigste Brandursache!).
• Seien Sie vorsichtig im Umgang mit offenem Feuer (z. B. Kerzen), denn flauschige oder wehende Stoffe können leicht Feuer fangen.
• Wolltextilien sind weniger brandgefährdet. In Bereichen, wo ein gewisser Brandschutz gewünscht wird, wie zum Beispiel Nachtkleidung in Altenwohnheimen, sind sie daher vorzuziehen. Auf keinen Fall sollten hier Naturfaser-Synthetic-Mischungen verwendet werden, da diese besonders leicht und schnell brennen. Auch reine Synthetics können ein gefährliches Brandverhalten zeigen, wenn auch nur einzelne Baumwollfäden, Ausrüstungsmittel oder Kalkseifenreste darin enthalten sind.

Ökotips

• Waschen Sie alle neuen Kleidungsstücke grundsätzlich vor dem ersten Tragen, um den Gehalt an Ausrüstungschemikalien (z. B. Formaldehyd) bzw. Pflanzenschutzmittelrückständen zu senken.
• Waschen Sie neue baumwollhaltige Sachen 3–4mal vor Gebrauch.
• Wenn Sie beim Tragen von Perlonstrümpfen häufig Jucken oder Rötungen an der Innenseite der Oberschenkel feststellen, sollten Sie einen Hautarzt aufsuchen. Möglicherweise besitzen Sie eine Strumpffarben-Allergie.
• Falls Sie eine Strumpffarben-Allergie besitzen, sollten Sie folgende Ratschläge befolgen:
Tragen Sie keine Strümpfe oder Feinstrumpfhosen aus Polyamid.
Sie können auf Woll- oder Seidenstrümpfe ausweichen oder die Perlonstrümpfe nach der im Text beschriebenen Methode entfärben und neu einfärben.
Tragen Sie keine Textilien aus synthetischen Faserstoffen auf der Haut, denn auch von diesen können sich allergieauslösende Farbstoffe ablösen.
Benutzen Sie keine Haarfärbemittel, die Para-Phenylendiamin enthalten (es muß auf der Packung deklariert sein).

Meiden Sie Lebensmittel, Kosmetika oder andere Gegenstände, die Azofarbstoffe enthalten (bei Lebensmitteln z. B. E 102, E 104, E 110, E 122, E 123, E 124, E 127, E 131, E 132, E 142).

• Tragen Sie keine Metallteile, wie Jeansknöpfe, Reißverschlüsse, Nieten, Wäscheschnallen o. ä., direkt auf der Haut. Überkleben Sie das Metall von innen mit einem Pflasterstreifen.

• Kaufen Sie keine Socken oder Unterwäsche, die erkennbar antimikrobiell ausgerüstet sind.

• Benutzen Sie keine Mottenkugeln oder -papiere, denn sie enthalten starke Gifte, die auch für den Menschen schädlich sind. Industriell hergestellte Wollsachen sind sowieso mottenecht ausgerüstet. Naturbelassene Wollsachen kann man zum Beispiel mit Zirbelkiefernnadelöl (erhältlich bei Naturfarbenherstellern) schützen.

• Beim Kauf naturbelassener Wollsachen sollten Sie sich über Lindanrückstände erkundigen. Ab 100 µg/kg Lindan sind die Kleidungsstücke als belastet anzusehen und sollten vor Gebrauch gewaschen werden. Naturtextilhersteller informieren teilweise in ihren Katalogen über die Rückstandswerte ihrer Kleidung.

• Bevorzugen Sie naturbelassene Textilien bei den Kleidungsstücken, die Sie direkt auf der Haut tragen. Ausreichende Informationen über die Herstellung der Kleidungsstücke sind Voraussetzung für den Kauf.

• Benutzen Sie keine Haushaltstextilfarben. Auch diese Farbstoffe belasten das Abwasser. Außerdem können pulverförmige Farbstoffe beim Einatmen gesundheitsschädlich sein.

• Benutzen Sie keine giftigen Beizmittel, wenn Sie mit Pflanzenfarben färben. Chrom- und Kupfersalze sind stark giftig und gehören weder ins Abwasser noch auf den Küchenherd. Auch das gängigste Beizmittel Alaun enthält Aluminiumionen, die im Abwasser nichts zu suchen haben. Es ist jedoch weniger bedenklich als die zuvor genannten.

• Lassen Sie einmal eine Formaldehydmessung an Ihrem Arbeitsplatz durchführen, wenn Sie in der Textilbranche tätig sind. Erlaubt (MAK-Wert) ist 1 ppm Formaldehyd im Tagesdurchschnitt mit maximalen Spitzenwerten von 2 ppm.

• Fertigen Sie keine Kleidungsstücke aus Vorhangstoff, Segeltuch o. ä. an. Diese Stoffe werden oft mit stark giftigen Chemikalien ausgerüstet.

Literatur

1 Kruse, M., 1965: Magie oder Technik? Die Industrie der Zauberer. Verlag Mensch und Arbeit, München.
2 Textilhilfsmittelkatalog, 1986. textil praxis international.
3 Hemmpel, W. H., 1987: Trends und Tendenzen in der Appretur von Web- und Maschenstoffen. textil praxis international 11, S. 1374–1378.
4 Gift im neuen Baumwoll-Pullover. Hamburger Abendblatt 18.7.85.
5 Rieländer, M., 1987. Gesunde Kleidung. Idea-Verlag, Puchheim.
6 Hofer, A., 1983: Stoffe 2. Schriftenreihe der Textil-Wirtschaft, Deutscher Fachverlag.
7 Tensfeldt, 1987: Vortrag im A. U. G. E.-Umweltberater-Seminar.
8 Kuzu, G., 1986: Formaldehyd in Baumwolle. Öko-Test 6, S. 26–29.
9 Pfitzenmaier, G., 1987: Formaldehyd in Hemden. Chancen 11, S. 72–75.
10 Ministerium für Umwelt, Baden-Württemberg, 1988: Textilien auf Formaldehyd-Abgaben untersucht. Pressemitteilung 119/88 vom 22.7.88.
11 Hatch, K. L., 1984: Chemicals and Textils, Part I: Dermatological Problems Related to Fiber Content and Dyes. Part II: Dermatological Problems Related to Finishes. Textil Research Journal 54, S.664–682, 721–732.
12 Formaldehyd in Baumwollkleidung. Leserbrief in Test 6, 1987, S. 12.
13 Andersen, K. et al., 1983: Formaldehyd in a hypoallergenic non-woven textile acrylate tape. Contact Dermatitis 9, S. 228.
14 Bläschen unterm Jeans-Knopf. Natur 11, 1987, S. 98.
15 Lahl, U., Zeschmar, B., 1984: Formaldehyd. Kniefall der Wissenschaft vor der Industrie? Freiburg.
16 Petersen, H., Petri, N., 1985: Formaldehyd – Allgemeine Situation, Nachweismethoden, Einsatz in der Textilhochveredlung. Melliand Textilberichte 66, S. 217–222, 285–295, 363–369.
17 Drossert, J., 1988: Panoramabeitrag: Chemie in Kleidung. Fernsehsendung des NDR vom 9.8.88, 21 Uhr.
18 Reinhardt, R. M., Kottes, A., Harper, R. J., 1981: Influence of pH in Washing on the Formaldehyd-Release Properties of Durable-Press Cotton. Textile Research Journal 51, S. 263–270.
19 Grimalt-Sancho, F., 1980: Allergologie der Kosmetika und Grenzgebiete (Teil I). Ärztliche Kosmetologie 10, S. 9–26.
20 Peter, M., 1985: Grundlagen der Textilveredlung. Deutscher Fachverlag.
21 Katalyse, 1988: Umweltlexikon. Kiepenheuer & Witsch, Köln.
22 Prott, J., 1988: Vortrag: Hautallergien. in 1. Hamburger Patienten-Allergie-Forum am 5.3.88 in Hamburg.
23 Wahn, U., 1988: Vortrag: Allergien bei Säuglingen und Kindern. in 1. Hamburger Patienten-Allergie-Forum am 5.3.88 in Hamburg.

24 Ebner, H., 1975: Kontaktekzeme durch Kleidung. Der Hautarzt 26, S. 72–74.

25 Schmid, H. R., Krucker, W., 1985: Weshalb vergilben Textilien und was kann dagegen unternommen werden? Textilveredlung 20, S. 272–275.

26 Neumüller, O.-A., 1981: Römpps Chemie-Lexikon. Franckh'sche Verlagsbuchhandlung, Stuttgart, 8. Aufl.

27 Kousa, M., Soini, M., 1980: Contact allergy to a stocking dye. Contact Dermatitis 6, S. 472–476.

28 Hatch, K. L., Maibach, H. I., 1985: Textile fiber dermatitis. Contact Dermatitis 12, S. 1–11.

29 Hausen, B. M., Schulz, K. H., 1984: Strumpffarben-Allergie. Dt. Medizinische Wochenschrift Bd. 109, S. 1469–75.

30 Koch, E., Maywald, A., Klopfleisch, R., 1986: Entgiften. Mosaik-Verlag.

31 Feddersen-Fieler, G., 1982: Farben aus der Natur. Verlag M. & H. Schaper, Hannover.

32 Cavelier, C., Foussereau, J., Massin, M., 1985: Nickel allergy: analysis of metal clothing objects and patch testing to metal samples. Contact Dermatitis 12, S. 65–75.

33 Fregert, S. et al., 1978: Allergic contact dermatitis from chromate in military textiles. Contact Dermatitis 4, S. 223–224.

34 Katalyse, 1985: Umwelt-Lexikon. Kiepenheuer & Witsch, Köln.

35 Ebner, H., 1967: Dermatologica 135, S. 355.

36 Rouette, 1988: Vortrag im A. U. G. E.-Umweltberater-Seminar.

37 Raschle, P., 1983: Einfluß der Waschtemperatur auf den Keimgehalt der Wäsche. Textilveredlung 18, S. 37–40.

38 Die antimikrobielle Ausrüstung nach dem Sanitized-Verfahren zur Erzielung dauerhafter hygienischer und materialschützender Effekte. textil praxis international 35, 1980, S. 167–171.

39 Deutscher Bundestag, 1985: Antwort der Bundesregierung auf die Kleine Anfrage des Abgeordneten Dr. Ehmke (Ettlingen) und der Fraktion Die Grünen – Drucksache 10/3105 –, Textilausrüstungsstoff ‹Sanitized›. 12.4.85, Drucksache 10/3172.

40 Romaguera, C., Grimalt, F., Lecha, M., 1981: Occupational purpuric textile dermatitis from formaldehyd resins. Contact Dermatitis 7, S. 152–153.

41 Bundesverband der Pharmazeutischen Industrie e. V. (Hg.), 1988: Rote Liste 1988. Editor Cantor Verlag, Aulendorf/Württ.

42 Schorr, W. F., 1970: Dichlorophen (G-4) Allergy. Archives of Dermatology 102, S. 515–520.

43 Klopfleisch, R., Koch, E. R., Maywald, A., 1987: Mit Haut und Haaren. Kiepenheuer & Witsch, Köln.

44 Friege, H., Claus, F., D'Haese, M., 1986: Chemie im Kinderzimmer. Rowohlt-Verlag, Reinbek.

45 Sedlag, U., 1986: Insekten Mitteleuropas. Neumann Verlag, Leipzig.

46 Lehmann, P. J., 1985: Die Kleidung unsere zweite Haut. bioverlag gesundleben, Hopferau.

47 Achtner-Theiß, E., 1986: Kampfer schreckt Mottenmütter. Öko-Test 7.

48 Kur, F., 1986: Wohngifte. Eichborn-Verlag.

49 Tronnier, H., 1987: Allergische und nichtallergische Hautreaktionen durch chemische Produkte und Rohstoffe. Seifen-Öle-Fette-Wachse 11. Jg. Nr. 8, S. 279–286.

50 Cotton Farming Raises Stink in Calif. County. The Journal of Commerce 30.7.87.

51 Pestizid Aktions Netzwerk (PAN), 1988: Mündliche Auskunft.

52 Entwicklungspolitische Korrespondenz, 1986: Gift und Geld. Gesellschaft für entwicklungspolitische Bildungsarbeit, Hamburg.

53 Bremer Umweltinstitut, 1987: Literaturrecherche Pestizideinsatz – Baumwolle und Schafswolle.

54 Schlotheim, B., 1978: Pflanzenschutzmittel verbessern Chancen in den Entwicklungsländern. Chemische Industrie 12.

55 Cetinkaya, M., Schenek, A., ohne Datum: Untersuchung verschiedener Rohbaumwollproben auf Organochlorpestizidrückstände. Bremer Umweltinstitut + Faserinstitut Bremen.

56 Fa. Engel, 1987: Bekleidung – unsere zweite Haut. Unveröffentlichtes Manuskript.

57 Hedewig, S., 1987: Lindan im Schafspelz. Öko-Test 2, S. 52.

58 Maier-Bode, 1962: Untersuchungen zur Frage nach einer etwaigen Aufnahme von Dieldrin aus Dieldrin-imprägnierter Wolle in den menschlichen Organismus. Westdeutscher Verlag, Köln u. Opladen.

59 AL-TOP Verlagsgesellschaft (Hg.), 1987/88: Das Alternative Branchenbuch. München.

60 Schefer, W., Ott, R., 1987: Gewässerbezogene Abwassersanierung im Bereich der Textilindustrie. Textilveredlung 22, S. 87–90.

61 Ullmanns Enzyklopädie der technischen Chemie, 1979: Textilhilfsmittel. Bd. 23, S. 1–102. 4. Aufl.

62 Schefer, W., 1985: Textilabwasser und Materialprüfung. Textilveredlung 20, S. 281–286.

63 Pfitzenmaier, G., 1987: Chancen-Test: Textilfarben. Chancen 11, S. 6–16.

64 Frahne, D., 1985: Textilabwasser – Begriffe, Probleme, Auswege. Textilveredlung 20, S. 116–123.

65 Gepa – Aktion Dritte Welt Handel, 1986: Natur Mit-Gift? Alternativ Handeln 9.

66 Tod aus der Düse. Spiegel, Nr. 34, 22.8.83, S. 156–157.

67 Rehm, S., 1986: Grundlagen des Pflanzenbaus in den Tropen und Subtropen. Eugen Ulmer, Stuttgart, 2. Aufl.

68 Weis, O. J., 1983: Unkrautmittel mit tödlichem Ausgang. Wissenschaft + Technik 17.9.83, Nr. 216.

69 Bauer, D., 1987: Gesundheitsschutz am Arbeitsplatz. Textilveredlung 22, S. 159–165.

70 Katalyse, BUND, Öko-Institut, ULF, 1987: Chemie am Arbeitsplatz. Rowohlt-Verlag, Reinbek.

71 Schliefer, K., Valk, G., Schröder, U., 1980: Ermittlung des Standes der Technik in der deutschen Textilindustrie mit Rücksicht auf die Umwelt. Umweltforschungsplan des Bundesministers des Inneren. Luftreinhaltung. Forschungsbericht – 104 04 146.

72 Mathur, N. K., Mathur, A., Banerjee, K., 1985: Contact dermatitis in tie and dye industry workers. Contact Dermatitis 12, S. 38–41.

73 Grießhammer, R., Vahrenholt, F., Claus, F., 1984: Formaldehyd – Eine Nation wird geleimt. Rowohlt-Taschenbuchverlag, Reinbek.

74 Roth, W. G., 1969: Tylotisches Ekzem der Palmae und Plantae durch Dünsten formalinhaltiger Kleidung. Berufsdermatosen 17, S. 263–269.

75 BASF (Hg.), 1972: Ratgeber Textilausrüstung. Ludwigshafen.

76 Niemann, I., 1985: Gibt es permanent antistatisch ausgerüstete Gewebe? Reiniger + Wäscher 38, S. 34.

77 Heiz, H., 1981: Flammhemmend-Ausrüstung für Wolle. Textilveredlung 16, S. 53–58.

78 Lyssy, T., 1973: Flammschutz synthetischer Fasern – eine Übersicht. Textilveredlung 8, S. 593–605.

79 Fa. Schill & Seilacher GmbH & Co, 1987: Textilien mit flammhemmenden Eigenschaften.

80 Stepniczka, H. E., 1973: Die Herstellung schwer entflammbarer Polyamidgewebe. Textilveredlung 8, S. 293–310.

81 Kaswell, E. A., 1953: Textile Fibres, Yarms und Fabrics. Reinhold Publishing Corporation, New York.

82 Herpol, C., 1983: Comparative Study of the Toxicity of Combustion Products from Flame Retardant and Untreated Materials. Fire and Material 7 (4), S. 193–201.

83 Carl, W. R., 1987: Normung des Brennverhaltens von Textilien. Textilveredlung 22, S. 407–410.

Textilkennzeichnung –
mehr verschwiegen als verraten

Ein Blick auf das Kennzeichnungsetikett vor dem Kauf eines neuen Kleidungsstücks ist für viele schon zur Gewohnheit geworden. Anhand der angegebenen Textilfasern und der Pflegesymbole kann man sich über Trageeigenschaften, Qualität und Pflegbarkeit informieren. Das ist doch wenigstens verbraucherfreundlich, denkt man sich. Immerhin gibt es seit 1972 das Textilkennzeichnungsgesetz (TKG), das eine genormte Rohstoffgehaltsangabe für alle Textilerzeugnisse vorschreibt.

In den 50er Jahren war die Anzahl der Namen und Handelsbezeichnungen für die neuen Chemiefasern allmählich reichlich unübersichtlich geworden. Früher eindeutige Bezeichnungen wie Seide oder Leinen wurden verschwommen, wenn von ‹Chemieseide›, ‹Kunstseide› oder ‹Leinenstruktur› die Rede war. Die Verbraucherverbände forderten daher eine einheitliche Textilkennzeichnung, die 1972 dann auch eingeführt wurde. Daß bei der Ausarbeitung des Gesetzes außer Gesetzgeber und Verbraucherverbänden auch die Chemie- und Textilindustrie sowie die Einzelhandelsverbände ein Wörtchen mitzureden hatten[1], ist den Gesetzesregelungen deutlich anzumerken. Allzuviele Bestimmungen scheinen eher zur Erleichterung der Fabrikanten als zur Information des Verbrauchers geschaffen zu sein.

Das beginnt bei der Definition des Begriffs ‹Textilerzeugnis›. Sinnvollerweise fallen alle Gegenstände, die überwiegend (zu mehr als 80 Prozent) aus textilen Rohstoffen bestehen, unter das TKG. Textile Rohstoffe sind allerdings nur Textilfasern. Leder, Pelze, Federn oder Daunen sind keine textilen Rohstoffe und damit nicht kennzeichnungspflichtig. So kann es sein, daß der Bezug eines Daunenschlafsacks seine Zusammensetzung nicht verraten muß, da er weniger als 80 Prozent des Schlafsackgesamtgewichts ausmacht und der Schlafsack damit nicht als Textilerzeugnis gilt.

Ein wärmendes Futter im Lederhandschuh muß gekennzeichnet sein, über das Seiden- oder Cuprofutter, das nur dem besseren Aussehen oder der Geschmeidigkeit dient, wird man dagegen im unklaren gelassen. Dabei trägt man diese Stoffe doch auch auf der Haut und möchte über ihre Zusammensetzung Bescheid wissen. Über das Leder selbst erfährt man erst recht nichts.

Abenteuerlich wird die ganze Geschichte, wenn man ein Kleidungsstück betrachtet, das aus mehreren verschiedenen Teilen zusammengesetzt ist, etwa ein Anzugjackett oder einen Blazer. Das Etikett besagt:

Oberstoff: 100 % Schurwolle
Futter: 100 % Acetat

Ein Kleidungsstück von hoher Qualität! Daß das Taschen- und Ärmelfutter aus Polyester und nicht aus Acetat ist, erfährt man nicht. Außerdem enthält der Kragen eine Versteifung aus Baumwolle / Polyester. Wer konnte das ahnen? Im Rückenteil und im Vorderteil ist eine Verstärkung eingearbeitet, die aus Zellwolle besteht. Wen interessiert das schon? Daß das Kennzeichnungsetikett aus 100 Prozent Polyacryl besteht, will ich tatsächlich nicht wissen und werde damit auch nicht belästigt.

Man fragt sich, warum ausgerechnet Kinderspielzeuge (Puppen, Stofftiere) nicht mit Rohstoffgehaltsangaben versehen sein müssen. Schließlich ist es bei Spielsachen, die von den Kindern häufig auch in den Mund genommen werden, wichtig zu wissen, ob diese vielleicht aus PVC- oder Polyacrylnitrilfasern hergestellt sind und damit gesundheitsschädliche Restmonomere enthalten.

Allergiker sollten beim Kauf von Kleidungsstücken beachten, daß Metallfäden, wenn sie sichtbar sind, nicht gekennzeichnet werden müssen. Solche Fäden werden in Synthetics teilweise auch wegen ihrer antistatischen Wirkung eingearbeitet. Ob möglicherweise allergieauslösende Metalle wie Nickel oder Chrom enthalten sind, ist auf dem Etikett nicht zu erkennen. Bei glitzernden Pullis ist also Vorsicht angebracht.

Eine Frage, die sich schließlich auch noch aufdrängt, ist: Wie zeichnet ein Einzelhändler nicht gekennzeichnete Importware aus? Macht er vielleicht die Flammprobe?

Das Textilkennzeichnungsgesetz

Welche Produkte müssen gekennzeichnet sein?

Das Textilkennzeichnungsgesetz besagt, daß jedes an den Endverbraucher
abgegebene Textilerzeugnis eine detaillierte Rohstoffangabe besitzen muß.
Textile Rohstoffe im Sinne des Gesetzes sind:
«Fasern einschließlich Haare, die sich verspinnen oder in textilen Flächen-
gebilden verarbeiten lassen, sowie flexible Bänder und Schläuche mit einer
Normalbreite von höchstens 5 mm.»[1]
Was man unter einem Textilerzeugnis, also einem kennzeichnungspflichti-
gen Gegenstand zu verstehen hat, ist ebenfalls genau festgelegt:
«Textilerzeugnisse sind zu mindestens 80 vom Hundert ihres Gewichtes
aus textilen Rohstoffen hergestellte Waren.»[2]
Dabei müssen im Endprodukt die textilen Fasern noch erkennbar sein. Plastikfolien oder Plastikkleider fallen also nicht unter den Begriff Textilerzeugnisse. Auch Leder, Pelze, Federn oder Daunen sind keine textilen Rohstoffe
im Sinne des TKG, und daraus hergestellte Kleidungsstücke müssen also
nicht gekennzeichnet sein.

Über die allgemeine 80%-Regelung hinaus müssen auch folgende Gegen-
stände gekennzeichnet sein, wenn sie zu mindestens 80 Prozent aus textilen
Rohstoffen bestehen:
• Bezugsstoffe auf Möbeln, Möbelteilen und Schirmen
• Teile von Matratzen und Campingartikeln
• Der Wärmehaltung dienende Futterstoffe von Schuhen und Handschuhen
• die dem gewöhnlichen Gebrauch ausgesetzte Oberschicht von mehrschich-
tigen Fußbodenbelägen

Welche Artikel müssen nicht gekennzeichnet sein?

Eine ganze Reihe von Artikeln ist ausdrücklich von der Kennzeichnungspflicht ausgenommen. Angeblich handelt es sich dabei um geringwertige Textilerzeugnisse oder um Produkte mit relativ geringen Gebrauchswerteigen-
schaften:
• Uhrenarmbänder aus Spinnstoffen
• Etiketten und Wappenschilder
• Kaffee- und Teewärmer
• Nadelkissen
• Stoffe für Verstärkungen und Versteifungen
• gebrauchte, konfektionierte Textilerzeugnisse, sofern sie ausdrücklich als
solche bezeichnet sind

- Hüte aus Filz
- Täschner- und Sattlerwaren aus Spinnstoffen
- Reißverschlüsse
- Spielzeug
- textile Teile von Schuhen, ausgenommen wärmendes Futter
- Deckchen aus mehreren Bestandteilen mit einer Oberfläche von weniger als 500 cm² (Zierdeckchen)
- Futterstoffe, sofern es sich nicht um Hauptfutterstoffe handelt (Hauptfutterstoffe sind die äußerlich sichtbaren Futter von Kleidern, Anzügen, Mänteln)

Wo ist die Kennzeichnung zu finden?

Die Rohstoffgehaltsangabe muß in gut sichtbarer Weise an dem Produkt angebracht sein. Das übliche Kennzeichnungsetikett kann eingewebt, eingeklebt oder eingenäht, aber auch an einem Knopf befestigt sein. Bei verpackten Artikeln wie Oberhemden oder Unterwäsche reicht es aus, wenn die Rohstoffe auf der Verpackung angegeben sind. Bei einigen Erzeugnissen ist auch eine Sammelkennzeichnung, zum Beispiel durch ein Schild über dem Ladentisch erlaubt:
- Scheuer- und Putztücher
- Bänder
- Deckchen
- Taschentücher

Für Stoffe, die als Meterware angeboten werden, wurde 1978 eine Sonderregelung eingeführt. Danach genügt es bei diesen Waren, wenn die «deutlich sichtbare» Rohstoffgehaltsangabe an der Aufmachungseinheit (Rolle, Wikkelbrett o. ä.) angebracht ist. Der Verkäufer ist jedoch verpflichtet, dem Käufer auf Verlangen eine schriftliche Darstellung der Rohstoffgehaltsangaben auszuhändigen.

Welche Begriffe dürfen auf dem Etikett verwendet werden?

Die textilen Rohstoffe, also die Textilfasern, müssen in der Rohstoffgehaltsangabe mit den im Gesetz genannten Begriffen bezeichnet sein. Rechts eine Liste der gebräuchlichsten Fasern.

Spezielle Regelungen gibt es für den Begriff ‹Schurwolle›. Da unter der Bezeichnung ‹Wolle› auch Reißwolle verkauft werden darf, hat der Verbraucher nur bei der Bezeichnung ‹Schurwolle› die Gewähr, daß in dem betreffenden Teil Wollfasern verarbeitet wurden, die noch nicht in einem Fertigerzeugnis enthalten waren und keinem anderen als dem zur Herstellung des Erzeugnisses erforderlichen Spinn- oder Filzprozeß unterlegen haben. Außerdem war

Tierische Fasern	Pflanzliche Fasern	Chemiefasern
Wolle (für Fasern vom Schaf)	Baumwolle	Acetat
	Kapok	Alginat
Alpaka	Flachs oder Leinen	Cupro
Lama	Hanf	Modal
Kaschmir	Jute	Triacetat
Mohair	Manila	Viskose
Angora	Kokos	Polyacryl (für Polyacrylnitril)
Vikunja	Ramie	Polychlorid (für Polyvinylchlorid
Guanako (mit oder	Sisal	und Polyvinylenchlorid)
ohne zusätzl.		Fluorfaser (für Polytetrafluor-
Bezeichnung Wolle	*Weitere Fasern*	äthylen und Polychloridtrifluor-
bzw. Haar)	Glasfaser	äthylen)
Seide (für Fasern	Metall	Modacryl (Fasern aus 50 bis
aus dem Kokon der	Asbest	85 % Acrylnitril)
Seidenraupe)		Polyamid
		Polyester
		Polyäthylen
		Polypropylen
		Polyharnstoff
		Polyurethan
		Vinylal (Polyvinylalkohol)
		Trivinyl (Fasern aus Acrylnitril +
		Vinylchlorid + Vinyl)
		Elastodien (Polyisopren)
		Elasthan

das Material keiner faserschädigenden Behandlung oder Benutzung ausgesetzt, das heißt keine Verarbeitung von Reißwolle oder Gerberwolle.

Die Bezeichnung ‹Schurwolle› darf bei der Kennzeichnung eines Fasergemisches nur dann auftauchen, wenn der Schurwollanteil mindestens 25 Prozent beträgt. Außerdem darf Schurwolle in mechanisch nicht trennbaren Gemischen nur mit einer einzigen anderen Faser vermischt sein. Mit diesen Bestimmungen soll der Nachweis von Schurwolle erleichtert werden. Enthält ein Artikel sowohl Schurwolle als auch Reißwolle, so ist für den gesamten Wollanteil nur der Begriff ‹Wolle› zulässig.

Die Bezeichnung ‹Seide› darf auf dem Etikett ausschließlich in Verbindung mit Fasern aus den Kokons seidenspinnender Insekten gebraucht werden. Auch Begriffe wie ‹Seidengriff›, ‹Seidenglanz› oder ‹Seidenlook› sind nur dann erlaubt, wenn das Produkt ausschließlich aus Seide besteht. Auch in der Werbung dürfen solche Namen nicht für andere Artikel verwendet werden. Der Begriff ‹Kunstseide› ist grundsätzlich nicht zugelassen.

Das Halbleinengewebe besteht aus einem Mindestanteil an Leinen von 40 Gewichtsprozenten, wobei die Kette ganz aus Baumwolle und der Schuß ganz aus Leinen sein muß. Auf dem Etikett muß der Zusatz «Kette reine Baumwolle, Schuß reines Leinen» vorhanden sein.

Sammelbezeichnungen wie etwa ‹Synthetics› für Chemiefasern sind nicht gestattet. Allerdings dürfen die Bezeichnungen ‹Textilreste› oder ‹Erzeugnis unbestimmter Zusammensetzung› für Produkte verwandt werden, deren Rohstoffgehalt «nur mit Schwierigkeiten bestimmt werden kann»[2] (Recyclingprodukte aus Altkleidern beispielsweise).

Alle anderen Angaben als die im TKG vorgesehenen Rohstoffgehaltsangaben müssen auf dem Etikett deutlich abgegrenzt erscheinen. Nur eingetragene Warenzeichen wie etwa Diolen, Nylon, Dralon, Trevira u.ä. dürfen in der Nähe der Rohstoffgehaltsangabe verwendet werden.

Die Rohstoffgehaltsangabe

Die textilen Rohstoffe müssen in der Rohstoffgehaltsangabe in Gewichtsprozenten des sogenannten Nettotextilgewichts angegeben werden.

«Das Nettotextilgewicht ist das Gesamtgewicht der zur Herstellung eines Textilerzeugnisses verwendeten textilen Rohstoffe, vermindert um das darin enthaltene Gewicht von bestimmten Teilen, deren Kennzeichnung nicht erforderlich ist.»[1]

Abzugsfähige Bestandteile sind:
• ausschließlich der Verzierung dienende sichtbare und mechanisch trennbare Fasern, sofern deren Anteil am Gesamtgewicht der textilen Rohstoffe 7 Prozent nicht übersteigt.
• Versteifungen, Verstärkungen, Einlage- und Füllstoffe, Verbindungsfäden, Nähmittel, Webkanten, Etiketten, Marken, Bordüren, Verzierungen, die nicht Bestandteile des Erzeugnisses sind, Bezüge von Knöpfen, Schnallen, Schmuckbesatz und sonstigem Zubehör, eingearbeitete Gummifäden und Bänder sowie Futterstoffe, sofern sie nicht zum Hauptfutter gehören.
• Fettstoffe, Bindemittel, Beschwerungen und sonstige Mittel textiler Ausrüstung sowie Färbe- und Druckhilfsmittel (!).

Die Rohstoffanteile des textilen Erzeugnisses werden in Gewichtsprozenten von diesem Nettotextilgewicht angegeben. Dabei müssen die Angaben mit dem Faseranteil beginnen, der den höchsten Gewichtsanteil besitzt, also zum Beispiel:

60 % Baumwolle 25 % Polyester 15 % Seide	und *nicht*	25 % Polyester 60 % Baumwolle 15 % Seide

Besteht ein Artikel vollständig aus einem Rohstoff, heißt es 100 Prozent. Diese Angabe darf auch durch die Bezeichnung ‹rein› oder ‹ganz› ersetzt bzw. ergänzt werden (Reine Baumwolle, Ganz Polyester, 100 Prozent reine Baumwolle). Ähnliche Begriffe wie etwa ‹pur›, ‹gänzlich›, ‹vollständig› o. ä. sind nicht erlaubt.

Bei Mischungen gibt es nur zwei Fälle, in denen *alle* verwendeten textilen Rohstoffe vollständig angegeben werden müssen:
1. bei Verwendung der Bezeichnung ‹Schurwolle›
2. bei Angabe eines textilen Rohstoffes, dessen Anteil am Nettotextilgewicht unter 10 Prozent liegt
In diesen beiden Fällen müssen alle anderen textilen Rohstoffe ebenfalls mit Prozent-Angabe aufgeführt werden. Ansonsten gibt es für Mischerzeugnisse eine «vereinfachte» Kennzeichnung:

1. Bei Mischungen, in denen ein Faseranteil einen Gewichtsanteil von mindestens 85 Prozent erreicht, genügt die Angabe der Faser mit dem Zusatz ‹85 Prozent Mindestgehalt› oder die Angabe der Faser mit ihrem Gewichtsanteil. Ein Kleidungsstück, das aus 90 Prozent Baumwolle und 10 Prozent Viskose besteht, darf eine der folgenden Kennzeichnungen tragen:

Baumwolle – 85 % Mindestgehalt	90 % Baumwolle

90 % Baumwolle 10 % Viskose	90 % Baumwolle mit Viskose

2. Wird von keinem der Rohstoffe ein Gewichtsanteil von 85 Prozent erreicht, so muß die vorherrschende Faser mit ihrem Gewichtsanteil angegeben werden. Die übrigen Fasern müssen in absteigender Reihenfolge ihrer Gewichtsanteile aufgezählt werden. Die zusätzliche Prozent-Angabe aller Fasern ist aber auch möglich:

60 % Polyamid Angora Acetat	oder	60 % Polyamid 30 % Angora 10 % Acetat

3. Sind die Gewichtsanteile von zwei Fasern etwa gleich groß, so werden beide als vorherrschende Fasern betrachtet:

45 % Polyacryl 35 % Polyamid Viskose Seide	oder	45 % Polyacryl 35 % Polyamid 15 % Viskose 5 % Seide

4. Textile Rohstoffe, deren jeweilige Gewichtsanteile unter 10 Prozent liegen, dürfen als ‹sonstige Fasern› bezeichnet werden. Allerdings ist der Gesamtgewichtsanteil der so bezeichneten Rohstoffe anzugeben:

72 % Baumwolle 28 % Sonstige Fasern	oder	72 % Baumwolle Polyester Polyacryl Viskose Acetat	oder	72 % Baumwolle 7 % Polyester 7 % Polyacryl 7 % Viskose 7 % Acetat

Wird jedoch der Prozentsatz eines textilen Rohstoffs angegeben, dessen Anteil unter 10 Prozent liegt, so müssen alle anderen Faseranteile ebenfalls prozentual genannt werden, also *nicht*:

82 % Baumwolle 8 % Viskose Polyacryl Polyester	sondern	82 % Baumwolle 8 % Viskose 5 % Polyacryl 5 % Polyester

Da sich die Gewichtsanteile der Fasern einer Mischung bei der Herstellung des Textils verschieben können, sind im TKG Toleranzgrenzen für die Richtigkeit der Prozentangaben festgelegt.

Bei der Abgabe des Erzeugnisses an den Endverbraucher dürfen die angegebenen Werte um nicht mehr als 3 Prozent von den tatsächlichen abweichen: Ist auf dem Etikett ‹50 Prozent Baumwolle/50 Prozent Polyester› angegeben, so liegt das tatsächliche Mischungsverhältnis also zwischen 47 Prozent Baumwolle/53 Prozent Polyester und 53 Prozent Baumwolle/47 Prozent Polyester.

Außerdem ist ein Toleranzwert für Fasern festgelegt, die in der Rohstoffgehaltsangabe nicht genannt sind. Solche Fremdfasern dürfen in einer Höhe von 2 Prozent enthalten sein, wenn es herstellungsbedingt ist (Anflug, Faserreste in den Maschinen). Sie dürfen nicht systematisch zugefügt worden sein.

Im Streichverfahren hergestellte Erzeugnisse dürfen Fremdfasern bis zu einem Anteil von 5 Prozent enthalten. Streichgarn besteht aus kurzen Fasern in wirrer Faserlage.

Es ist minderwertiger als das hochwertige Kammgarn, das aus langen Fasern in paralleler Faserlage besteht. Streichgarn kann aus Reißwolle hergestellt werden.

Ein Artikel, der die Bezeichnung ‹100 Prozent Baumwolle› trägt, darf also bis zu 2 Prozent andere Fasern, z. B. Synthetics, enthalten. Handelt es sich um minderwertiges Streichgarn, so dürfen bis zu 5 Prozent Synthetics darin sein. Nur Artikel, bei denen der Begriff ‹Schurwolle› verwendet wird, dürfen maximal 0,3 Prozent Fremdfasern enthalten.

Wer ist verantwortlich für die richtige Kennzeichnung?

Für Zuwiderhandlungen gegen das Gesetz sind strenge Maßnahmen mit Geldbußen bis zu 10 000 DM vorgesehen. Allerdings liegt die Verfolgung im «pflichtgemäßen Ermessen» der Verwaltungsbehörde.

Wichtig zu wissen ist, daß der Einzelhändler, der das Erzeugnis an den Endverbraucher verkauft, dafür verantwortlich ist, daß die Ware ausgezeichnet ist und die Begriffe des Gesetzes übernommen wurden. Den sachlichen Inhalt muß er nicht und kann er wohl auch nicht überprüfen. Er ist jedoch für die formal richtige Kennzeichnung verantwortlich.

Bei direkt aus dem Ausland importierter Ware hat der Einzelhändler für eine korrekte Auszeichnung Sorge zu tragen.

Wo steckt denn bloß das Etikett?

Bei der ersten Wäsche fällt es auf: Wo ist nur das Kennzeichnungsetikett von dem neuen Oberhemd geblieben? Im Kragen ist es nicht, auch nicht an der linken Seitennaht. Ja natürlich, auf der Verpackung waren die Rohstoffangaben vorhanden. Pflegesymbole für die richtige Wäsche konnte man dort auch finden, aber die sind jetzt längst im Mülleimer. Da braucht man schon ein sehr gutes Gedächtnis. Ansonsten hilft nur Fingerspitzengefühl oder vorsichtiges Herantasten an die maximale Pflegebehandlung. Der Kennzeichnungspflicht ist mit dem Verpackungsaufdruck Genüge getan.

Auch der Blazer verschweigt seine Inhaltsstoffe, seitdem das Etikett am Knopf entfernt wurde. Das ist erlaubt. Als Verbraucher fragt man sich aber doch, was solche Angaben für einen Sinn haben, wenn sie schon vor Gebrauch und erst recht vor der ersten Wäsche im Müll gelandet sind. Bei Socken mag ein kratziges Etikett ja vielleicht wirk-

lich stören. Nicht stören würde es allerdings, wenn sich die Textilver-
edlungskünstler einmal darüber Gedanken machen würden, wie man
auch an diesen Produkten eine dauerhafte Kennzeichnung anbringen
kann. Es müssen ja vielleicht nicht gleich hochgiftige Farbstoffe sein.

Manchmal ist das Etikett auch eingeklebt und löst sich nach dem
Waschen ab. Bis dahin muß man also die richtige Waschbehandlung
aus dem Kopf wissen, denn sonst geht es schief. Sich die Angaben auf
dem Etikett gut einzuprägen, ist in jedem Falle sinnvoll, denn nicht
selten verblaßt die Schrift darauf nach einiger Zeit derartig, daß
kaum noch etwas zu lesen ist.

Ganz schlecht sieht es aus, wenn das Kleidungsstück noch einen
zweiten Benutzer bekommen soll. Die Gesetzgeber haben dieses Problem offensichtlich auch gekannt, denn vorsorglich haben sie second-
hand-Kleidungsstücke von der Kennzeichnungspflicht ausgenommen. Den Schutz des Verbrauchers können sie dabei wohl kaum im
Auge gehabt haben. Da mit Chemie angeblich (fast) alles machbar ist,
ist nicht zu verstehen, warum die kleinen Etiketten dann oft so unzulänglich sind.

Bei Stoffen, die als Meterware verkauft werden, muß man sich die
Angaben sogar gleich im Laden gut einprägen. Nur auf der Wickel-
rolle, nicht etwa auf dem Stoff selbst sind sie zu finden. Wesentlich
verbraucherfreundlicher war die Regelung, wonach die Kennzeichnung einmal pro laufenden Meter in die Webkante eingewebt oder an
der Kante aufgedruckt werden mußte. Durch die Gesetzesänderung
von 1978 wurden Industrie und Handel «unnötige» Kennzeich-
nungskosten erspart.[3] Der Käufer muß jetzt darauf bestehen, daß
ihm die Rohstoffgehaltsangaben zum Beispiel auf der Rechnung
schriftlich bestätigt werden, wenn er kein so gutes Gedächtnis besitzt.
Sich die Angaben schriftlich geben zu lassen, ist in jedem Falle sinnvoll, denn nur dann besitzt man bei eventuellen Reklamationen die
erforderlichen Unterlagen. Die Verkäufer sind zu der Angabe verpflichtet.

Warum das Textil aus «100 % Baumwolle» nicht zu 100 Prozent aus Baumwolle besteht

«Ich trage nur Blusen aus 100 % Baumwolle, denn auf meine Haut lasse ich nur ein Naturprodukt.» Ja, so habe ich auch einmal gedacht, aber denkste, von 100 Prozent Baumwolle kann doch gar keine Rede sein!

Würden Sie die Wäsche auch noch kaufen, wenn sie etwa folgende Kennzeichnung hätte?:

73 %	Baumwolle
2 %	Polyacryl
8 %	Farbstoffe
14 %	Harnstoff-Formaldehydharz
3 %	Weichmacher
0,3 %	Optische Aufheller

Diese Produktzusammensetzung erinnert eher an einen Klebstoff oder ein Kunststofferzeugnis. Dabei handelt es sich doch um die gleiche Bluse aus ‹100 % Baumwolle›.

Tatsächlich beschreibt die Rohstoffgehaltsangabe auf dem Etikett nicht etwa alle Bestandteile des fertigen Kleidungsstücks. Angegeben werden dort überhaupt nur die textilen Fasern. Anders als bei Lebensmitteln, wo inzwischen wohl jedermann der Begriff der ‹Lebensmittelzusatzstoffe› bekannt sein dürfte, fehlt bei Kleidungsstücken das Wissen über die Zusätze infolge der nicht vorhandenen Information weitgehend. Eine Gesetzeserweiterung, die auch die Kennzeichnung der Ausrüstungsstoffe vorsieht, wäre angesichts der nicht ungefährlichen Chemikalien dringend nötig. Allergien gegen Formaldehyd, Chrom o. ä. sind keine seltene Ausnahmeerscheinung mehr. Allergiker können derzeit niemals sicher sein, daß sie sich durch ein neues Kleidungsstück nicht erneute Krankheitserscheinungen einhandeln. Oft ist es dann noch nicht einmal möglich, die verursachende Chemikalie zu entdecken, denn bei dieser unzureichenden Kennzeichnung ist nur Rätselraten möglich.

Fasergemische –
wer kennt ihre genaue Zusammensetzung?

Mit einem Etikett ‹100 % Baumwolle› kann man sich dabei ja noch glücklich schätzen. Was mag sich dagegen hinter der Kennzeichnung ‹85 % Baumwolle Mindestgehalt› verbergen? Handelt es sich vielleicht um 90 Prozent Baumwolle und 10 Prozent Modal, eine Cellulosefaser mit baumwollähnlichen Eigenschaften, oder ist die Beimischung vollsynthetischer Polyester? Die Kennzeichnungsvorschriften für Fasergemische erlauben völlig schwammige Angaben wie die genannte.

Ist es schon unbrauchbar genug, wenn außer den textilen Hauptbestandteilen keine anderen Fasern mit Prozent-Anteilen angegeben werden, so kann man mit einem Etikett, das geringe Faseranteile einfach unter der Bezeichnung ‹Sonstige Fasern› zusammenfaßt, schon gar nichts mehr anfangen. Was sagt mir denn ein Etikett, auf dem steht: ‹72 % Baumwolle, 28 % Sonstige Fasern›?

Nur noch spekulieren kann man, wenn man ein ‹Textilerzeugnis unbestimmter Zusammensetzung› in den Händen hält. Meistens wird es sich wohl um ein Produkt handeln, das aus Altkleidern hergestellt wurde.

Selbst die genauen Prozentangaben darf man nicht gar so genau nehmen. Immerhin 3 Prozent nach oben und nach unten dürfen die tatsächlichen Verhältnisse von den angegebenen abweichen. Wenn man dann noch bedenkt, daß auch noch 2 Prozent nicht gekennzeichnete Fremdfasern im Textil enthalten sein dürfen, dann kann im Extremfall der tatsächliche Anteil einer Faser am Nettotextilgewicht um runde 5 Prozent niedriger liegen als angegeben. Die Bluse aus 80 Prozent Baumwolle besteht dann plötzlich nur noch zu 75 Prozent aus Baumwolle. Natürlich sind auch hier die 75 Prozent nicht etwa als Anteil am Gesamttextilgewicht zu verstehen. Farb- und Ausrüstungschemikalien werden ja vorsorglich lieber verschwiegen.

Erfahrungsgemäß sind jedoch meistens alle Faserbestandteile, die auf dem Etikett angegeben werden, auch mit einer Prozentangabe versehen. Das bedeutet ja aber auch nur eine scheinbar genaue Rohstoffangabe.

Schurwollprodukte am ehrlichsten gekennzeichnet

Einigkeit schien bei den Verfassern des TKG darüber zu bestehen, daß es sich bei ‹reiner Schurwolle› um eine qualitativ sehr hochwertige Textilfaser handelt, denn wie kämen sonst die vielen Sonderregelungen für Schurwolle zustande. Offensichtlich sollen hier Schurwollprodukte vor qualitätsmindernden Beimischungen geschützt werden. Sicherlich hatte Schurwolle aber auch damals schon in dem Internationalen Wollsekretariat eine starke Lobby.

Wenn der Name ‹Schurwolle› auf dem Etikett auftaucht, kann man sich weitgehend auf die vorhandenen Angaben verlassen. In solchen Artikeln dürfen nur ganze 0,3 Prozent Fremdfasern enthalten sein. Außerdem müssen grundsätzlich alle Fasern mit Prozent-Angabe aufgeführt werden. Dabei ist sowieso nur die Mischung mit einer einzigen anderen Faser zulässig, wenn es sich um ein «mechanisch nicht trennbares Gemisch» handelt. In einem Strickgarn, auf dessen Etikett ‹Schurwolle› zu lesen ist, darf also höchstens noch eine andere Faser enthalten sein, die auf dem Etikett mit Prozenten angegeben sein muß. Ein gewebter Stoff dagegen darf außer Schurwollfäden auch noch Fäden verschiedener anderer Fasern enthalten, da man das Gewebe mechanisch in die einzelnen Fäden auftrennen kann.

Ist in einem Textil weniger als 25 Prozent Schurwolle enthalten, so darf der Begriff ‹Schurwolle› auf dem Etikett nicht verwendet werden. «Damit soll verhindert werden, daß der bekannte, werbewirksame und ‹vorverkaufte› Begriff ‹Schurwolle› auch für Textilerzeugnisse verwendet wird, die nur geringe Beimischungen aus Schurwolle aufweisen.»[4]

Nicht zu verwechseln sind allerdings die Bezeichnungen ‹Schurwolle› und ‹Reine Wolle› oder ‹Wolle›. Während ‹Reine Wolle› oder ‹Wolle› ausschließlich aus Reißwolle hergestellt sein darf, muß Schurwolle immer direkt vom Schaf kommen. Sie darf nur eine «erstmalige» und «faserschonende» Verarbeitung erfahren haben.[2]

Werbewirksame Verschleierungstaktiken

«Reine Baumwolle! – mit einer kleinen Beimischung von 30 Prozent Polyester», sagt der Stoffverkäufer in Loriots neuem Film «Ödipussi» zum Kunden. Das kommt mir doch sehr bekannt vor. Die anderen Zuschauer scheinen derlei Werbestrategien auch zur Genüge zu kennen, denn alle lachen kräftig. Was soll man aber auch von einem Strumpfetikett halten, auf dem mit großer Schrift auf der Vorderseite zu lesen ist: ‹Baumwolle›. Ein leicht abgeändertes Baumwollzeichen (eine geöffnete Baumwollkapsel) erhöht das Vertrauen in das Naturprodukt. Nur der Verbraucher, der sich auf die Suche nach dem Kleingedruckten begibt, stößt schließlich auf die vorgeschriebene Rohstoffgehaltsangabe, die sich schlecht lesbar auf der Falzkante oder auf der Etikettrückseite befindet. Voller Erstaunen erfährt man: 70 Prozent Baumwolle, 30 Prozent Polyamid. Nun ja, Baumwolle ist ja wirklich drin.

Ähnliches ist sehr häufig bei dicken Winterwollsocken zu finden. Groß und schon von weiter weg lesbar, steht dort ‹Wolle›. Nur bei genauem Hinsehen entdeckt man die Angabe der Synthetikbeimischung. Man mag ja eine Synthetikbeimischung wegen der Haltbarkeit schätzen oder nicht, eine derartige Irreführung ist auf jeden Fall als Unverschämtheit anzusehen. Ähnlich trickreich sind großgedruckte Bezeichnungen wie ‹Mit Baumwolle› oder ‹Mit Wolle›. Das ist ja immerhin etwas ehrlicher. Erst das TKG hat mir auch beigebracht, daß die Hälfte nur noch 40 Prozent ist. Ein Halbleinengewebe besteht jedenfalls zu 40 Prozent aus Leinen. Bei der Schlafsackfüllung aus Halbdaune dagegen sind nur noch 15 Prozent übriggeblieben. Hier werden die Angaben (nach RAL = Deutsches Institut für Gütesicherung und Kennzeichnung e. V.) geschickterweise nicht wie im TKG nach Gewicht, sondern nach Volumen gemacht. Da Daunen sehr viel leichter und voluminöser als Federn sind, ergeben sich volumenbezogen diese weitaus günstigeren Zahlenverhältnisse. Eine Dreivierteldaune besteht also immerhin aus 30 Prozent Daunen.[5]

Werbemaßnahmen in Form von Markennamen der Fasern einschließlich Unternehmensbezeichnungen sind im Gesetz ausdrücklich gestattet, sogar in unmittelbarer Nähe der Rohstoffgehaltsangaben. Ein bißchen Werbung wird doch wohl noch erlaubt sein![6]

Wolle

Größen 11½ – 12½
Schuhgrößen 43-45

70% Schurwolle
30% Polyamid

KARSTADT·Marke
Gutes günstig.
Achten Sie auf dieses Zeichen.

KARSTADT AG · ESSEN

**Baum-
wolle**

Größen 10-10½
Schuhgrößen 39-41

70% Baumwolle
30% Polyamid

KARSTADT·Marke
Gutes günstig.
Achten Sie auf dieses Zeichen.

KARSTADT AG · ESSEN

MADE IN ITALY · FABRIQUÉ EN ITALIE

Polyacryl acrylique 35 acrylic polyacryl	Wolle laine 30 wool uld	Baumwolle coton katoen cotone cotton bomuld	Polyamid polyamide 35 poliamidica nylon polyamid	Viscose viscose viscose viscosa viscose viskose

crönert

Wolle

WOLLE/ACRYL - LAINE/ACRYLIQUE
WOL/ACRYL - LANA/ACRILICA
WOOL/ACRYLIC - ULD/ACRYL

WASCHMASCHINENFEST
LAVABLE EN MACHINE
LAVABILE IN LAVATRICE
MACHINE WASHABLE
MASKINVASKBAR

92% Baumwolle
8% Polyamid

Qualitäts
Arzt ~ Socke

kochfest

REINE BAUMWOLLE

PREIS

6. **95**
DM.

Schuhgr: 42-46

Vorsichtige Pflegesymbole

Da, wie schon erläutert, in der gesetzlichen Textilkennzeichnung längst nicht alle im Textil enthaltenen Stoffe aufgeführt werden, ist eine zusätzliche Information über die angemessene Textilpflege dringend erforderlich. Woher soll man sonst wissen, daß das weiße Oberhemd aus 100 Prozent Baumwolle, das eigentlich eine Kochwäsche vertragen müßte, wegen seiner Kunstharzausrüstung nur bei 60 °C gewaschen werden darf. Umgekehrt kann man sich bei einem filzfrei ausgerüsteten Wollpullover die aufwendige Handwäsche sparen, da er eine normale Maschinenwäsche bei 30 °C verträgt. Der Gesetzgeber scheint diese Notwendigkeiten noch nicht recht erkannt zu haben. Im Gegensatz zu unseren österreichischen Nachbarn, bei denen auch eine Pflegekennzeichnung gesetzlich vorgeschrieben ist, sind wir in der BRD auf freiwillige Angaben der Hersteller angewiesen. Die Verbraucherverbände fordern zwar schon seit langem eine gesetzlich vorgeschriebene Pflegekennzeichnung,[7, 8] doch bisher hat sich noch nichts geändert.

Dabei gibt es schon einen international einheitlichen Zeichensatz für die Pflegekennzeichnung. Die ‹Internationale Vereinigung für die Pflegekennzeichnung von Textilien (GINETEX)› bemüht sich um die weitere Durchsetzung der von ihr geschaffenen Symbolreihe für die Textilpflege und kontrolliert deren Anwendung. In den einzelnen Ländern gibt es natürlich nationale Verbände. In der Bundesrepublik ist das die ‹Arbeitsgemeinschaft Pflegekennzeichen für Textilien in der Bundesrepublik Deutschland›. Die Waschbottiche, Bügeleisen, Kreise und Dreiecke auf dem Kennzeichnungsetikett kennt denn auch fast jeder, wenn auch nicht immer alle Informationen richtig verstanden werden. Daß der Balken unter dem Waschbottich ‹Schonwaschgang› bedeutet, muß einem ja wohl gesagt werden.

Haben Sie sich auch schon einmal über das weiße Oberhemd gewundert, das man angeblich nur bei 30 °C waschen kann? Die Tester von Stiftung Warentest jedenfalls wunderten sich auch und gingen der Sache auf den Grund. Sie untersuchten 33 Kleidungsstücke, bei denen ihnen die Pflegekennzeichnung besonders ‹vorsichtig› vorkam.[8] Der Verdacht auf Unterkennzeichnung oder englisch ‹underlabelling› bestätigte sich in 25 Fällen. Eine Herrenhose, die die Kennzeichnung ‹nicht waschen, chemisch reinigen› trug, ließ sich problemlos bei 40 °C waschen. Der Baumwollslip mit der empfohlenen 40 °C-Wäsche lief bei 60 °C auch nicht mehr als bei 40 °C ein. Auch die Damennachthemden, die angeblich nur 30 °C vertragen sollten, störten sich nicht an 60 °C heißem Waschwasser. Das Urteil der Tester lautete ‹mangelhaft›.

Ihr Kommentar: «30 °C ist eindeutig die bei Textilherstellern beliebteste Waschtemperatur. Dagegen ist vom Standpunkt des Energiesparens aus nichts zu sagen, doch dies ist nur ein Aspekt – Hygiene und Fleckentfernung sind die anderen. Vom Verbraucher zu verlangen, daß er einen Slip oder ein Nachthemd nicht heißer als 30 °C wäscht, ist eine Zumutung.»[8] Die meisten Waschmittel entfalten ihre volle Wirkung nämlich erst bei 60 °C. Eine schmutzige Kinderhose wird man also kaum bei 30 °C wieder sauberbekommen.

«Ähnliche Prüfungen in Österreich, der Schweiz und die Arbeit der bundesdeutschen Textilschiedsstellen, meist in Zusammenarbeit mit den Verbraucherzentralen organisiert, zeigten ganz deutlich die Tendenz der Hersteller, ohne Rücksicht auf Verwendung des Textils, Fachkenntnisse und Erfahrung grundsätzlich die schonendste Wasch- und Reinigungsmethode zu empfehlen. Treten dann Reklamationen auf, weil der Verbraucher der Pflegekennzeichnung zuwidergehandelt hat, um sein Kleidungsstück endlich sauberzubekommen, so liegt der Schwarze Peter bei ihm.

Diese verbraucherfeindliche Handhabung wird sich in absehbarer Zeit nicht ändern. Wir werden weiterhin mit zu niedrig angegebenen Waschtemperaturen, übertriebenen Anforderungen an die Chemisch-Reinigung und fehlenden Hinweisen darauf, ob das Textil im Tumbler getrocknet werden darf, leben müssen.»[8]

Eigentlich sollen die Pflegesymbole über die *maximal* zulässige Behandlungsart[9] Auskunft geben. Anscheinend verraten sie aber eher etwas über die minimal mögliche. Grundsätzlich kann man aber leider auch nicht davon ausgehen, daß das Textil eine stärkere Waschbehandlung verträgt als angegeben. Eventuell hilft ein kleiner Test mit einer höheren Temperatur im Handwaschbecken, die richtige Pflegebehandlung herauszufinden. Das geschieht jedoch auf eigenes Risiko, denn die Hersteller müssen nur für die angegebene Pflege geradestehen.

Symbole für die Pflegebehandlung von Textilien

Stand 1985

WASCHEN (Waschbottich)	95	95	60	60	40	40	30	Handwäsche	nicht waschen
	Normal-wasch-gang	Schon-wasch-gang	Normal-wasch-gang	Schon-wasch-gang	Normal-wasch-gang	Schon-wasch-gang	Schon-wasch-gang	Hand-wäsche	nicht waschen

Die **Zahlen** im Waschbottich entsprechen den **maximalen Waschtemperaturen**, die nicht überschritten werden dürfen. – Der **Balken** unterhalb des Waschbottichs verlangt nach einer (mechanisch) **milderen Behandlung** (zum Beispiel Schongang). Er kennzeichnet Waschzyklen, die sich zum Beispiel für pflegeleichte und mechanisch empfindliche Artikel eignen.

CHLOREN (Dreieck)		
	Chlorbleiche möglich	Chlorbleiche nicht möglich

BÜGELN (Bügeleisen)				
	heiß bügeln	mäßig heiß bügeln	nicht heiß bügeln	nicht bügeln

Die Punkte kennzeichnen die Temperaturbereiche der Reglerbügeleisen.

CHEMISCH-REINIGUNG (Reinigungs-trommel)	A	P	P	F	F	
	auch Kiloreinigung		Kiloreinigung nicht möglich			keine Chemisch-reinigung möglich
	möglich	mit Vorbehalt möglich				

Die **Buchstaben** sind für den Chemischreiniger bestimmt. Sie geben einen Hinweis auf die in Frage kommenden **Lösemittel**.
Der **Strich** unterhalb des Kreises verlangt bei der Reinigung nach einer **Beschränkung** der mechanischen Beanspruchung, der Feuchtigkeitszugabe und der Temperatur.

TUMBLER-* TROCKNUNG (Trockentrommel)			
	Trocknen mit normaler thermischer Belastung	Trocknen mit reduzierter thermischer Belastung	Trocknen im Tumbler nicht möglich

Die Punkte kennzeichnen die Trocknungsstufe der Tumbler (Wäschetrockner).

* Anwendung vorerst fakultativ

Quelle: Gesamtverband der Textilindustrie in der Bundesrepublik Deutschland

Erläuterungen:

Der Waschbottich steht symbolisch für eine Wäsche mit Wasser. Ist dieses Zeichen durchgestrichen, so ist weder Maschinen- noch Handwäsche möglich.

Die Zahl im Waschbottich gibt die maximal zulässige Waschtemperatur an (hier 60 °C).

Ein Balken unter dem Waschbottich zeigt an, daß starke mechanische Beanspruchung beim Waschen vermieden werden soll (Schonwaschgang in der Waschmaschine).

Das Bügeleisen steht für Bügeln. Die Punkte auf dem Bügeleisen kennzeichnen die Bügeltemperatur. Ein durchgestrichenes Bügeleisen bedeutet, daß Bügeln nicht möglich ist.

Diese Zeichen sind für den umweltbewußten Verbraucher relativ uninteressant. Dreieck und Kreis wenden sich an den Chemischreiniger. Die Buchstaben in dem Symbol kennzeichnen das empfohlene Löse- bzw. Bleichmittel. Ein Dreieck mit den Buchstaben «Cl» bedeutet, daß Chlorbleiche möglich ist. «P» oder «F» in einem Kreis kennzeichnen die in chemischen Reinigungen einzusetzenden Lösungsmittel Perchlorethylen und Fluorkohlenwasserstoffe.

Ein Kreis in einem Quadrat bezieht sich auf die Trocknung in einem Tumbler. Ist das Symbol durchgestrichen, so ist die Trocknung nicht möglich, da mit starkem Einlaufen zu rechnen wäre.

Wollsiegel

Das Wollsiegel wurde im Jahre 1964 vom «Internationalen Woll-Sekretariat (IWS)» eingeführt. Es dient der Kennzeichnung reiner Schurwolle und besteht aus einem stilisierten Knäuel, bei dem jeder der drei Bögen seinerseits wieder 5 Windungen zeigt.

Das Wollsiegel ist heute bereits in 120 Ländern gesetzlich geschützt und auch in der BRD als Gütezeichen offiziell anerkannt.

Das Wollsiegel darf nur mit Lizenz des Wollsiegel-Verbandes vergeben werden. Die Rohstofffreiheit, die Qualität und wichtige Gebrauchseigenschaften unterliegen den strengen Kontrollen dieses Verbandes.

Combi-Wollsiegel

Das Combi-Wollsiegel kennzeichnet Produkte, die überwiegend aus Schurwolle bestehen. Eine Beimischung von anderen Faserarten zur Steigerung des Gebrauchswertes ist hier erlaubt. Auch das Combi-Wollsiegel wird mit Lizenz des Wollsiegel-Verbandes vergeben und unterliegt den Qualitätskontrollen dieses Verbandes.

Im Gegensatz zum Schurwollsiegel bestehen beim Combi-Wollsiegel die 3 Bogen des stilisierten Knäuels nur aus jeweils 3 Windungen. Die starke Ähnlichkeit der beiden Siegel kann bei flüchtigem Hinsehen zu Verwechslungen führen, was sicher nicht ganz unbeabsichtigt ist.

Seiden-Zeichen

Weniger bekannt ist das internationale Seiden-Zeichen, das von der Commission Européene Promotion Soie (Europäisches Sekretariat für Seide) herausgegeben wurde. Es besteht aus einem stilisierten «S» und kennzeichnet Textilien, die aus reiner Seide hergestellt sind.

Baumwollzeichen

Mit dem internationalen Baumwollzeichen (Baumwollkapsel auf schwarzem Grund) dürfen nur Textilien aus reiner Baumwolle gekennzeichnet werden. Es ist Eigentum der Association for International Cotton Emblem (AFICE) und darf nur von seinen Mitgliedern verwendet werden. Nur Waren von guter Qualität und solche aus *neuen* Baumwollfasern dürfen das Baumwollzeichen tragen.

Leinenzeichen

Die Kennzeichnung für Leinen ist durch das Textilkennzeichnungsgesetz neu geregelt worden. Nach dem TKG müssen Textilien, die mit «Rein Leinen» bezeichnet werden, zu 100 Prozent aus Leinen bestehen. Die Bezeichnung «Halb-Leinen» ist für Stoffe nur dann zulässig, wenn die Kette ganz aus Baumwolle und der Schuß ganz aus Leinen besteht. Der Leinenanteil muß aber mindestens 40 Prozent betragen. Es muß der Zusatz «Kette reine Baumwolle, Schuß reines Leinen» auf dem Etikett vorhanden sein.

Kette reine Baumwolle
Schuß reines Leinen

Alte Schwurhandzeichen für Leinen- und Halbleinen-Gewebe

Neue Leinenzeichen für Leinen- und Halbleinen-Gewebe

Markenzeichen für gute Qualität?

«Diese Strümpfe sind aus reiner Schurwolle. Sie tragen doch das Wollsiegel.» Haben Sie auch genau hingeschaut? Ist es wirklich das bekannte Wollsiegel (stilisiertes Knäuel, bei dem jeder der drei Bögen seinerseits wieder *fünf* Windungen besitzt), oder handelt es sich vielleicht um das neueingeführte Combi-Wollsiegel (drei Bögen mit *drei* Windungen) (s. Kasten)? Ja, da heißt es jetzt aufgepaßt. Gute Augen sind nötig, um das Wollsiegel, das qualitativ hochwertige Produkte aus ‹*Reiner* Schurwolle› kennzeichnet, von dem Combi-Wollsiegel zu unterscheiden, das Artikel aus ‹Schurwolle mit einer Beimischung anderer Fasern zur Verbesserung des Gebrauchsnutzens› markiert. Ob da eine Absicht dahintersteckt?

Gütesiegel für Naturfasern garantieren eine hohe Faserqualität. In der Regel müssen neue Fasern von guter Qualität verwendet worden sein, wenn ein solches Gütesiegel geführt werden soll. Daß das Textil frei von unerwünschten Ausrüstungschemikalien ist, kann man daraus jedoch nicht ableiten. Im Gegenteil, wenn das Wollsiegel mit dem Zusatz ‹waschmaschinenfest› versehen ist, wissen wir, daß die Fasern ein Kunstharztrikot bekommen haben.

Ökotips

● Kaufen Sie keine Textilien, die keine Rohstoffgehaltsangabe besitzen. Der Einzelhändler ist verantwortlich für das Vorhandensein der Kennzeichnung und die formale Richtigkeit.

● Kaufen Sie keine Textilien, die die Sammelbezeichnung ‹Sonstige Fasern› aufweisen oder bei denen nicht alle Faseranteile mit Prozentangaben aufgeführt sind. Als Verbraucher haben wir ein Recht auf vollständige Information.

● Lassen Sie sich die Rohstoffgehaltsangabe und möglichst auch die Pflegesymbole schriftlich bescheinigen, wenn Sie Stoff als Meterware kaufen. Die Verkäufer sind dazu verpflichtet.

● Achten Sie beim Kauf von gefütterten Jacken oder Mänteln darauf, daß der Einlagestoff nicht unbedingt gekennzeichnet sein muß. Ein Etikett mit der Angabe ‹100 % Baumwolle› ist oft täuschend. Wenn

Sie auch etwas über die Beschaffenheit des Futters erfahren wollen, sollten Sie Kleidungsstücke kaufen, bei denen auch die textilen Rohstoffe des Futters angegeben sind.

• Werfen Sie lose angeheftete, angeklebte, an einem Knopf befestigte oder auf der Verpackung angebrachte Textilkennzeichnungen nicht in den Mülleimer. Sie benötigen die Angaben bei der Wäsche oder bei eventuellen Reklamationen.

• Kaufen Sie keine Schlafsäcke oder Daunendecken, bei denen der Bezugsstoff nicht gekennzeichnet ist.

• Seien Sie vorsichtig bei Kleidungsstücken, die glitzernde Metallfäden enthalten, wenn Sie gegen Chrom oder Nickel allergisch sind.

• Chemisch unbehandelte Textilien können Sie nicht am Etikett erkennen. Wenn Sie keine Ausrüstungschemikalien auf der Haut tragen wollen, müssen Sie sich auf die Werbeaussagen bei ‹Naturtextilien› verlassen. Nachfragen ist aber sinnvoll!

• Lassen Sie sich nicht durch großgedruckte Angaben wie ‹Baumwolle›, ‹Wolle›, ‹Mit Baumwolle› oder ‹Mit Wolle› irritieren. Die vollständige Rohstoffgehaltsangabe steht oft kleingedruckt an weniger auffälliger Stelle. Auch Symbole, die Ähnlichkeit mit dem Baumwollzeichen haben, sollen nur Natürlichkeit vortäuschen. Nur das echte Baumwollzeichen kennzeichnet Artikel, die ausschließlich aus qualitativ hochwertiger Baumwolle hergestellt wurden.

• Kaufen Sie keine Textilien ohne Pflegekennzeichnung. Allein aus der Angabe der textilen Rohstoffe kann man nicht die richtige Pflegebehandlung ableiten.

• Kaufen Sie keine Kleidungsstücke, bei denen eine unangebracht vorsichtige Pflege empfohlen wird (zum Beispiel Unterwäsche, Kinderkleidung, weiße Oberhemden oder ähnliches mit dem Symbol für 30 °C-Wäsche).

• Falls Sie doch ein solches Stück besitzen, können Sie (auf eigenes Risiko!) im Handwaschbecken vorsichtig an einer, möglichst nicht sichtbaren, Stelle testen, wie es auf eine höhere Waschtemperatur reagiert. Drücken Sie farbige Sachen in einem weißen Tuch aus. Wenn das Tuch angefärbt wird, sollten Sie das farbige Textil nicht zusammen mit weißer Wäsche waschen.

• Heben Sie die Zahlungsbelege von Textilien bis zur ersten Wäsche auf, um Reklamationen zu erleichtern.

● Wenden Sie sich bei allen Unklarheiten, bei falscher oder unzureichender Kennzeichnung an die örtlichen Verbraucherzentralen. Sie können fachkundige Hilfestellung leisten.

● Befragen Sie bei eventuellen Reklamationen zunächst Ihre Verbraucherzentrale. Die dortigen Berater können auch die Erfolgsaussichten von rechtlichen Schritten einschätzen oder den Weg zu Schlichtungsstellen weisen.

Literatur

1 Henkel: Das Textilkennzeichnungsgesetz. Henkel informiert, Düsseldorf.
2 Textilkennzeichnungsgesetz in der Bundesrepublik Deutschland, in Haudek, H. W., Viti, E., 1980: Textilfasern. Herkunft, Herstellung, Aufbau, Eigenschaften, Verwendung. Melliand Textilberichte.
3 Verbraucherzentrale Nordrhein-Westfalen, 1985: Textilkennzeichnungsgesetz.
4 Kommentar zu Textilkennzeichnungsgesetz, in Haudek, H. W., Viti, E., 1980: Textilfasern. Herkunft, Herstellung, Aufbau, Eigenschaften, Verwendung. Melliand Textilberichte.
5 Arbeitsgemeinschaft der Verbraucher e. V., 1984: Textilkennzeichnung versagt bei Federfüllung. Verbraucherpolitische Korrespondenz, Bonn.
6 Enka, 1981: Kennzeichnung von Textilerzeugnissen. Technische Information von Enka.
7 Arbeitsgemeinschaft der Verbraucher, 1985: Textilkennzeichnung bleibt lückenhaft. Reiniger + Wäscher 38, Heft 10, S. 16–17.
8 Auf Symbole kein Verlaß, test 2, 1982.
9 Arbeitsgemeinschaft Pflegekennzeichen für Textilien in der Bundesrepublik Deutschland, 1985: Richtlinie für die Pflegekennzeichnung von Textilien. Stand 1985.

Textilpflege

Man höre und staune: Trotz zunehmender chemischer und technischer Hilfsmittel hat sich der Zeitaufwand für das Wäschewaschen seit 1945 nicht allzu stark vermindert.[1] In den USA ist der Zeitaufwand mit sechs Stunden pro Woche seit langem konstant geblieben.[2] In der Bundesrepublik macht das Waschen und Bügeln seit 30 Jahren unverändert 6 bis 8 Prozent der Hausarbeit aus.[3]

Woran kann das nur liegen? Allen Veröffentlichungen der Waschmittel- und Textilindustrie[4,5,6] können wir entnehmen, daß der einzelne Waschvorgang sehr viel einfacher geworden ist. Während die Hausfrau – den Hausmann gibt es dort nicht – lesend im Sessel sitzt, erledigt die Waschmaschine und der danebenstehende Wäschetrockner völlig selbständig die wöchentliche große Wäsche. Aber wenn das alles so einfach wäre, könnte die Industrie doch nicht genug verdienen. Schließlich werden weitere Umsatzsteigerungen erwartet. Das schlechte Hausfrauengewissen sagt deshalb – zumindest in den Werbespots: «Sauber allein genügt nicht, rein muß die Wäsche sein!» Selbst die Kinder mögen nicht raus zum Spielen gehen, weil der Pullover nicht fleckenfrei ist. – Wir hatten als Kinder andere Sorgen.

Neue Reinlichkeit

Johannes Paulus Lehmann, Fachmann für Naturtextilien, sagt,[7] daß kontaktarme Menschen und solche, die sich zuwenig geliebt fühlen, sich wesentlich mehr und häufiger waschen als der Durchschnitt. Unser übertriebener Reinlichkeitsfimmel, so meint er, hat die Grenze des Vernünftigen und Angemessenen längst überschritten.

Tatsächlich spielen psychologische Gesichtspunkte eine große Rolle für das Reinigungsverhalten. Ein sauberer Mensch wird in unserer Vorstellung mit Persönlichkeitsmerkmalen wie höflich, freundlich, ordentlich, ehrlich, selbstsicher, erfolgreich, intelligent, sympathisch und gesund verbunden, wie eine Studie erbrachte.[8] Unsaubere Menschen dagegen gelten als schmutzig, ungepflegt, geschmacklos gekleidet und von niedrigem sozialen Status. Die Werbung weiß das geschickt auszunutzen, um ihre immer raffinierteren Produkte an den Mann oder an die Frau zu bringen. Porentief rein, kuschelweich und aprilfrisch muß die Wäsche sein, damit wir zu den glücklichen Erfolgsmenschen gehören, die das höchste Ansehen genießen. Da muß man dann schon etwas öfter die Waschmaschine in Gang setzen. Aber das ist ja auch so bequem, die Werbung macht es vor. Sogar ein einzelnes kleines Kinderkleid kann man schnell in die Waschmaschine stecken, und im Nu ist es wieder völlig rein.

In einer Untersuchung wurden Frauen befragt, wie oft ihre Mütter ihrer Meinung nach die Wäsche wechselten. Hier zeigte sich ein deutlicher Trend zu häufigerem Wäschewechsel. Während nur von 27% der Mütter angenommen wurde, daß sie ihre Slips täglich wechselten, war der tägliche Unterhosenwechsel 1968 bereits für 57 Prozent und 1971 schon für 78 Prozent der Frauen sowie für 85 Prozent der Jugendlichen normal geworden.[8] Kein Wunder, daß die Waschmaschinen kaum stillstehen und sich die Arbeitsersparnis in Grenzen hält.

Die Arbeitserleichterung beim Waschen hat aber auch zu einem sorgloseren Umgang mit der Kleidung geführt. Was war das früher immer für ein Aufstand, wenn ein Fleck auf die Kleidung gekommen war. Passierte ein solches Malheur während des Mittagessens, so sprang Mutter sofort auf, ein feuchter Lappen, Seife und ein trockenes Tuch wurden geholt und der Fleck intensiv bearbeitet. Ließ sich der Fleck von derlei Tun nicht beeindrucken, so wurde der Kleidungsträger genötigt, das Wäschestück auszuziehen, damit man es einweichen konnte. Doch solche Hektik ist jetzt nicht mehr nötig. Selbst schwierige Flecken wie Blut, Ei oder Kakao werden in der normalen Wäsche durch die neuen wundertätigen Waschmittel entfernt. Das verfleckte Kleidungsstück wandert also einfach vorzeitig in die Wäsche. Schürzen für die Küche oder für schmutzbringende Arbeiten sind damit auch nicht mehr nötig. Die Maschine wäscht es ja. Daß Kinder im Sandkasten unbedingt pastellfarbene Sachen anhaben müssen, ist auch nicht ganz einzusehen. Dunkle, unempfindliche Farben würden einige Wäschen ersparen. Auch das Wechseln der Kleidung für verschiedene Gelegenheiten (Spiel- und Schulkleidung) ist kaum noch üblich. Die Hose, mit der ich im Garten arbeite, muß aber längst nicht so sauber sein wie die, mit der ich zur Arbeit gehe.

Keinesfalls soll hier der Wert einer angemessenen Körper- und Wäschepflege bezweifelt werden, doch ist zu berücksichtigen, daß der sorglose Umgang mit den waschbaren Textilien gleichzeitig erhebliche Umweltbelastungen mit sich bringt. Selbst ein umweltschonendes Waschverfahren verbraucht Energie und Wasser und belastet die Flüsse mit Chemikalien. Es gibt kein umweltfreundliches Waschmittel, es gibt nur weniger umweltbelastende. Verantwortungsbewußte Hersteller schreiben das auch auf ihre Waschmittelpackungen. Wenn Sie weniger waschen, sparen Sie also nicht nur Geld und überflüssige, unangenehme Arbeit, sondern Sie tun damit auch der Umwelt einen Gefallen.

«Pflegeleichte» Synthetics

‹Pflegeleicht› heißt das Schlagwort der neuen Textilgeneration, die nach dem Zweiten Weltkrieg mit den Synthesefasern ins Leben gerufen wurde. Einfach waschen, tropfnaß aufhängen und ohne zu bügeln wieder anziehen, so einfach ist die Textilpflege bei Synthetics. Selbst ein hemdenwaschender Mann tauchte zu dieser Zeit in der Werbung auf. Das Waschen war so leicht geworden, daß nun selbst der Gatte Hand anlegen konnte, obwohl der Haushalt doch noch immer die Domäne der Frauen war.[9] «Abends beim Händewaschen geht sie (die Unterwäsche aus Perlon, d. A.) mit durchs Wasser.» So hieß es in der Werbung. Ein kleines Sternchen klärt den Leser allerdings auch in dieser Anzeige schon darüber auf, daß weißes Perlon (nur) dann schön weiß bleibt, wenn es gelegentlich mit einem Spezialwaschmittel behandelt wird. Aha, Handwäsche allein genügt also anscheinend doch nicht. Erklärung ist in der einschlägigen Fachliteratur zu finden. Man erfährt, daß sich bei den neuen Synthetics Probleme in der Wäsche ergeben, «die von den klassischen Faserstoffen her nicht bekannt waren».[5] Entgegen den Werbeempfehlungen reicht die Waschtemperatur von 30 °C (Handwäsche) nämlich mitnichten aus, um synthetische Fasern wieder sauber zu bekommen.[4] In der Waschlauge werden

Freude an perlon

Bin ich ein König oder Millionär?

Eine große Sehnsucht ist jetzt Wirklichkeit. Ich leiste mir täglich frische Unterwäsche: PERLON! Abends beim Händewaschen geht sie mit durchs Wasser. Ein bißchen Feinwaschmittel tut's schon.*) Morgens fühle ich mich darin wie ein königlicher Millionär!

Meine Herren: Es kommt aufs „unten drunter" an. Der Mann der PERLON-Zeit ist auch in Unterhosen ... ein Herr! Denn PERLON-Wäsche sitzt großartig und ist hochelegant. PERLON-Unterwäsche ventiliert gut und ist hautfreundlich. Es gibt kühle Sommer- und warme Winterwäsche aus und mit PERLON.

Ein PERLON-Etikett bürgt stets dafür, daß Sie wirklich PERLON gekauft haben! Das Bildzeichen perlon und das Wort „PERLON" sind eingetragene Warenzeichen.

*) Weißes PERLON bleibt schön weiß, wenn es gelegentlich mit einem Spezialmittel, z. B. „tanginon", behandelt wird — erhältlich in Drogerien.

AUGEN AUF ... OB perlon DRAUF

PERLON-Warenzeichenverband e.V., Frankfurt am Main

Quelle: Weißler, S.,
Plastikwelten, Berlin 1985

Weißes PERLON ist doch das Schönste ...

Weißes PERLON braucht das neue tanginon

Das neue tanginon mit verstärkter Waschkraft garantiert strahlendes Weiß all' Ihrer PERLON- und Nylon-Wäsche. Einfacher geht es nicht: die Wäsche im heißen tanginon-Bad nur durchdrücken — und schon ist sie duftig sauber und strahlend weiß wie neu!

Probieren Sie das neue tanginon!

Ab sofort erhalten Sie das neue tanginon in allen Fachgeschäften.

Quelle: Constanze vom 23. Juli 1958

feine Schmutzpartikel wieder angezogen und in die Fasern eingelagert. Eh wir uns versehen, ist der Grauschleier in die Wäsche eingezogen, und wie schwer der wieder zu entfernen ist, wissen wir ja auch aus der Werbung. Mindestens weiße Synthetics müssen gewaschen werden, bevor sie richtig schmutzig sind, denn sonst werden sie nicht sauber, sondern grau. Andere dreckige Wäschestücke dürfen auch nicht in die gleiche Wäsche, denn je schmutzbeladener die Brühe ist, desto stärker ist der Vergrauungseffekt. Spezialwaschmittel mit eingebauten ‹Vergrauungsinhibitoren› sind nötig, um Weißgrad und Farbbrillanz zu erhalten.[5]

Häufiges Waschen ist bei den ‹pflegeleichten› Stücken sowieso nötig, denn durch statische Aufladung werden Schmutzteilchen aus der Umgebung regelrecht angezogen. Außerdem werden fetthaltige Verschmutzungen von der lipophilen (fettliebenden) Faseroberfläche liebend gerne festgehalten. Normaler Wäscheschmutz, bestehend aus Hautfett vermischt mit Hautschuppen und Pigmentteilchen, setzt sich auf den Fasern gut fest und ist auch in der Wäsche nur schwer zu entfernen. Es wurden Versuche mit Baumwoll-Polyester-Mischgeweben durchgeführt, die mit einem rot gefärbten Mineralöl getränkt waren. Durch Filmen des Waschvorgangs konnte man erkennen, daß das rote Mineralöl relativ schnell von den Baumwollfäden verdrängt wurde. Die Polyesterfäden hingegen hielten das Öl fest. Es ließ sich auch durch zusätzliches Reiben nicht entfernen. In dem feuchten Gewebe konnte man die sauberen Baumwollfäden deutlich von den roten Polyesterfäden unterscheiden. Nach dem Trocknen war das Gewebe allerdings wieder gleichmäßig angefärbt. Die Baumwollfäden hatten nämlich einen Teil des roten Öls von den Synthesefasern weggesaugt.[5]

Kein Wunder also, daß die Zeitschrift *Constanze* schon 1958[10] ihren Leserinnen empfiehlt, Perlonwäsche nicht nur bei 30 °C, sondern bei 50 °C bis 60 °C mit einem Hauptwaschmittel zu waschen. Anders ist den Verschmutzungen kaum beizukommen.[5] Außerdem könnten sonst Spuren von hautreizendem Staub oder schädliche Mikroorganismen auf den Fasern zurückbleiben, sagt die *Constanze*.[10] Offensichtlich waren Mißerfolge beim Waschen und unangenehme Tragegefühle auf der Haut nicht unbekannt. Bei der damals ebenfalls beginnenden Desinfektionshysterie erscheint es aber auch sehr widersprüchlich, daß ausgerechnet Unterwäsche nicht einmal mehr bei 60 °C keimfrei gemacht werden sollte.

Zu heiß dürfen die Waschtemperaturen aber andererseits auch wieder nicht sein, denn sonst kommt es zu sehr unangenehmen Knittern in den ‹knitterfreien› Textilien. In der Wärme sind nämlich manche Synthesefasern verformbar. Können die Stücke dann nicht wie vorgesehen locker in der Waschlauge schwimmen, so kommt es zu dauerhaften Knittern. Allein durch Bügeln (bei 150 °C, Einstellung ‹Wolle›) mit einem feuchten Tuch oder mit einem Dampfbügeleisen kann man das Wäschestück wieder glattbekommen. Ist solch ein Mißgeschick etwa mit Gardinen passiert, so kann das sehr umständlich sein.[11]

Auch hartnäckige schmutzige Kragenecken an weißen Oberhemden kann man sich mit den pflegeleichten Stücken einhandeln. Da Hemdenstoffe aus Synthesefasern oder hochveredelter Baumwolle locker gewebt werden, damit sie Luft und Feuchtigkeit durchlassen, können in die Hemdkrägen Hautschuppen, Schmutzteilchen, bunte Textilfasern von anderen Kleidungsstücken, Haare u. ä. einwandern und sich bei der Wäsche an den Ecken ansammeln. Das gibt dann häßliche dunkle ‹Schmutzecken›, die sich kaum wieder entfernen lassen. Bei sanforisiertem Baumwollgewebe der ‹klassischen› Konstruktion passiert so etwas nicht.[12]

Aber da sind ja auch noch die peinlichen Schwitzflecke und der lästige Körpergeruch. Fast hätte ich sie vergessen, denn die Zeiten, in denen ich auch solche stinkende Schwitzwäsche trug, sind längst vorbei. Was jeder aus eigener Erfahrung kennt, daß nämlich Synthetics nach kurzer Tragedauer äußerst unangenehm riechen, möchten Textilhersteller natürlich nicht so gerne zugeben. Eine wissenschaftliche Untersuchung am Bekleidungsphysiologischen Institut in Hohenstein zeigte jedoch, daß bei Stoffproben, die von Versuchspersonen sechs Stunden in den Achseln getragen wurden, Woll- und Baumwollstoffe am wenigsten ‹dufteten›. Polyacrylmaterialien wiesen den stärksten Schweißgeruch auf.[13]

Mit der schnellen Handwäsche ist es also nicht getan. Höhere Waschtemperaturen und kräftige Waschmittel sind nötig, um auch synthetische Wäsche ‹porentief› rein zu bekommen. Diese Prozedur ist dabei aber viel öfter als bei Naturfasertextilien nötig, denn schon

Baumwolle
ist immer richtig

... denn Baumwolle
wird <u>wirklich</u> sauber!

NATURFASER
BAUMWOLLE

Quelle: Brigitte vom 9. Juli 1963

nach einigen Stunden ist es mit der Aprilfrische meistens vorbei. Außerdem werden stark verschmutzte Stücke in der Wäsche leicht grau. Man muß sie also waschen, bevor sie richtig schmutzig sind. Was daran noch pflegeleicht sein soll, würde ich gerne wissen. Umweltfreundlich kann es jedenfalls nicht sein, zumal die Waschmaschine nur zu einem Viertel beladen werden darf, damit es keine Knitter in der ‹knitterfreien› Wäsche gibt.

Kuschelweiche Wäsche

In 80 Prozent aller bundesdeutschen Haushalte werden Weichspüler zur Nachbehandlung der Wäsche eingesetzt. Zusätzlich zu den Waschmitteln wandern jährlich 320 000 t Weichspüler aus der bunten Plastikflasche in die Waschmaschine und weiter in die Kanalisation. Während diese Produktgruppe vor zwanzig Jahren noch völlig unbekannt war, müssen neuerdings auch Handtücher nach der Wäsche immer kuschelweich sein. Daß ein kuschelweiches Handtuch Feuchtigkeit längst nicht mehr so gut aufsaugt wie ein nicht weichgespültes,[14] scheint dabei anscheinend nicht zu stören. Da fragt man sich aber doch, was machen die Leute mit ihren weichen Handtüchern? Trocknen sie sich nicht damit ab? Benutzen sie vielleicht gar nach dem Abtrocknen einen Massagehandschuh oder ein Massageband, um die Durchblutung anzuregen? Das könnte man mit einem nicht ganz so weichen Handtuch einfacher haben.

Betrachtet man allerdings Synthesefasern, so sieht die Sache etwas anders aus. Synthesefasern besitzen die Eigenschaft, sich elektrostatisch aufzuladen. Das unangenehme Kleben und Knistern läßt sich auch durch die antistatische Ausrüstung, die die Kunstfasern bei ihrer Herstellung mitbekommen, nicht dauerhaft unterdrücken.[15] Nur wenn die antistatische Ausrüstung während des Gebrauchs immer wieder, nach jeder Wäsche mit einem Weichspüler, erneuert wird, behält das Textil akzeptable Trageeigenschaften. Besonders verheerend wirkt sich die statische Aufladung der Synthetics aus, wenn man die Wäsche in einem Tumbler trocknet. So kann es passieren, daß der Pullover als zusammengeknäueltes, knisterndes Etwas aus der Maschine kommt, das man nur mühsam wieder auseinanderziehen kann. Ein Weichspüler hätte das verhindert. Verwunderlich ist es aber doch, daß Weichspüler hauptsächlich für Frotteesachen, Unterwäsche und Stoffwindeln verwendet werden.[16] Bei diesen Baumwollartikeln spielt eine statische Aufladung keine Rolle, wohl aber die gute Saugfähigkeit. Die Weichspüler beeinträchtigen die Gebrauchseigenschaften dieser Produkte mehr als sie zu verbessern.

Weichspüler bestehen in der Hauptsache aus kationischen Tensiden. Diese ziehen aus dem Wasser auf die Fasern auf und verhindern, daß die Fasern beim Trocknen miteinander verkleben. Die unerwünschte Trockenstarre wird verhindert und der Griff verbessert. Je mehr Tenside auf den Fasern haften, desto größer ist der Effekt. Wie auf diese Art ausgerüstete Stoffe auf die menschliche Haut wirken, ist noch teilweise ungeklärt. Manche Menschen reagieren allergisch auf die Mittel. Eventuell können sich auch die antimikrobiellen bzw. desinfizierenden Eigenschaften mancher Produkte negativ auf die Haut auswirken.[14] Weichgespülte Stoffwindeln sollen allerdings keinen Einfluß auf den Verlauf einer Windeldermatitis (Hautentzündung am Kinderpopo) haben.[16]

Daß Weichspüler eine schädliche Auswirkung auf die Umwelt haben, kann kaum geleugnet werden. Weichspüler gelten als giftig für Fische. Zum Glück gelangen die 320000 t Weichspüler aus den Haushalten jedoch nicht direkt in die Flüsse, denn das würde den Tod vieler Fische bedeuten. In den Kläranlagen wird ein Großteil der kationischen Tenside aus dem Wasser herausgefiltert. Er bleibt im Klärschlamm, den man ja wegen seines Schwermetallgehaltes sowieso nicht mehr zum Düngen in der Landwirtschaft verwenden kann. Eine Vorschrift über die biologische Mindestabbaubarkeit, wie sie für Waschmittel existiert, gibt es für kationische Tenside nicht. Ihre biologische Abbaubarkeit ist auch sehr schwer zu überprüfen, da einige Tenside mikrobizide (Mikroorganismen abtötende) Eigenschaften haben. Wenn die Bakterien abgetötet werden, können sie natürlich nichts mehr abbauen.[14]

Schließlich ist auch noch eine größere Waschmittelmenge nötig, wenn weichgespülte Wäsche erneut gewaschen werden soll. Die kationischen Tenside müssen nämlich wieder von den Fasern abgelöst und in Lösung gebracht werden. Dazu ist mehr Waschmittel nötig als bei normaler Wäsche. Die bekannten Umweltbelastungen durch Waschmittel werden damit größer.[14]

Brettartig steife Baumwollsachen kann man nach dem Trocknen zwischen den Händen rubbeln, damit sie wieder weicher werden. Wenn man die Möglichkeit dazu hat, kann man die Wäsche auch auf der Leine im Freien aufhängen. Durch die ständige Bewegung im Wind wird sie dann weniger steif. Der oft empfohlene Schuß Essig im letzten Spülwasser, der die Wäsche weich machen soll, hat jedoch in der Regel keine Wirkung.[17] Wird die Wäsche mit einem Seifenwaschmittel gewaschen, so ist sie nach dem Trocknen sowieso weniger verknittert und läßt sich leicht wieder glattstreichen.

Da man Weichspüler hauptsächlich zur antistatischen Ausrüstung benötigt, sollte man sich überlegen, ob man nicht lieber auf vollsynthetische Kleidungsstücke verzichten will, als ständig die Umwelt mit noch mehr Chemikalien zu belasten.

Wenn der Gilb aus der Wäsche lacht

Kennen Sie noch den häßlichen Gilb aus der Werbung, der uns hämisch aus der Wäsche entgegengrinst? Auch er ist ein Produkt der modernen Textilchemie. Weiße Wäsche wird bei der Herstellung mit optischen Aufhellern weißgetönt. Es gibt jedoch keine optischen Aufheller mit ausreichender Lichtechtheit. Bei starker Lichteinstrahlung werden sie zerstört, und die ursprüngliche leicht gelbe Farbe der Fasern kommt wieder zum Vorschein. Bei Hemd- und Blusenkragen oder Manschetten gibt es dann einen gelblichen Stich. Da die meisten handelsüblichen Waschmittel optische Aufheller enthalten, wird bei der Wäsche die «Weißfärbung» erneuert. Bei Textilien, die nicht mit optischen Aufhellern ausgerüstet waren, kann das ungewollte Farbtonverschiebungen geben.[18] Wird das Waschpulver nicht gleichmäßig in der Waschlauge aufgelöst, so können dabei auch noch Flecken entstehen. Optische Aufheller verhalten sich wie Farbstoffe. Sie können auf andere Textilien ‹abfärben› oder ungleichmäßig auf die Fasern aufziehen. Das gibt dann fleckige Kleidungsstücke.

Gelb kann die Wäsche allerdings auch werden, wenn zuviel optische Aufheller auf die Fasern aufgelagert sind. Spezialwaschmittel für Synthetics enthalten besonders viel Weißtöner. Mit diesen Mitteln kann es schon einmal passieren, daß die Wäsche statt leuchtend weiß erst recht wieder gelb wird. Hier hilft dann nur Entfärben und anschließendes erneutes Weißtönen,[19] eine umweltbelastende Tortur.

Eine eventuelle gesundheitsschädliche Wirkung der Weißtöner wurde schon im Abschnitt ‹Bleichen und optisches Aufhellen› diskutiert.

Wolle waschen will gelernt sein

Mit Wollsachen habe ich auch schon schlechte Erfahrungen gemacht. Ich erinnere mich noch genau. Ich hatte einen wunderschönen Troyer aus reiner Schurwolle. Ich habe ihn sehr geliebt. Er war zwar ganz schön schwer, aber wunderbar warm. Darin eingepackt konnten mir Wind und Wetter kaum etwas anhaben. Besonders gern zog ich ihn in der kälteren Jahreszeit für die Gartenarbeit an. Dabei konnte es natürlich nicht ausbleiben, daß er allmählich schmutzig wurde. Kurzum, eine Wäsche wurde fällig. Meine übrigen Wollpullover wusch ich zwar immer sorgfältig mit der Hand, aber dieser Troyer sah so widerstandsfähig aus, daß ich dachte, eine Maschinenwäsche könne ihm nichts anhaben. Außerdem war er ziemlich dreckig. Also ab in die Waschmaschine. Doch das hätte ich besser nicht tun sollen.

Wie groß war der Kummer, als ich nach der Wäsche einen dicht ver-
filzten Kinderpanzer in den Händen hielt. Der geliebte Troyer war
ruiniert. Was hatte ich nur falsch gemacht?

Die Oberfläche der Wollfasern ist – wie schon beschrieben – von
einer dichten Schuppenschicht bedeckt. Diese Schuppenschicht ist
verantwortlich für das Verfilzen. Durch die Bewegung während des
Waschens verschieben sich die einzelnen Fasern gegeneinander, und
die Schuppen wandern ineinander. Dabei können sie sich so unwie-
derbringlich miteinander verhaken, daß die Fasern in der zusammen-
geschobenen Stellung fixiert werden. Beim Waschen wirken dabei
mehrere Faktoren zusammen, die das Verfilzen begünstigen. Wird
Wolle in Wasser eingeweicht, so spreizen sich die Schuppen von der
Faseroberfläche ab und können sich somit besonders leicht mit be-
nachbarten Schuppen verhaken. Nur wenn das Waschwasser genau
einen pH-Wert von 4,7 (isoionischer Punkt für Wolle) hat, liegen die
Schuppen eng an der Oberfläche an.

Normale Seifen und Waschmittel sind alkalisch und unterstützen somit den Filzvorgang. Spezielle Wollwaschmittel haben dagegen einen
neutralen oder schwach sauren pH-Wert. Mehrere Faktoren wirken
also zusammen, wenn Wolle während der Wäsche verfilzt:
- Wärme (Waschtemperatur)
- Feuchtigkeit (abgespreizte Schuppen) (Waschwasser)
- hoher oder niedriger pH-Wert (Waschlauge)
- Bewegung (Waschbewegung) [20]

Damit wissen wir fast alles, um Wolle richtig waschen zu können. Die
Waschtemperatur sollte nicht zu hoch sein. Wollgarn läßt sich zwar
problemlos kochen, aber man darf das Garn dabei nicht bewegen.
Das geht bei der Wäsche nicht. Also nimmt man handwarmes
Waschwasser und ein Wollwaschmittel und drückt die Wolle nur vorsichtig durch. Reiben oder wringen sollte man lieber bleiben lassen.
Besonders fatal wirkt sich auch ein plötzlicher Temperaturwechsel
aus. Die Wolle ist schockiert und verfilzt. Also darf das Spülwasser
nicht viel kälter oder wärmer als das Waschwasser sein. Langsames
Abkühlen oder Aufwärmen dagegen schadet nichts. [21] Nach dem Waschen drückt man das Wasser aus und rollt das Wollstück in ein trok-

kenes Handtuch ein. Ist die meiste Feuchtigkeit herausgesogen, so sollten schwere Sachen liegend trocknen. Leichte Artikel (z. B. ein Unterhemd) kann man ruhig über eine dicke Handtuchstange oder ähnliches hängen.

Zum Glück brauchen Wollsachen viel seltener gewaschen werden als Baumwolle oder gar Synthetics. Sie stinken nicht und nehmen Schmutz kaum an.[20] Wollsachen kann man meistens durch Lüften an der frischen Luft (aber nicht in der vollen Sonne!) wieder regenerieren. Nur wenn sie sichtbar schmutzig sind oder sehr viel Schweiß aufsaugen mußten, wird eine Wäsche fällig. Bei dicken Wollpullovern reicht meistens eine Wäsche pro Jahr aus. Socken oder Unterwäsche haben's öfter nötig. Mit etwas Übung wird die Reinigungsprozedur zur Gewohnheit. Vorheriges Einweichen (über Nacht) spart einen Teil der Arbeit. Kurzes Durchdrücken und anschließendes Spülen reicht dann aus. Zum Vergleich kann man sich vor Augen führen, daß ein solches Durchwaschen bei synthetischer Unterwäsche jeden Tag nötig wäre. Filzfrei ausgerüstete Wolle kann man im Wollwaschprogramm der Waschmaschine waschen. Diese Möglichkeit ist auf dem Kennzeichnungsetikett angegeben.

Seide muß genauso schonend wie Wolle gewaschen werden. Sie verträgt keine hohen Temperaturen oder kräftiges Reiben. Außerdem kann sie durch kalkhaltiges Wasser brüchig werden. Bunte Seidensachen färben bei der Wäsche ab. Sie müssen also einzeln gewaschen werden.

Chemische Reinigung

Vor kurzem war ich in einem Waschsalon, um meinen gewaschenen Daunenschlafsack im Tumbler zu trocknen. Als ich wieder zur Tür hinausgehen wollte, bemerkte ich plötzlich einen seltsamen, intensiven Geruch. Wie unschwer festzustellen war, entströmte dieser Geruch mehreren Daunenjacken, die eine Kundin gerade aus einer der aufgestellten Münzreinigungsmaschinen herausholte. Sie nahm die voluminösen Kleidungsstücke in beide Arme und verschwand damit nach draußen. Die Dame hatte ihre Wintergarderobe gereinigt. Wenn ich nicht wüßte, daß in diesen Maschinen Perchlorethylen, kurz Per genannt (auch Tetrachlorethen, Tetrachlorethylen), zum Reinigen verwandt wird und die Geruchsschwelle für das berüchtigte Lösungsmittel bei 5 ppm liegt, hätte ich die Sache nicht weiter beachtet. Das Bundesgesundheitsamt empfiehlt einen Richtwert von 0,1 mg Per/m^3 Luft (= 0,015 ppm) als maximale Raumluftkonzentration.[22] Der Warnhinweis, der über dem Münzreinigungsgerät angebracht ist, besagt, daß das Einatmen von Per-Dämpfen unter anderem zur Bewußtlosigkeit führen kann. Nun muß man allerdings wissen, daß flüssiges Per in den gereinigten Stücken zurückbleiben kann, wenn man die Maschinentrommel überlädt.

An der Hauswand über dem Waschsalon prangen Transparente mit der Aufschrift: ‹Per ist Gift›. Die Mieter des Hauses protestieren so gegen die Per-Dämpfe, die unablässig in ihre Wohnungen strömen und sich auch noch in fetthaltigen Lebensmitteln wie zum Beispiel Butter, Salami, Speiseeis oder Sahnetorte anreichern.[23] Na, denn guten Appetit. Kontinuierliche Aufnahme von Per kann nämlich zu nervösen Störungen sowie Leber- und Nierenschäden führen. Erste Anzeichen sind Magenbeschwerden, Kopfschmerzen, Reizbarkeit, Gedächtnisschwäche, Alkoholintoleranz und Kreislaufbeschwerden. In Berlin wurde bei Lebensmitteluntersuchungen 1 mg/kg = 1 ppm Per gefunden. Spitzenwerte lagen bei 20 mg/kg (= 20 ppm).[23] Zum Vergleich: die Trinkwasserverordnung läßt als Höchstgehalt 0,025 mg Per pro kg Wasser im Jahresmittel zu.[23] Eine Raumluftkonzentration von 0,5 ppm hatte ausgereicht, um die Berliner Butter ungenießbar zu machen.[23] Dabei läßt sich Per von kaum einem Material an der Ausbreitung hindern. Selbst Zimmerdecken oder Plastikgefäße (beispielsweise Margarinebecher) durchdringt es mühelos.[22]

18 000 t Per werden in der Bundesrepublik jährlich in chemischen Reinigungen verbraucht.[24] Ganze 9 Prozent, nämlich 2000 t, können davon durch Recycling zurückgewonnen werden. Der ganze Rest landet früher oder später in der Umwelt.

Dort erweist sich Per als ganz schön hartnäckig. Zwar wird das Lösungsmittel in der Luft innerhalb von zwölf Wochen zersetzt und ist dort relativ unproblematisch. Im Wasser beträgt die Halbwertzeit, also die Zeit, in der die Hälfte der ursprünglichen Menge abgebaut ist, jedoch sechs Jahre. Da Per schwerer als Wasser ist, sickert es leicht überall durch und gelangt ins Grundwasser, wo es lange erhalten bleibt. Eine Verunreinigung des Trinkwassers kann dabei kaum ausbleiben. Inzwischen ist Per nahezu überall in der Umwelt anzutreffen.[25]

Daß sich die in Verruf geratene Branche der Textilreiniger, wie sie sich selbst nennen, inzwischen ernsthaft um eine Verbesserung der Situation bemüht, ist kaum zu bezweifeln. Schließlich geht es um ihre Existenz. Dennoch kann man auch Kritik von Umweltschützern aus den eigenen Reihen hören. Der DTV-Präsident (DTV = Deutscher Textilreiniger Verband) beschwert sich über die geringe Resonanz seiner Umweltschutzbemühungen und bombardiert die Vereinsmitglieder sicherlich nicht ohne Grund mit Fragen nach ‹schwarzen Schlammrückständen auf dem Erdboden oder herumstehenden offenen Lösungsmittelbehältern›.[26] Offensichtlich wurde mit den gefährlichen Chemikalien doch zumindest in einigen Betrieben recht bedenkenlos hantiert. Das ist auch kein Wunder, wenn man weiß, daß zur Zeit praktisch jedermann ohne große Vorbildung eine solche Reinigung eröffnen darf. Ein Textilreiniger beschreibt die Situation folgendermaßen: «Alle bisherigen (gesetzlichen) Auflagen beziehen sich nur auf die technischen Einrichtungen, aber an die fachliche Voraussetzung des Bedieners dieser Anlagen wurden keine Bedingungen geknüpft. Dies ist ungefähr so, als würde man an Skalpelle und medizinisches Besteck die höchsten Anforderungen stellen, aber schneiden dürfte nicht nur der Chirurg, sondern jeder, der gerade Lust dazu hat.»[27] Tatsächlich hat sich eine – inzwischen nicht mehr bestehende – Reinigungsmaschinenfirma nicht gescheut, einen drei(!)-tägigen Kursus anzubieten, in dem die Teilnehmer für teures Geld alles Wissenswerte über die chemische Reinigung erfahren sollten. Die Teilnehmer mußten bei Abschluß durch Unterschrift bestätigen, daß sie keine zusätzlichen Fragen haben. Umweltschutz oder richtiger Umgang mit Lösungsmitteln stand jedoch nicht auf dem Programm.[27] Anscheinend ist das hochgelobte Fachpersonal in den ehrenwerten Fachbetrieben des Reinigungsgewerbes[28] doch nicht unbedingt immer so fachkundig.

Von den gereinigten Kleidungsstücken selbst gehen dabei im Normalfall die geringsten Gefahren aus. Das *Öko-Test-Magazin* ließ dazu im September 1986 eine Untersuchung durchführen. 7 chemische Reinigungen und 3 Münzreinigungen wurden geprüft. Dabei

Per-Gehalt in frisch gereinigten Textilien

Reinigungstyp	Per-Gehalt*
Reinigung 1	0,15 mg/kg
Reinigung 2	0,05 mg/kg
Reinigung 3	7,10 mg/kg
Reinigung 4	0,40 mg/kg
Reinigung 5	2,40 mg/kg
Reinigung 6	8,40 mg/kg
Schnellreinigung I	9,25 mg/kg
Schnellreinigung II	9,50 mg/kg
Schnellreinigung III	8,25 mg/kg

Zeitablauf der Per-Ausdünstung

Zeitpunkt	Per-Restanteil
6 min.	100 %
3 Std.	86,5 %
24 Std.	16,2 %
48 Std.	0,5 %

* Milligramm pro Kilogramm Stoff

Quelle: Chemische Reinigung. Per in der Kleidung. Öko-Test 9, 1986, S. 32–35.

enthielten die gereinigten Textilien zwischen 0,05 und 9,5 mg Per pro Kilogramm Kleidung. 105 kg frisch gereinigter Stoff mit der Spitzenleistung von 9,5 ppm wären nötig, um ein normalgroßes Zimmer von 12 m² und 2,40 m Deckenhöhe mit 5 ppm zu belasten – 5 ppm steht als Richtwert für die Abluft von Textilreinigungen zur Diskussion.[25] Die Münzreinigungen schnitten dabei durchweg schlechter ab als die chemischen Reinigungen. Werden die Münzgeräte noch zusätzlich unsachgemäß mit schweren, voluminösen Textilien wie Federbetten, Schlafsäcken, Kissen oder Steppdecken beladen, so kann es leicht passieren, daß die Kapazität der Waschtrommeln überschritten wird. In den gereinigten Stücken kann dann flüssiges Per zurückbleiben, so daß die Belastung erheblich höher ist.[25]

Nachdem die Per-Belastungen in der Umgebung von chemischen Reinigungen bekannt geworden waren, hatten einige Reinigungsbetriebe eine schlaue Idee. Sie nannten sich plötzlich umweltfreundlich und warben damit, daß sie kein Per benutzen. Die Frage, was sie statt dessen verwenden, ist schnell geklärt: FCKW, Fluorchlorkohlenwasserstoff. Das ist doch unser alter Bekannter aus den Spraydosen, das Treibgas, das im Verdacht steht, die lebensnotwendige Ozonschicht unserer Atmosphäre zu zerstören. Das kann ja wohl nicht die richtige Alternative sein. Ein Ersatz für Perchlorethylen in der chemischen Reinigung ist derzeit aber auch nicht bekannt.[24] Die einzige Verbesserung kann ein Verzicht auf die chemische Reinigung bringen.

Ökowaschtips

Über umweltschonendes Waschen gibt es inzwischen viele Bücher und Veröffentlichungen. Daher sollen hier nur einige Tips gegeben werden:
• Kaufen Sie keine Textilien ohne Pflegesymbole auf dem Etikett. Allein aus der Angabe der textilen Fasern in dem Kleidungsstück können Sie nicht die richtige Pflegebehandlung ableiten, denn Kunstharzausrüstungen, die auf die Fasern aufgebracht wurden, können temperaturempfindlicher sein als die Fasern selbst. Farbstoffe können bei höheren Temperaturen ausbluten.
• Baumwollartikel u.ä., bei denen eine 30 °C-Wäsche empfohlen wird, obwohl sie eigentlich kochfest sein müßten, sollten Sie nicht kaufen.
• Beachten Sie die Pflegesymbole auf dem Kennzeichnungsetikett.
• Grundsätzlich muß sich die Waschtemperatur immer nach der empfindlichsten Faser richten. Ein Pullover aus Polyester, der 20 Prozent Wolle enthält, muß wie Wolle gewaschen werden.
• Sortieren Sie Ihre Wäsche sorgfältig. Weiße Sachen sollten nur mit anderen weißen zusammen gewaschen werden. Die meisten neuen, farbigen Textilien geben nämlich noch geringe Mengen Farbstoff ab, die auf die weißen Textilien abfärben. Mit der Zeit ist dann von blütenweiß keine Rede mehr. Die verschiedenen Farbstoffe vermischen sich zu einem einheitlichen Grau.
• Indanthren ist ein Markenzeichen für kochechte Farben. Indanthrengefärbte Stücke können höchstens bei der ersten Wäsche noch etwas Farbstoff abgeben.

Welche Waschbehandlung vertragen die Textilfasern?

Faser	Verwendung	max. Waschtemp. weiß	bunt

Naturfasern:

Faser	Verwendung	weiß	bunt
Baumwolle	Bett-, Tisch-, Küchenwäsche, Blusen, Oberhemden, Kittel, Arbeitskleidung, Unterwäsche, Socken	95 °C	40–60 °C
Leinen	Bett-, Tisch-, Küchenwäsche	95 °C	40–60 °C
Wolle	Wirk-, Strickwaren (Pullover, Schals, Socken, Strümpfe)	kalt	–40 °C
Naturseide	Schals, Kleider, Blusen, Unterwäsche	kalt	–40 °C

Chemiefasern, Cellulosics:

Faser	Verwendung	weiß	bunt
Viskose	Kleiderstoffe, Tisch-, Unterwäsche, Dekorationsfutterstoffe	60 °C	60 °C
Modal	Dekorationsstoffe, Bett-, Tisch-, Unterwäsche	95 °C	95 °C
Cupro	Kleiderstoffe, Unterwäsche, Blusen	60 °C	60 °C
Acetat	Futter-, Kleiderstoffe, Unterwäsche, Blusen, Krawatten	40 °C	40 °C

Synthetics:

Faser	Verwendung	weiß	bunt
Polyamid (PA) (Perlon, Nylon,...)	Strümpfe, Strumpfhosen, Unterwäsche, Blusen, Freizeithemden, Kittel, Kleider	60 °C	40 °C
Polyester (PES) (Diolen, Trevira, Tergal,...)	Regenmantelstoffe, Gardinen, Unterwäsche, Oberhemden, Strick-Kleider, Säureschutzkleidung	60 °C	30 °C
Polyacryl (PAC) (Dralon, Dunova, Dolan, Orlon, Redon,...)	Gardinen, Strickwaren, Schals, Tischwäsche, Kleider	40 °C	40 °C
Polychlorid (PVC) (Rhovyl, Thermovyl,...)	Unterwäsche, Sporttaschen, Sportbekleidung, Schutzkleidung	40 °C	40 °C
Elasthan (PUE) (Dorlastan, Lycra,...)	Elastische Sportbekleidung, Miederwaren, Badeartikel, Stützstrümpfe	60 °C	40 °C
Polypropylen (PP)	Sportkleidung, Unterwäsche	30 °C	30 °C

186

Beladung der Waschmaschine	Bemerkungen	Waschmittel
voll	hohe Knitterneigung	alle Waschmittel
voll	hohe Knitterneigung	alle Waschmittel
¼ voll	empfindlich gegen Waschmechanik, Neigung zum Verfilzen, Handwäsche, nur filzfrei ausgerüstete Wolle im Wollwaschgang der Maschine	Wollwaschmittel
¼ voll	Handwäsche wie Wolle	Woll- o. Seidenwaschmittel
¼ voll	empfindlicher als Baumwolle, gemilderte Waschmechanik, hohe Knitterneigung	alle Waschmittel
voll	wie Baumwolle waschbar	alle Waschmittel
¼ voll	gemilderte Waschmechanik	Woll- o. Feinwaschm.
¼ voll	gemilderte Waschmechanik	Woll- o. Feinwaschm.
¼ voll	Textilien neigen bei höherer Temp. und verstärkter Waschmechanik zum Knittern. Pflegeleichte Artikel sollten locker in der Lauge schwimmen	alle Waschmittel
¼ voll	Gardinen nur bis 40 °C waschen	alle Waschmittel
¼ voll	nicht heißer, sonst Vergilbungsgefahr u. Knitterung	alle Waschmittel
¼ voll	nicht heißer, sonst Gefahr der Schrumpfung u. Deformierung	alle Waschmittel
¼ voll		alle Waschmittel
¼ voll	Knitterneigung bei höherer Temp.	alle Waschmittel

Volle Beladung bedeutet 4 bis 5 kg trockene Wäsche, ¼ volle Beladung bedeutet 0.8 bis 1,5 kg trockene Wäsche (je nach Maschinentyp, s. Gebrauchsanleitung!)

Lit.: Henkel: Textilien u. Waschen, Industrievereinigung Chemiefaser e. V.: Bed. Marken...; Wildbrett, 1981, Haudek, Viti, 1980

• Lassen Sie schmutzige Wäsche nicht allzu lange liegen. Schmutz läßt sich dann leichter entfernen.

• Lagern Sie die Wäsche luftig und trocken. Sonst fängt sie an zu muffen, oder sie bekommt gar Stockflecke.

• Flecken sollten Sie lieber gleich entfernen, als später die ganze Wäsche mit einem ‹Superwaschmittel› zu traktieren.

• Schmutzige Hemdkrägen und Manschetten sollten Sie vorher mit einer Waschpaste einreiben. Sie werden dann besser sauber.

• Waschen Sie leicht verschmutzte Wäsche ohne Vorwäsche (energie-, wasser- und waschmittelsparend).

• Kochwäsche läßt sich normalerweise bei 60°C reinigen. Sie wird bei dieser Temperatur auch hygienisch einwandfrei. Nur Kranken- und Babywäsche sollte gekocht werden.

• Erfragen Sie beim Wasserwerk Ihre Wasserhärte und dosieren Sie Ihr Waschmittel entsprechend.

• Benutzen Sie ein umweltschonendes Waschmittel ohne Phosphate, Bleichmittel, Enzyme, optische Aufheller und Duftstoffe. Verbraucherzentralen und Umweltberater in Gemeindeverwaltungen, Bezirksämtern oder beim BUND können Ratschläge geben.

• Beladen Sie Ihre Waschmaschine richtig. Nicht zu voll, aber auch nicht zu leer muß sie sein. In der Gebrauchsanleitung der Maschine sind die richtigen Füllmengen für Normalwäsche und für den Schonwaschgang angegeben. Eine überladene Maschine beeinträchtigt das Waschergebnis, eine zu leere Waschmaschine bedeutet Wasser- und Energieverschwendung.

• Hängen Sie die Wäsche nach dem Waschen sorgfältig auf. Sie können sich damit eventuell das Bügeln ersparen, mindestens aber erleichtern.

• Benutzen Sie möglichst kein Weichspülmittel.

• Verzichten Sie aus Umweltschutzgründen so weit wie möglich auf eine chemische Reinigung. Kleidungsstücke, die nicht gewaschen werden können, wie Anzüge oder Mäntel, können oft durch Ausbürsten und Lüften wieder gesäubert werden.

• Kaufen Sie keine Textilien, die nur chemisch gereinigt werden können.

• Die Pflegesymbole auf dem Etikett geben an, welches Lösungsmittel in der chemischen Reinigung verwendet wird. A bedeutet alle Lö-

sungsmittel (Per und FCKW), F bedeutet Fluorchlorkohlenwasserstoff und P entsprechend Perchlorethylen.
● Benutzen Sie keine Münzreinigungsgeräte. Die Per-Belastung in
den gereinigten Textilien ist bei diesen Maschinen höher als in einem
Textilreinigungsbetrieb.
● Keinesfalls sollten Sie Ihren Daunenmantel oder Ihre Daunenjacke,
die Sie gerade aus dem Münzreiniger gezogen haben, direkt wieder
anziehen. Sie setzen sich damit einer erhöhten Per-Belastung aus.
● Lüften Sie frisch gereinigte Kleidungsstücke an der frischen Luft,
mindestens so lange, bis der typische Per-Geruch nicht mehr wahr-
nehmbar ist. Nach 24 Std. sind etwa 83 Prozent des ursprünglichen
Per-Gehaltes verdunstet.
● Falls Sie als Mieter in einem Haus wohnen, in dem sich eine chemische Reinigung befindet, können Sie sich bei den Verbraucherzentralen über Möglichkeiten der Raumluftmessung und Lebensmitteldun-
tersuchungen informieren. Bei rechtlichen Fragen helfen die Mieter-
vereine weiter.

Literatur

1 Projektgruppe Ökologische Wirtschaft, 1987: Produktlinienanalyse: Bedürfnisse, Produkte und ihre Folgen. Kölner Volksblatt Verlag.

2 Vanek, 1980, zitiert nach 1.

3 Stübler, 1979, zitiert nach 1.

4 Weber, R., 1980: Waschen und Pflegen von Textilien aus dimensionsstabilen Web- und Maschenwaren. Textilveredlung 15, S. 380–385.

5 Weber, R., Löhr, A., Böggering, H., 1981: Waschen und Pflegen von Textilien aus Chemiefasern. Melliand Textilberichte 62, S. 94–101.

6 Wildbrett, G., 1981: Technologie der Reinigung im Haushalt. Ulmer-Verlag, Stuttgart.

7 Lehmann, P. J., 1985: Die Kleidung unsere zweite Haut. bioverlag gesundleben.

8 Bergler, 1974, zitiert nach 1.

9 Weißler, S., 1985: Plastikwelten. Elefanten Press, Berlin.

10 Heiß statt lau. Constanze Heft 18, 3.9.58.

11 Weber, R., 1979: Schäden an waschbaren Textilien. WRP Heft 11.

12 Weber, R., 1968: Schmutzige Kragenecken bei pflegeleichten Oberhemden. Bekleidung und Wäsche, Heft 7, S. 447–449.

13 Mecheels, J., Rieker, J., 1978: Einflüsse von Kleidungstextilien auf die Entstehung von Schweißgeruch. Melliand Textilberichte 12, S. 1012–1018.

14 Friedrich, B., 1987: Weichspülmittel und Hausgeräte: Was kann man tun, was soll man lassen? Rationelle Hauswirtschaft XXIV, Heft 11, S. 7–9.

15 Niemann, I., 1985: Gibt es permanent antistatisch ausgerüstete Gewebe? Reiniger + Wäscher 38, Heft 12, S. 34.

16 Schneider, W., Tronnier, H. et al., 1974: Untersuchungen über den Zusammenhang zwischen Wäscheweichspülmitteln und Windeldermatitis bei Säuglingen. Berufsdermatosen 22, S. 209.

17 Korrekt dosieren, gezielt verwenden. Test 7, 1986, S. 633–635.

18 Böggering, H., Gebhard, J., 1981: Beanstandungen bei waschbaren Textilien. Textilveredlung 16, S. 273–280.

19 Hofer, A., 1983: Stoffe 2. Schriftenreihe der Textilwirtschaft. Deutscher Fachverlag.

20 Puchta, R., Weber, R., Wilsberg, M., 1987: Das Waschen von Textilien aus Wolle im Haushalt. Seifen – Öle – Fette – Wachse 113. Jg., Nr. 15, S. 505–510.

21 Feddersen-Fieler, G., 1982: Farben aus der Natur. Verlag M. & H. Schaper, Hannover.

22 Verbraucher-Zentrale Hamburg, 1988: Gefahr durch Per. Verbraucher-Info.

23 Wertz, A., 1987: Schlendrian bei den Chemie-Reinigern. Taz 11.7.87.

24 Hasenclever, K. D., 1986: Ökologisches Belastungspotential von Textil-
reinigungsverfahren und Möglichkeiten der Optimierung. Reiniger +
Wäscher 39, Heft 7, S. 30–34.
25 Chemische Reinigung. Per in der Kleidung. Öko-Test 9, 1986, S. 32–35.
26 Rösler, H., 1985: «Textilreinigung ist aktiver Umweltschutz» oder «Um-
weltskandal: Als Verursacher wird eine Textilreinigung vermutet». Reiniger + Wäscher 38, Heft 12, S. 14–15.
27 Textilreinigung und Umweltschutz. Leserbrief in Reiniger + Wäscher 38,
Heft 6, 1985, S. 39–40.
28 Deutscher Textilreiniger Verband, 1986: Statt chemischreinigen lieber
selbst waschen? Reiniger + Wäscher 39, Heft 11, S. 12–15.

Kinderkleidung

Einfach herzig sehen sie aus, die Kleinen, die uns aus Katalogen und Werbeanzeigen in ihren bunten Stoffhüllen entgegenstrahlen. Vorbei sind die Zeiten, in denen Jungen einheitlich in Matrosenanzüge und Mädchen in brave Kleidchen gesteckt wurden. Die Vielfalt der modischen Kreationen hat längst auch diesen Bereich erreicht. Über physiologische Eigenschaften oder Hautfreundlichkeit erfahren wir jedoch selten etwas. Aussehen und Preis bestimmen die Wahl der Kinderkleidung. Allenfalls werden noch praktische Gesichtspunkte wie unempfindliche Farben und Stoffe oder einfache Pflege berücksichtigt. Wer kann aber auch etwas ahnen von krebserregenden oder allergieauslösenden Chemikalien in der Kinderwäsche. Dabei hat die zarte Babyhaut noch eine weit größere Vorsicht verdient als unsere im Vergleich dazu recht widerstandsfähige Erwachsenenhaut.

Gefährliche Kinderkleidung

Der liebevoll gestrickte Baumwoll-Pullover war gerade fertig geworden. Nun sollte er auch schleunigst anprobiert werden. Doch die Freude über den neuen Kinderpullover währte nicht lange. Kaum eine Viertelstunde war vergangen, ehe sich der Kleine an den Händen zu kratzen begann. Da er ein langärmeliges Hemd unter dem Pullover trug, bekam er zum Glück nur an den Händen Hautausschläge. Formaldehyd – da ist es wieder! Die Kinderärztin Dr. Sigrid Flade (TU München) berichtet mit Sorge, daß Allergien stark zugenommen haben. Ursachen für Kontaktallergien durch Kleidung können nach ihrer Erfahrung folgende Stoffe sein: Formaldehyd, Farbstoffe und Rückstände von Reinigungsmitteln.[2]

Auch der Hautarzt Professor Hausen (Universitäts-Klinik Hamburg-Eppendorf) erklärte uns, daß Hautreizungen bei Babys durch formaldehydhaltige Kleidungsstücke ausgelöst werden können. Er

Zarte Babyhaut – ein empfindliches Organ

Bis zu seinem Eintritt ins Leben schwimmt der neue Erdenbürger im Fruchtwasser seiner Mutter. In dieser freundlichen Umgebung ist eine stabile Schutzhülle noch nicht nötig, und tatsächlich ähnelt die Haut unseres kleinen Nachwuchses sehr einer durchlässigen Schleimhaut. Bei der Geburt ist die Haut noch weitgehend unreif, wenig stabil und unelastisch. In den nun kommenden Monaten muß sie sich erst auf die rauhere Umgebung umstellen. Dabei kann es auch relativ leicht passieren, daß sie aus der Bahn geworfen wird. Neigung zum Wundsein, zur Austrocknung und zur Entwicklung von Ekzemen kennzeichnet die ersten Lebensmonate.[1]

Erstaunlicherweise besitzt der Säugling schon die gesamte Anzahl von Schweißdrüsen, die ihm während seines späteren Lebens die Regulierung seiner Körpertemperatur ermöglichen. Gleich in den ersten Lebenstagen beginnen diese Drüsen mit ihrer Arbeit. Sie erreichen ihre volle Leistungsfähigkeit zwar erst im Alter von zwei bis drei Jahren, da jedoch schon sämtliche Drüsen vorhanden sind, sitzen diese auf der Babyhaut dicht an dicht. Der kleine Säugling gibt daher ständig eine große Menge Wasserdampf an die Umgebung ab.[1]

Babys besitzen von Natur aus einen angenehmen Geruch. Eine individuelle Duftnote entwickelt das Kind allerdings erst mit seinem 8. Lebensjahr, denn die apokrinen Drüsen, die den persönlichen, unverwechselbaren Körpergeruch produzieren, sind beim Kleinkind noch nicht aktiv.[1]

Besonders empfindlich sind Säuglinge noch gegen Kälte. Das Unterhautfettgewebe, diese wichtige Isolierschicht, ist noch nicht voll ausgebildet. Daher sind unnötige Wärmeverluste bei kleinen Babys durch häufiges Aus- und Umkleiden in der kalten Jahreszeit zu vermeiden.[1]

Außerdem besitzt die Babyhaut zwar schon einen Säureschutzmantel, doch ist er noch sehr viel empfindlicher gegenüber äußeren Einflüssen als der Erwachsener. Wird die Haut von Säuglingen mit einer Seifenlösung gewaschen, so benötigt sie sehr lange Zeit, um ihren ursprünglichen pH-Wert (pH 5,0 bis 5,5) wieder zu erreichen.[1] Tägliches Baden des ganzen Körpers strapaziert die Babyhaut daher ganz schön. Bei einem kleinen Säugling in der Wiege ist so viel Reinlichkeit aber gar nicht nötig, denn schmutzig werden die Kleinen eigentlich erst, wenn sie herumlaufen und im Dreck spielen können.

Sehr empfindlich ist die Babyhaut gegenüber hautreizenden Stoffen, ganz besonders zwischen dem 3. und dem 12. Lebensmonat. Hautallergietests bei Babys mit Erwachsenenkonzentrationen von Formaldehyd, Chrom, Nickel o. ä. führen in der Regel zu Hautreizungen. Anders als bei Erwachsenen handelt es sich dabei jedoch nicht um den Ausdruck einer echten Allergie, sondern um ein Zeichen der allgemein höheren Empfindlichkeit der Kinderhaut. Echte Kontaktallergien treten selten auf, vermutlich weil das Immunsystem des Kindes noch nicht ausgereift ist und damit zu einer Überreaktion auf bestimmte Stoffe noch gar nicht fähig ist.[1]

Säuglinge können auch noch viel mehr durch die Haut aufnehmen als Erwachsene. Kommen sie mit giftigen Chemikalien in Berührung, so kann das ernste Folgen haben.[1] So ist es zu Todesfällen und schweren Gesundheitsschäden gekommen, als in Frankreich Babypuder auf den Markt kamen, die den Konservierungsstoff Hexachlorophen versehentlich in 10facher Überdosierung enthielten.

14 Tage nach der Geburt hat sich auf der Haut des Babys eine Hautflora ausgebildet, die im wesentlichen der eines Erwachsenen entspricht. Dennoch ist die körpereigene Abwehr von Bakterien, Viren und Pilzen erst nach einigen Wochen voll funktionstüchtig.[1]

empfiehlt neue Kinderkleidung sechs- bis siebenmal vor Gebrauch zu waschen, damit der Schadstoffgehalt verringert wird.

In der 1986 von der Zeitschrift *Öko-Test* durchgeführten Untersuchung wurden auch fünf Kinderkleider geprüft. Das deprimierende Ergebnis der Analysen war, daß drei Kinderkleider die höchsten Formaldehyd-Gehalte aller getesteten Kleidungsstücke aufwiesen. Mit 402 und 386 ppm *freiem* Formaldehyd waren zwei Kleider tatsächlich stark belastet.[3] Bedenkt man, daß Säuglinge Chemikalien noch in großer Menge durch die Haut aufnehmen können, so ist es kein Wunder, wenn die zarte Babyhaut gereizt wird. Geradezu unverantwortlich ist es daher, daß auch hautnahe Babykleidung herauslösbare Substanzen wie Farbstoffe, optische Aufheller oder Formaldehyd enthält.

Hinzu kommt, daß Kinder gern Stoffzipfel von ihrer Kleidung oder dem Bettzeug in den Mund nehmen und daran nuckeln. Felix, mein kleiner Mitbewohner, ist jetzt gerade ein halbes Jahr alt. Die Zehenpartie seiner Frotteestrampelhose ist schon ganz durchgewetzt, aber nicht etwa vom Scheuern im Schuh – Schuhe hat er noch nicht – sondern vom Dran-Ziehen und Lutschen. Man braucht nicht sehr viel Phantasie, um sich vorzustellen, was dabei wohl alles durch den Speichel aus den Textilien herausgelöst werden kann und weiter in Felix' Magen wandert.

Formaldehydbelastung in Kinderkleidung

Artikel	Markenname	Geschäft	Gehalt an freiem Formaldehyd
Kinderkleid		Kaufhof	402 ppm
Kinderkleid		Hertie	386 ppm
Kinderkleid		Neckermann	157 ppm
Kinderkleid	Tila	SB Mode-Center	35 ppm
Kinderkleid		Massa	26 ppm

Quelle: Kuzu, G.: Formaldehyd in Baumwolle. Öko-Test 6, 1986, S. 26–29.

Leider finden derlei Kriterien bei der Herstellung von Kinderkleidung wohl nur selten Beachtung. Selbst die Allerkleinsten bekommen schon leuchtendbunte Unterhemden übergestreift. Die Baumwolle ist natürlich pflegeleicht ausgerüstet, damit sie nicht einläuft. Was für die Erwachsenenhaut zum Problem werden kann, hat auf der Kinderhaut erst recht nichts zu suchen. Je kleiner das Kind und je näher das Kleidungsstück auf der Haut getragen werden soll, desto konsequenter sollte man nach ungefärbten, möglichst unbehandelten Stücken suchen.

Unbehandelte Kinderkleidung wird von vielen Naturtextilherstellern angeboten. Bei Wollwäsche bleibt das Problem der Rückstände des Insektengiftes Lindan, in dem die Schafe gebadet werden, um Zecken u. ä. abzutöten. In den chemischen Untersuchungsämtern Baden-Württembergs wurden 32 Baby-Wollhosen und -hemden geprüft. In 31 Proben konnte Lindan nachgewiesen werden. Vier Proben enthielten mehr als 100 µg/kg, wobei der Spitzenwert bei sage und schreibe 930 µg/kg lag. Diese Werte liegen über der vom Bremer Umweltinstitut empfohlenen Höchstgrenze für Lindan in Textilien.[4] Verglichen mit Lebensmitteln, in denen immerhin 2000 µg/kg Lindan zulässig sind, ist die Belastung durch die Wollwäsche allerdings vermutlich immer noch weniger gravierend.[5]

Im Januar 1987 sandte daher der Bundesminister für Jugend, Familie, Frauen und Gesundheit ein Schreiben an die Industrieverbände der Textilindustrie. Darin heißt es: «Das Bundesgesundheitsamt hat Lindan-Rückstände, die das Bremer Umweltlabor in Baby- und Kinderkleidung aus Schafswolle festgestellt hat, gesundheitlich bewertet. Es vertritt dabei die Auffassung, daß im Interesse des vorbeugenden Gesundheitsschutzes im Hinblick auf die aus vielfältigen Quellen stammende allgemeine Umweltverschmutzung gerade die Belastung von Säuglingen und Kleinkindern mit Fremdstoffen, wie z. B. Pestiziden so gering wie möglich gehalten werden muß. Bis zum Erreichen eines befriedigenden Überblicks böten sich daher Voruntersuchungen der Wollstapel aus zusammengehörenden Lieferungen vor der Weiterverarbeitung zu Wollgarnen an. Dadurch könnten höhere Belastungen an Schädlingsbekämpfungsmitteln bei Wolltextilien erkannt und ggf. durch geeignete Verfahren reduziert werden.

Ich bitte, die Ihnen angeschlossenen, hier betroffenen Firmen von der Empfehlung des Bundesgesundheitsamtes zu unterrichten mit dem Ziel, künftig die in Frage kommenden Rohstoffe für die Herstellung von Kinderbekleidung auf Rückstände von Pestiziden zu untersuchen. Im Sinne eines vorbeugenden Gesundheitsschutzes sollten sodann ggf. entsprechende Maßnahmen von den Herstellern getroffen werden. Eventuell wäre auch zu prüfen, ob darüber hinaus dem Verbraucher besondere Vorsichtsmaßnahmen zu empfehlen sind (z. B. das Waschen des Kleidungsstücks vor dem ersten Tragen).»[6]

Im Gegensatz zu dieser verantwortungsvollen Empfehlung ist vom Deutschen Wollforschungsinstitut seltsamerweise Verharmlosendes zu vernehmen. In einem Flugblatt über Pestizidrückstände heißt es: «Man kann davon ausgehen, daß Wollprodukte, die im Laden an den Endverbraucher abgegeben werden, keine signifikanten Mengen an Pestiziden enthalten.»[7]

Mehrere Naturtextilhersteller lassen regelmäßig Rückstandsuntersuchungen der Rohwollpartien durchführen, bevor sie sich zum Kauf einer Partie entscheiden. Der Lindangehalt der Produkte dieser Hersteller liegt in der Regel unter 10 µg/kg.

Wählen Sie daher Produkte solcher Firmen, die in ihrem Katalog oder auf Nachfrage über die Rückstandssituation ihrer Artikel informieren. Pauschale Aussagen wie: «Unsere Wollwäsche enthält keine Lindanrückstände» sind dabei weniger vertrauenerweckend als vollständig abgedruckte Analyseergebnisse incl. einer Stellungnahme des Untersuchungsinstituts, die die Einschätzung der Werte ermöglicht. Eventuell kann schon in naher Zukunft der neugegründete ‹Bundesverband Naturkost und Naturwaren› eine Orientierungshilfe geben.

Prinzipiell sind Wolle und Seide die günstigsten Textilfasern für das Kind. Strampelhosen, Pullover und Jäckchen werden jedoch ständig naß oder schmutzig, so daß häufiges Waschen unumgänglich ist. Baumwollsachen sind hier wesentlich leichter zu handhaben, jedoch sollten sie nicht das hautreizende Formaldehyd enthalten.

Das Wollunterhemd

Säuglinge geben eine große Menge Schweiß in Form von Wasserdampf an die Umgebung ab. Sie dampfen sozusagen aus allen Poren. Für den kleinen Körper bedeutet das einen ständigen Wärmeverlust, der durch wärmende Bekleidung gering gehalten werden muß. Schließlich fehlt dem körpereigenen Wärmeregulationssystem dazu auch noch die nötige Praxis. Häufiges Auspacken des jungen Säuglings (etwa zum Waschen) schadet daher in der Regel eher, als daß es nützt. Unterhemden aus reiner, naturbelassener Schafwolle haben sich als hautnächstes Kleidungsstück des Babys sehr gut bewährt.[8,9] Die Wolle hält das Kleine warm und ist gleichzeitig in der Lage, den ständigen Feuchtigkeitsstrom aufzusaugen, abzupuffern und langsam nach außen weiterzuleiten.

Die Vorstellung von kratziger Wolle auf der Babyhaut braucht Sie dabei nicht zu schrecken. Feine Wolle, wie sie zur Herstellung hochwertiger Unterkleidung benutzt wird, ist weich und wird auch von Kindern, die sich ansonsten über ihren kratzigen Wollpullover oder ihre Wollmütze beschweren, problemlos vertragen. ‹Ekzemkinder› sind allerdings mit einem Seidenhemd (Wildseide) besser bedient. Bei ohnehin schon gereizter Haut sind glatte Fasern günstiger.

Das wärmende Wollunterhemd bleibt das wichtigste Kleidungsstück während der ganzen Kinderzeit.[9] Allerdings erfordert Wolle eine etwas aufwendigere Pflege. Sorgfältige Handwäsche oder Kaltwäsche im Wollwaschprogramm der Waschmaschine ist nötig. Ein kleines Kinderhemd ist jedoch schnell mit der Hand durchgedrückt. Über der Handtuchstange trocknend ist es auch bald wieder einsatzbereit. Außerdem ist tägliches Wechseln normalerweise nicht nötig, da Wolle Schmutz und Geruch kaum annimmt. So kommt man denn auch leicht mit zwei bis drei Hemdchen in der jeweiligen Größe aus. Sparen ist auch angebracht, denn billig sind die Hemdchen nicht. Preisvergleiche unter den Versandgeschäften lohnen sich jedoch. Außerdem sind Nickisachen von bestimmten Firmen kaum billiger und finden auch ihre Käufer. Wollsachen haben dabei den Vorteil, daß sie ‹mitwachsen› und man so insgesamt mit etwas weniger Kleidungsstücken pro Kind auskommt.

Stoffwindeln oder Höschenwindeln – die große Preisfrage

Ein dickes Windelpaket ist während der ersten zwei bis drei Lebensjahre das wichtigste Kleidungsstück unseres neuen Erdenbürgers. Gut verpackt sollen Nässe und Verunreinigungen möglichst vollständig von der Windel aufgefangen werden. Wie man dieses Ziel am besten, billigsten und umweltverträglichsten erreichen kann, ist die Frage. Zahlreiche Windeltests in allen bekannten Test-Zeitschriften beweisen das große Interesse daran. Hat sich doch in den letzten 15 Jahren die allgemeine Praxis in diesem Bereich grundlegend geändert. Bis 1973 gab es kaum eine Alternative zur Stoffwindel. Einweg-Einlagewindeln waren zwar auch damals schon auf dem Markt, aber ganz ohne Stoffwindeln kam man trotzdem nicht aus.

Lästige Berge nasser und schmutziger Stoffwindeln und Babywäsche waren denn auch der Anlaß für die Entwicklung einer rundum dicht schließenden Einmal-Höschenwindel. Ein Mitarbeiter des amerikanischen Multis Procter + Gamble, der seine Freizeit als babyhütender Großvater verbrachte, soll der Erfinder der glorreichen Windelidee gewesen sein. Die erste Höschenwindel gab es 1973 auf dem bundesdeutschen Markt. Die problemlose Handhabung und die Arbeitsersparnis verhalfen ihr sofort zu einem durchschlagenden Erfolg. Heute verwenden über 80 Prozent der Eltern in der BRD Höschenwindeln. 10 Prozent greifen aus Kostengründen zur billigsten Wickelmethode, den Windelhöschen mit Einlagen. Ungefähr 10 Prozent schwören auf die alten Stoffwindeln.[10]

In Österreich, wo immerhin noch 26 Prozent der Eltern bei Stoffwindeln und 10 Prozent bei Einlagewindeln geblieben sind, rücken die Großkonzerne diesem ungenutzten Käuferpotential mit aggressiven Werbestrategien zu Leibe. Billig-Preis-Aktionen und Werbespots sollen auch den letzten Zweiflern suggerieren, daß sie nur mit Höschenwindeln der betreffenden Marke das Beste für Babys Popo tun können.[11] Auch in den Gebärstationen der Krankenhäuser haben sich inzwischen fast überall Höschenwindeln durchgesetzt, so daß die frischgebackenen Eltern gleich mit der richtigen Wickelmethode vertraut gemacht werden.

Deutlicher Nachteil der praktischen Höschenwindeln, besonders für Haushalte mit schmalem Geldbeutel, ist jedoch der stolze Preis. Nach einer Untersuchung der Stiftung Warentest[12] belasten Höschenwindeln das Haushaltsbudget mit 45,– bis 80,– DM im Monat, wobei die billigen Marken in den Tests nicht unbedingt schlechter abschnitten. Als billigste Wickelmethode erweisen sich Einlagewindeln + Windelhose. Stoffwindeln schneiden bei einem Preisvergleich weniger günstig ab, da die einmaligen Anschaffungskosten relativ hoch sind.[14,15]

Berücksichtigt man jedoch, daß Stoffwindeln von mindestens zwei bis drei Kindern benützt werden können (Windeln an andere Eltern weitergeben!), so ergeben sich auch hier günstigere Verhältnisse.

Wunder Babypo – wie kommt das?

Wohl jede Mutter und jeder Vater hatte während der Wickelphase des Sprößlings einmal mit einem wunden Po zu kämpfen. Die Mediziner sprechen wissenschaftlich von einer Windeldermatitis. Unter der Windelverpackung entzündet sich nämlich leicht die Haut. Das erste Anzeichen einer Windeldermatitis ist eine leichte Hautrötung. Verschlimmert sich die Sache, so kommen Entzündungen mit Bläschen und schließlich offenen, wunden Stellen hinzu. Eventuell kann sich die Entzündung dann auch auf den Bauch, den Rücken und die Oberschenkel ausbreiten. Ist erst einmal alles wund, so ist es für Bakterien und Pilze ein leichtes, sich auf der angegriffenen Haut anzusiedeln.[13] Das Resultat ist eine hartnäckige Hautentzündung, die ohne ärztliche Behandlung kaum wieder verschwindet.

Tatsächlich herrschen unter der dichten Windelverpackung ja auch ziemlich ätzende Bedingungen. Ammoniak ist dabei der Hauptübeltäter. Ammoniak wird aus dem Stuhl durch harnstoffspaltende Bakterien freigesetzt. Er ist stark alkalisch und bewirkt damit einen gewaltigen pH-Anstieg auf der Haut. Für die ohnehin noch empfindliche Babyhaut bedeutet das eine ausgeprägte Hautreizung. Je länger die verschmutzte Windel auf der Haut bleibt, desto mehr Zeit bleibt den Bakterien, ihre ätzende Tätigkeit auszuüben.[13] Daher ist rascher Windelwechsel vonnöten, wenn das Jüngste den bekannten, verdächtigen Geruch ausströmt.

Durchfall, unzulängliche Reinigung und Pflege im Windelbereich oder saurer Stuhl als Folge von besonders eiweißhaltiger Ernährung (abgesehen von Milch) können zusätzlich Hautreizungen begünstigen. Frischer Urin führt dagegen in der Regel auch bei längerem Kontakt mit der Haut nicht zu Entzündungen.[13]

Die Plastikumhüllung des Windelpakets ist ebenfalls mitverantwortlich für das Wundwerden des Babypos. Egal, ob Polyethylenfolie einer Höschenwindel oder Plastikwindelhose über Stoffwindeln, in jedem Fall bedeutet diese luft- und wasserdichte Verpackung eine zusätzliche Belastung.[13] Es wirken also mehrere Faktoren zusammen:[13]
- Wärmestauung
- Feuchtigkeitsstau mit oberflächlicher Hautaufweichung
- Reibung der feuchten Hautflächen gegeneinander
- Reibung der Hautflächen mit der Wäsche
- Verlust des Säureschutzmantels der Haut (durch Ammoniak)

Ein solches naß-warmes Paket wäre auch für die widerstandsfähigere

Erwachsenenhaut ein Problem. Hinzu kommt, daß in diesem Brutkasten Bakterien und Pilze einen idealen Nährboden finden.[13]

Bei Mädchen haben Eltern allgemein etwas häufiger mit der Windeldermatitis zu kämpfen, da bei ihnen leichter Urin in die Leistenbeugen fließen kann, wo sich die feuchte Haut beim Reiben gegeneinander entzündet.[13]

Besonders empfindlich sind die Kinder während der ersten sechs Lebensmonate, da die Babyhaut dann noch sehr unreif ist. Während dieser Zeit hat so gut wie jedes Kind mindestens einmal einen wunden Po.[13]

Zeit- und Arbeitsaufwand für das Windelwaschen sind dabei allerdings nicht mit eingerechnet.

In bezug auf Saugfähigkeit und Dichtigkeit halten die hochgepriesenen Höschenwindeln tatsächlich viel von dem, was die Hersteller versprechen. Probleme gibt es hauptsächlich nachts, wo bei der Mehrzahl der im Handel befindlichen Höschenwindeln ein Auslaufen von Urin und Stuhl hingenommen werden muß. Abhilfe schaffen einige Neuentwicklungen, die speziell für die Nacht konzipiert wurden, oder aber als Alternative der Griff zu den althergebrachten Stoffwindeln. Da bei Stoffwindeln die Möglichkeit besteht, sich mit mehreren Windellagen der Urinmenge des Kindes anzupassen, können die Nachtstunden so meist problemlos über die Runden gebracht werden.[14]

Machen Höschenwindeln einen wunden Po?

Lange Zeit galt die Meinung, daß die neuentwickelten Höschenwindeln besonders häufig zu wunder Haut am Kinderpopo führen würden. Wissenschaftliche Untersuchungen erbrachten die Belege.[16] Doch wie dem auch sei, auch Wissenschaftler können irren, und inzwischen hat sich auf Grund neuerer Untersuchungen[17,13] die Meinung durchgesetzt, daß zwischen Stoffwindeln und Höschenwindeln in bezug auf die Häufigkeit des Auftretens einer Windeldermatitis kein Unterschied besteht. Es wurde festgestellt, daß 85 Prozent der

Babys und Kleinkinder eine gesunde, relativ unempfindliche Haut haben und praktisch jede Windel und jede Wickelmethode vertragen. Kinder mit empfindlicher Haut können mit manchen Höschenwindeln jedoch mehr Probleme haben als mit anderen.[12] Ausgelöst wird die Windeldermatitis meistens nicht durch eine bestimmte Windel, sondern durch das Essen, zu seltenen Windelwechsel oder eine allgemeine Erkrankung. Oft hilft dann schon das Umsteigen auf eine andere Wickelmethode, also von Zellstoff auf Baumwolle oder umgekehrt, denn schon allein der Wechsel wird von der angegriffenen Haut als angenehm empfunden. Deutliche Verbesserungen sind in Neuentwicklungen zu sehen, die das Rücknässen aus der Windel verhindern bzw. die Mischung Urin/Stuhl bei dem hautverträglichen pH-Wert von 5,5 stabilisieren.[10]

In Alternativkreisen werden seit einiger Zeit gestrickte Wollwindelhosen als Umhüllung der Stoffwindeln propagiert. Die aus nicht entfetteter Wolle hergestellten Hosen können erstaunliche Mengen Feuchtigkeit aufsaugen, ohne sich feucht anzufühlen oder die Nässe nach außen weiterzugeben. Dabei schließen sie den Kinderpopo jedoch keinesfalls luftdicht ab. Die das Wundwerden fördernden feucht-warmen Brutkastenbedingungen werden somit vermindert. Stiftung Warentest befragte Ärzte und Kliniken zu dieser Wickelmethode und stieß dabei auf keinerlei Bedenken.[12] Soweit mir bekannt ist, hat es jedoch bisher noch keiner der medizinischen Forscher für nötig befunden, auch diese Wickelmethode einmal in Vergleichstests miteinzubeziehen.

Die Wollwindelhosen nehmen den Uringeruch kaum an und können bei normalem Einnässen einfach auf der Heizung oder an der Luft getrocknet werden.[8] Verschmutzte Stellen lassen sich mit klarem Wasser leicht auswaschen. Ist doch einmal eine ganze Hosenwäsche fällig, so sollte eine rückfettende Seife oder eine spezielle lanolinhaltige Reinigungsmilch verwendet werden (beides erhältlich im Naturtextilhandel). Da naturbelassene Wolle schmutzabweisend ist, ist das keinesfalls unhygienisch.

Das Öko-Test-Magazin ließ 1987 einen Test mit Höschenwindeln durchführen, in dem überflüssige Fremd- und Schadstoffe aufgespürt werden sollten. Das Testergebnis fiel insgesamt ganz erfreulich aus. In den 18 getesteten Marken wurden keine Konservierungsmittel,

Bleichrückstände (chlorierte Zellstoffabbauprodukte) oder Pestizid-rückstände (aus den Rohstoffen der Zellulose) gefunden. Auch Form-aldehyd (zur Desinfektion) konnte in keiner Windel nachgewiesen werden. Die wasserdichte Außenhülle bestand in allen untersuchten Fällen nicht aus dem umstrittenen Kunststoff PVC, sondern aus Polyethylen, Polypropylen oder Polyester.[10]

Auch die Parfümierung der Einmalwindeln hat die Mehrzahl der Hersteller inzwischen aufgegeben. Das liegt wohl daran, daß die meisten Eltern den betörenden Geruch eher als unangenehm bzw. überflüssig empfindet nach dem Motto: vorher braucht man ihn nicht, und hinterher nützt er nichts mehr. Außerdem weiß die kritische Kundschaft schließlich auch, daß «Parfüm und Hautschutz sich nicht vertragen», wie Dieter Kutznick von den Vereinigten Papierwerken erläutert.[10]

Ebenso unsinnig wie überflüssig sind auch optische Aufheller, die die Windeln besonders strahlend weiß erscheinen lassen. Dennoch waren sie in 6 der 18 getesteten Marken enthalten. Optische Aufheller sind nicht akut giftig, können aber Allergien hervorrufen und Hautkrankheiten begünstigen. Ihre Wirkungsweise im Organismus ist nur wenig untersucht.[18] Zusätzlich stehen sie im Verdacht, die Wundheilung zu verzögern.[5] Nach Angaben der Hersteller sind inzwischen alle von *Öko-Test* getesteten Marken frei von optischen Aufhellern. Die Entscheidung für Stoff- oder Höschenwindeln wird damit hauptsächlich zu einer Frage des Geldbeutels und der Arbeit, die Sie zu leisten bereit sind. Gravierende gesundheitliche Schäden fügen Sie Ihrem Kind vermutlich mit keiner der gängigen Methoden zu. Arbeit und Geld können Sie sparen, wenn Sie Ihr Kind im Sommer so oft wie möglich ohne Windel spielen lassen. Frische Luft (hoffentlich ist sie wirklich frisch!) ist immer noch das beste für die Babyhaut, und ältere Kinder lernen dabei die Vorteile des Trockenwerdens kennen.

Umweltschutz beim Babywickeln

Einmal-Wegwerfwindeln sind für viele kritische Zeitgenossen zum Inbegriff der Rohstoffverschwendung geworden. Riesige Abfallberge türmen sich in jedem Haushalt mit Babys. Seitdem unsere Wohngemeinschaft Nachwuchs bekommen hat, sind wir auch plötzlich mit dem Problem eines zeitweise überquellenden Mülleimers konfrontiert. Umweltfreundlich kann das doch weiß Gott nicht sein, denken wir uns.

Das ökologische Gewissen schlägt heftig. Doch aus der Schweiz können wir Beruhigendes erfahren. Wie das dortige Bundesamt für Umweltschutz herausgefunden hat, unterscheiden sich Stoffwindeln und Höschenwindeln kaum in ihrer Umweltbelastung.[11] Bei den Höschenwindeln wandert bei jedem Windelwechsel eine Plastikfolie – aus Erdöl hergestellt – in den Müll, und für die Herstellung der Zellstoffwatte für die Saugpolster werden große Mengen Holz verbraucht. Die Zellstoffherstellung ist außerdem alles andere als umweltfreundlich. Stoffwindeln sind zwar in der Herstellung weniger aufwendig, dafür verbraucht man beim Waschen Energie und Wasser und belastet die Gewässer mit Waschmitteln. Angeblich gleicht sich die Rechnung damit wieder aus. Stiftung Warentest gibt aber zu bedenken, daß, wer ein Kleinkind in der Familie hat, häufiges Waschen sowieso nicht vermeiden kann. Dabei vergrößern die Stoffwindeln den anfallenden Wäscheberg nur unwesentlich.[12]

Bei den Höschenwindeln werden besonders die Kunststoffolien mit Skepsis betrachtet. Mit ca. 6000 gebrauchten Höschenwindeln pro Kind landet 6000mal eine Plastikfolie im Müll. Die Sorge, daß in der Müllverbrennungsanlage giftige Substanzen aus der Kunstoffolie entstehen könnten, ist allerdings weitgehend unbegründet. Da sie aus Polyethylen, Polypropylen oder Polyester bestehen, entsteht bei ihrer vollständigen Verbrennung lediglich Kohlendioxid und Wasserdampf. Als ungiftiger Rückstand verbleibt in der Asche das Füllmittel Titandioxid, das in Höhe von 1 bis 2 Prozent enthalten ist. Ganz schadstofffrei geht es jedoch nicht ab: Schwefeldioxid entsteht in geringen Mengen aus Gummiband. Spuren von Stickoxiden können aus stickstoffhaltigen Ausscheidungsprodukten entstehen. Ob schwermetallhaltige Weichmacher und Farbstoffe zu einer weiteren Umweltbelastung führen, ist unbekannt.[11]

Der Großteil der Babyverpackungen landet jedoch auf der Mülldeponie (in der Bundesrepublik werden nur ca. 28 Prozent des Hausmülls verbrannt).[18] Hier erweisen sich die Kunststoffbestandteile als äußerst langlebig. Wenn überhaupt, dann verrotten sie nur sehr langsam.[11]

Daher lautet die Forderung der Verbraucherschützer an die Hersteller, schadstofffrei kompostierbare Produkte zu schaffen.[10] – Ehrlich gesagt ist mein ökologisches Gewissen für Höschenwindeln immer noch nicht ganz beruhigt.

Flammschutzmittel in Kinderschlafanzügen – brennende Fragen

In den USA stellte man vor einiger Zeit fest, daß die Zahl der Todesfälle bei Brandunfällen aufgrund der Brennbarkeit von Textilien angestiegen sei. Die Schreckensvorstellung von brennenden Kleidungsstücken auf dem Körper schien die Öffentlichkeit und die Politiker aufzustören. Ganz besonders meinte man, kleine Kinder vor Schaden schützen zu müssen, und so wurde 1972 in den USA ein Gesetz erlassen, das Vorschriften für die Brennbarkeit von Säuglingsschlafanzügen für die Altersklassen von 0 bis 6 Monaten enthält. Ein sechs Monate altes Baby kann allerdings ganz bestimmt noch nicht Feuerzeuge oder Streichhölzer entzünden, und mit wehendem Nachthemd vor dem offenen Kamin wird es auch noch nicht spielen. Der Sinn dieser Verordnung ist mir daher nicht ganz klar. 1975 erweiterte man die Bestimmungen über die Brennbarkeit von Schlafanzügen auch auf ältere Kinder bis 14 Jahren.

Die Prüfung der Brennbarkeit erfolgt unter ziemlich unsinnigen Versuchsbedingungen. Die Textilien werden eine Stunde lang bei 105 °C getrocknet und anschließend senkrecht hängend für drei Sekunden einer Bunsenbrennerflamme ausgesetzt. Das Textil darf dabei nicht über eine bestimmte Länge hinaus verkohlen. In knochentrockenem Zustand können diese Anforderungen nur sehr wenige Textilien überstehen. Selbst Wolle, die von Natur aus als schwer entflammbar gilt, wird in Flammen aufgehen, da man ihr vorher ihre natürliche Feuchtigkeit entzogen hat, was unter normalen Bedingungen nicht passiert.[19]

In der Regel ist die Prüfung nur mit Hilfe chemischer Zusätze im Textil zu erfüllen. Flammschutzmittel in Höhe von 10 bis 20 Gewichtsprozenten müssen den Stoffen beigefügt werden, damit sie die Flammschutzstandards erfüllen.[19] Die chemische Industrie freut sich.

Ihre Umsätze an Flammschutzmitteln hatten sich schon drei Jahre nach Erlaß der Richtlinien verdoppelt. 136000 t Flammschutzmittel wurden schon 1975 produziert, und weitere drastische Steigerungen wurden erwartet.[19]

Diese Flammschutzmittel jedoch haben es in sich. Organische Phosphorverbindungen und halogenierte Kohlenwasserstoffe sind die gängigsten Substanzen. Halogenkohlenwasserstoffe sind für ihre schlechte Abbaubarkeit bekannt. Außerdem stehen viele Stoffe dieser Klasse im Verdacht, mutagen oder krebserregend zu sein.[18]

So mußte man in Amerika auch bald nach Einführung der strengen Flammschutzverordnungen feststellen, daß man offenbar den Teufel mit dem Beelzebub ausgetrieben hatte. Das zu Anfang am meisten gebrauchte Flammschutzmittel, Tris 2,3-dibrompropylphosphat (Tris-BP), erwies sich als mutagen und krebserregend.[20] Selbst nach drei Wäschen ließen sich aus den behandelten Kinderschlafanzügen noch Tris-BP sowie seine Verunreinigungen, bromierte Kohlenwasserstoffe (z. B. das Pestizid DBCP, Dibromchlorpropan) herauslösen.[20]

Ganze 6 g der krebserregenden Substanz befanden sich auf einem normalen Kinderschlafanzug von 200 g, der mit den üblichen 10 Prozent Tris-BP behandelt worden war – so wurde es in Versuchen festgestellt. Tris-BP wird leicht durch die Haut aufgenommen und ist außerdem noch ein schwaches Allergen.[19] Obwohl bereits 1973, also vor der generellen Einführung von Tris-BP als Flammschutzmittel, dessen krebserzeugende Wirkung entdeckt worden war, wurde die Chemikalie erst dann vom Markt genommen, als Wissenschaftler das Risiko, an Krebs durch Flammschutzmittel zu erkranken, sehr viel höher einstuften als das Risiko, an Feuer zu sterben.[19]

Noch haarsträubender wird die ganze Geschichte, wenn man sich fragt, warum die Kinderhaut eigentlich mit einer derart unberechenbaren Giftlast traktiert werden soll. Man muß nur einmal auf die Ursachen der Brandunglücke gucken, denn ein Kinderschlafanzug kann ja beim besten Willen nicht von alleine Feuer fangen. Eine Untersuchung zeigt, daß bei den 12000 Todesfällen, die in den USA pro Jahr von Bränden verursacht werden, in einem Drittel bis der Hälfte der Fälle brennende Zigaretten die Brandursache waren. Dazu muß man wissen, daß amerikanische Zigaretten überwiegend mit einem Zusatz versehen sind, der verhindert, daß sie verlöschen, wenn sie weggelegt werden. Anstatt wie normal nach ein paar Minuten auszugehen, können die Glimmstengel teilweise über 20 Minuten lang weiterschmurgeln. Kein Wunder, daß es dabei leicht zu Zimmer- und (nicht zu vergessen!) Waldbränden kommen kann. Wieviel leichter und effektiver wäre es also, durch ein Verbot der Zigarettenzusätze die Mehrzahl der Brände überhaupt zu verhindern, als durch scheinbare Fürsorge die Gesundheit der Kinder zu belasten.

Was hat das alles aber mit uns hier in der Bundesrepublik zu tun? Nun, 1980 wurde in der Bundesrepublik ein Verwendungsverbot für Tris-BP, TEPA (Tris-aziridinylphosphinoxid) und PBB (polybromierte Biphenyle) als Textilflammschutzmittel erlassen.[15] Nanu, in der BRD gibt es doch gar keine Entflammbarkeitsstandards für Kinderschlafanzüge. Sollten vielleicht einige bundesdeutsche Hersteller der Einfachheit halber gleich ihre gesamte Produktion und nicht nur die für die USA bestimmte Exportware flammhemmend ausgerüstet haben? Wer mag da etwas Genaues wissen? Ein Textilkundeprofessor, den wir zu diesem Thema befragten, meinte, daß sich auf dem deutschen Markt durchaus auch flammhemmend ausgerüstete Kinderschlafanzüge befinden könnten.

Wir können nur hoffen, daß es sich dabei um Einzelfälle handelt. Eine Erziehung der Kinder zum verantwortungsbewußten Umgang mit Feuer erscheint auch weitaus sinnvoller und ungefährlicher als gefährliche Flammschutzmittel zu verwenden.

Babytragehilfen – mit dem Jüngsten Huckepack

In Rückbesinnung auf Naturvölker und alte Sitten machte sich die Erkenntnis breit, daß sich Körperkontakt und Schaukeln beruhigend auf das Kind auswirken. Kinderwiegen und -wippen werden neuerdings wieder empfohlen, nicht etwa als romantischer Schnickschnack, sondern wegen ihrer ausgleichenden Wirkung auf das junge Gemüt. Die instinktive Lust am Schaukeln spüren wir ja selbst als Erwachsene noch, wenn wir uns mal wieder auf eine Kinderschaukel oder für ruhigere Seelen in einen Schaukelstuhl setzen. Besonders in Alternativkreisen sind Tragehilfen inzwischen zu einem Bestandteil der Grundausstattung fürs Baby geworden. Durch ihre praktische

Verwendbarkeit haben die Tücher und Gestelle inzwischen auch Eingang in die übrige Bevölkerung gefunden.

Inzwischen gibt es eine Reihe unterschiedlicher Tragehilfen für Säuglinge und Kleinkinder auf dem Markt. Immer dann, wenn das Kind längere Zeit getragen werden soll, in der Stadt, in öffentlichen Verkehrsmitteln oder bei der Haus- und Gartenarbeit, erweisen sie sich als praktische Hilfen. Ganz grob können die angebotenen Modelle in Tragegestelle, Tragesitze und Tragetücher unterteilt werden.

Einige wichtige Punkte kennzeichnen eine gute Tragehilfe: Der Körper des Kindes soll von dem Stoff der Trage in jedem Punkt unterstützt werden, so als werde der gesamte Rücken von einer großen Hand gehalten. Dabei sollte die Spannung des Stoffes regulierbar sein. Die Bedenken einiger Ärzte, daß die Wirbelsäule des Säuglings durch das senkrechte Herumtragen zu früh belastet werde, können somit ausgeräumt werden. In einer guten Tragehilfe nimmt der kleine Säugling noch die gleiche runde Körperhaltung ein wie im Mutterleib. Erst im Laufe der Entwicklung wird das Rückgrat durch die Muskeltätigkeit in Form gezogen, und die Haltung des Kindes wird aufrechter. Auch die Spreizhaltung der Beine beim Getragenwerden am Körper des Erwachsenen, die teilweise als ungesund abgelehnt wird, braucht kein Kopfzerbrechen zu bereiten. Es ist die beste Haltung für die Entwicklung gesunder Hüftgelenke.[21] Säuglinge mit Hüftgelenksschäden müssen sogar auf ärztlichen Rat breitgewickelt werden, wobei die Beine in einer extremen Spreizhaltung stabilisiert werden.

Schließlich gilt es zu bedenken, daß Kinder wachsen, und eine jetzt optimal stützende Hilfe kann schon in kurzer Zeit völlig unbrauchbar werden, wenn sie nicht zum Mitwachsen konzipiert ist. Dabei spielt nicht nur die Körpergröße allein, sondern auch die wachsende Körperbeherrschung des Kindes eine Rolle. Während die Allerkleinsten am besten von Kopf bis Fuß eingehüllt werden, läßt sich ein einjähriges Kind freisitzend auf der Hüfte tragen. Diese unterschiedlichen Anforderungen kann jedoch nicht jede Tragehilfe erfüllen.

Ob Sie Ihr Kind lieber auf dem Bauch oder auf dem Rücken tragen, hängt allein von Ihrem persönlichen Geschmack und der Art der Tätigkeit ab, die Sie ausüben wollen. Für das Kind ist das Tragen auf dem Rücken, bei dem es den Eltern über die Schultern schauen kann, äußerst spannend. Es sieht die Dinge dabei aus der gleichen Sicht wie der Erwachsene und lernt eine Menge Neues. Außerdem weiß jeder, der schon einmal einen schweren Rucksack aufgesetzt hat, daß man auf dem Rücken selbst Lasten, die sonst kaum zu bewältigen sind, noch verhältnismäßig bequem tragen kann. (Natürlich nur, wenn es sich um einen guten Rucksack handelt.) Auf dem Rücken können Sie also auch ein etwas älteres Kind bequem tragen. Wenn Sie dagegen mit dem Kleinen spielen und schäkern wollen, ist die Bauch-auf-Bauch-Lage praktischer. Längere Strecken lassen sich in dieser Haltung mit größeren Kindern jedoch kaum ohne Rückenschmerzen bewältigen.

Für Tragetücher wird inzwischen in allen einschlägigen Zeitschriften mit Werbeanzeigen geworben. Sie eignen sich grundsätzlich für Kinder jeden Alters, jedoch erfordert ihre Handhabung eine gewisse Übungszeit. Insbesondere das Binden des Knotens sollte man sich am besten von einer erfahrenen Tuchträgerin zeigen lassen, die man meist in den örtlichen Stillgruppen findet. Das Tuch erlaubt alle Möglichkeiten der Variation. Während man die Kleinen von Kopf bis Fuß einhüllen kann, werden die Großen nur noch an der Hüfte gebunden. Je nach Bedarf kann das Kind sowohl auf dem Bauch als auch auf dem Rücken getragen werden. Das Gewicht des Kindes verteilt sich dabei durch die Breite des Stoffes gleichmäßig auf die Schultern des Erwachsenen, so daß selbst ein 12 kg schweres Kind ohne große Anstrengung bis zu zwei Stunden darin getragen werden kann.[8] Das Selbstnähen eines Tragetuches ist nicht zu empfehlen, da die Tragetücher in einer besonderen Webart speziell für diesen Zweck hergestellt werden. Die erforderliche Elastizität und gleichzeitige Stabilität ist bei Meterware nicht zu finden.

Wir wollten wissen, ob Babytragetücher die bei Stoffen übliche Chemikalienlast mit sich tragen oder nicht. Nach Auskunft einer bekannten Anbieterin von Babytragetüchern werden ihre Tücher nicht ausgerüstet und nicht mottenschutzbehandelt. Außerdem sei kein Lindan enthalten. Die Weberei lasse Rückstandsuntersuchungen durchführen. Außer dieser mündlichen Auskunft erhielten wir leider keine weiteren Unterlagen zu diesem Problem.

Wem die Eigendynamik des Stoffes zu unheimlich ist, der wird lieber zu einem der vorgenähten Tragesitze greifen. Nachteil dieser Modelle ist, daß sie sich nicht so vollkommen an die Körpergröße und -haltung des Kindes anpassen lassen wie das einfache Tuch. Eine Besonderheit dieser Klasse stellt das snugli, ein Import aus Amerika, dar. Hier sind durch auftrennbare Abnäher und Druckknöpfe mehr Variationsmöglichkeiten vorgesehen.

Rückentragen, die aus einem gebogenen Stahlrohrgestell mit eingehängtem Stoffsitz bestehen, sind etwas für geübte Rucksackträger mit älteren Kindern.

Billig sind die genannten Tragehilfen alle nicht, und einen Ersatz für den Kinderwagen können und sollen sie auch nicht bieten. Von Oma und Opa, von Freunden oder Nachbarn können die Kleinen am besten im Kinderwagen spazierengefahren werden. Auch für ein Schläfchen im Freien oder auf dem Balkon ist er unersetzlich.

Ökotips

• Achten Sie bei Kinderkleidung nicht nur auf gutes Aussehen, sondern auch auf gesunde Materialien. Hohe Luftdurchlässigkeit und Wasseraufnahmefähigkeit sind wichtige Kriterien für gute Kinder- und speziell Säuglingsbekleidung.
• Meiden Sie, wenn irgend möglich, handelsübliche Baumwollunterbekleidung für Säuglinge, denn diese Sachen sind mit formaldehydhaltigen Kunstharzen ausgerüstet. Es gibt keine besonderen gesetzlichen Bestimmungen für Kinder- und Säuglingskleidung, und wie unzulänglich die Gesetze schon für Erwachsene sind, wurde ja bereits erläutert.
• Waschen Sie neue, baumwollhaltige Kleidungsstücke sechs- bis siebenmal vor Gebrauch.
• Naturbelassene Woll- und Seidenunterwäsche ist aus physiologischen Gesichtspunkten das beste für das Kind. Vergewissern Sie sich jedoch bei den Herstellern über mögliche Ausrüstungen sowie Lindanrückstände in der Wollbekleidung. Umwelt- und gesundheitsbewußte Hersteller können darüber Auskunft geben.
• Bevorzugen Sie so weit wie möglich ungefärbte, naturbelassene Textilien für Ihr Kind.

- Achten Sie auch auf praktische Merkmale bei Kinderkleidung: nicht zu kleine, zu enge oder unpraktische Sachen kaufen.
- Wechseln Sie die Windeln Ihres Säuglings sofort, wenn er oder sie die Hosen voll hat (Duftprobe!).
- Wechseln Sie zu einer anderen Wickelmethode, wenn Ihr Kind unter einer Windeldermatitis leidet. Es fördert die Heilung.
- Welche Wickelmethode Sie bevorzugen, hängt im wesentlichen von Ihrem Geldbeutel und dem Arbeitsaufwand ab, den Sie zu leisten bereit sind. Der Haut Ihres Kindes fügt keine Windelsorte einen besonderen Schaden zu.
- Höschenwindeln gehören nach Gebrauch keinesfalls in die Toilette. Allenfalls den groben Schmutz sollten Sie in die Toilette spülen, die Windel selbst jedoch wandert in den Mülleimer.
- In ihrer Umweltbelastung halten sich Stoffwindeln und Höschenwindeln angeblich die Waage. Hinsichtlich der unvergänglichen Plastikfolien überkommt mich dabei jedoch ein leichtes Unbehagen.
- Falls Sie Stoffwindeln benutzen, waschen Sie sie mit einem umweltschonenden Waschmittel ohne Phosphate, Bleichmittel, optische Aufheller, Duftstoffe oder Enzyme. Sie belasten damit sowohl die Umwelt als auch die Haut Ihres Kindes weniger.
- Falls Ihr Kind zu den 15 Prozent der Kinder mit empfindlicher Haut gehört, benutzen Sie entweder eines der neuentwickelten Spezialprodukte von Höschenwindeln, oder greifen Sie zu Stoffwindeln und Wollwindelhose oder Wickelfolie. Mit den letztgenannten Methoden verringern Sie das bakterienfördernde Brutkastenklima unter der Windel.
- Auch bei Problemen hinsichtlich der nächtlichen Saugfähigkeit stellt das Ausweichen auf Stoffwindeln eine mögliche Alternative dar.

Literatur

1 Voigtländer, V., 1983: Die Haut der Säuglinge und Kinder. Ärztliche Kosmetologie 13, S. 299–305.

2 Drossert, J., 1988: Panorama-Beitrag: Chemie in Kleidung. Fernsehsendung des NDR vom 9.8.88, 21 Uhr.

3 Kuzu, G., 1986: Formaldehyd in Baumwolle. Öko-Test 6, S. 26–29.

4 Hedewig, S., 1987: Lindan im Schafspelz. Öko-Test 2, S. 52.

5 Brodersen, I., Duve, F. (Hg.), 1988: Öko-Test-Ratgeber Kleinkinder. Rowohlt-Verlag, Reinbek.

6 Der Bundesminister für Jugend, Familie, Frauen und Gesundheit, 1987: Schreiben vom 8. Januar an den: Gesamtverband der Textilindustrie in der Bundesrepublik Deutschland Gesamttextil e. V., Bundesverband des Deutschen Textileinzelhandels e. V., Verband der Textilhilfsmittel- Lederhilfsmittel, Gerbstoff- und Waschrohstoffindustrie e. V., Internationales Wollsekretariat.

7 Deutsches Wollforschungsinstitut: Flugblatt über Pestizidrückstände.

8 Wall, U., 1984: Bio-Baby. Zweitausendeins, Frankfurt am Main.

9 Lehmann, P. J., 1985: Die Kleidung unsere zweite Haut. bioverlag gesundleben.

10 Stellpflug, J., 1987: Öko-Test: Höschenwindeln. Öko-Test 10, S. 44–45.

11 Höschenwindeln. Eine Preisfrage. Konsument 2, 1987, S. 24–31.

12 Höschenwindeln. Geschäftchen gehen ins Geld. Test 4, 1986, S. 344–348.

13 Schmitt, G. et al., 1983: Windeldermatitis. Vergleichende Feldstudie über den Einfluß von Einmalhöschenwindeln und Stoffwindeln. Ärztliche Kosmetologie 13, S. 46–58.

14 Mandl-Nägeli, B., 1986: Höschenwindeln im Test: Nächtliche Überraschungen oder: – trockene Babyfudi gefragt? Prüf mit 4, S. 11–15.

15 Friege, H., Claus, F., D'Haese, M., 1986: Chemie im Kinderzimmer. Rowohlt-Verlag, Reinbek.

16 Wiener, F., 1979: The relation of diapers rashes in the onemonth-old infant. Journal of Pediatrics 95 (3), S. 422–424.

17 Rosenkranz, A., 1980: Klinische Erfahrungen bei Verwendung von Einmal-Höschenwindeln bei Säuglingen. Sozialpädiatrie 10, S. 399.

18 Katalyse, 1988: Umwelt-Lexikon. Kiepenheuer & Witsch, Köln.

19 Blum, A., Ames, B. N., 1977: Flame Retardant Additives as Possible Cancer Hazards. The main flame retardant in childrens pyjamas is a mutagen and should not be used. Science 195, S. 17–23.

20 Prival, M. J. et al., 1977: Tris (2,3-Dibromopropyl)-Phosphate: Mutagenicity of a Widely Used Flame Retardant. Science 195, S. 76–78.

21 Hilsberg, R., 1987: Auf Tuchfühlung. Öko-Test 11, S. 67–68.

Sport- und Wetterkleidung

«Von der Stirne heiß, rinnen muß der Schweiß», dann ist Sport gesund. Mindestens einmal am Tag soll man richtig ins Schwitzen geraten, um gesund zu bleiben. Das schafft dann schon etwas besondere
Bekleidungsprobleme. Zwar spielen beim Sport die ‹peinlichen
Schwitzflecken› keine so große Rolle, aber ein nasses Sporthemd, das
wie ein feuchter Umschlag am Rücken klebt, ist unangenehm und
auch ungesund. Da sind wir schon beim zentralen Problem jeder
Sportkleidung: Wohin mit dem Schweiß? Wie wird er am besten von
der Haut wegtransportiert und schließlich an die Umgebungsluft abgegeben? Die alten Griechen hatten eine einfache Lösung gefunden.
Bei den alten Olympischen Spielen waren die Sportler ganz nackt. So
konnte kein Kleidungsstück die Bewegungen behindern, und der
Schweiß wurde nicht durch Stoff am Verdunsten gehindert. Allerdings braucht man sich im sonnigen Süden am Mittelmeer auch keine
großen Gedanken um einen Schutz vor Kälte zu machen. Hierzulande
hindert nicht nur das Schamgefühl die Sportler an einer exzessiven
Freikörperkultur. Zwar soll einerseits die vom Körper produzierte
überschüssige Wärme nach außen abgegeben werden, gleichzeitig
muß jedoch auch eine Unterkühlung durch kalten Wind und nasse
Sportsachen verhindert werden. Dabei soll das Sportzeug aber auch
noch gut aussehen. Schließlich gehört das Betreiben irgendeiner
Sportart längst zum Image des erfolgreichen, dynamischen Menschen.
Einfache Sporthemden und Turnhosen sind viel zu hausbacken. Es
müssen schon glänzende, glitzernde oder leuchtfarbene Stretching-,
Jogging- und Aerobic-Anzüge sein, damit man auch im sportlichen
Sektor mitreden kann.

Sportkleidung – die Domäne der Chemiefasern

Mit der Sportkleidung erschließt sich ein breites Feld für findige Textilingenieure und Mode-Designer. Der Markt wird eindeutig von den Chemiefasern dominiert. Tatsächlich gibt es einige Sportarten, die ohne die Kunstfasererzeugnisse gar nicht denkbar wären. Ein Windsurfer zum Beispiel kommt in unseren Breiten kaum ohne einen Surfanzug aus, der auch nach einem Sturz ins Wasser noch ausreichende, isolierende Eigenschaften besitzt. Auch bei Badeanzügen hat inzwischen wohl jeder die Vorzüge von Synthesefasern kennengelernt. Wer möchte die modernen Textilien noch gegen die alten Wollbadeanzüge tauschen, die nach dem Baden wie ein nasser Sack am Leibe hängen?

Es gibt jedoch auch Sportarten, wie Laufen, Gymnastik, Spiele u. ä., bei denen die Naturfaser- und die Chemiefaser-Ideologien hart aufeinanderprallen. Die einen möchten sich nicht von ihren rein baumwollenen Hemden oder Jogginganzügen trennen, weil sie ange-

Anteile der Chemiefasern in der Sportbekleidung

Sportart und entsprechende Bekleidung	in %
Badehosen (Herren)	100
Badeanzüge (Damen)	98
Wanderkleidung	94
Jogginganzüge	94
Skianzüge	92
Sporthemden/Turnhemden	61

Quelle: Rieländer, M.: Gesunde Kleidung, Puchheim 1987

nehm auf der Haut sind und viel Feuchtigkeit aufsaugen können. Die anderen sagen, das angenehme Gefühl auf der Haut sei alles nur Einbildung. In Wirklichkeit hätten Naturfasern spitze Faserenden, die die Haut reizen, und nur Synthesefasern seien wirklich angenehm zu tragen.[1] Außerdem *dürfe* Sportzeug überhaupt keine Feuchtigkeit aufsaugen, denn sonst sei es irgendwann durchgeweicht. Man könne sich eine Erkältung oder gar einen Kreislaufkollaps holen.

Oje, was soll man denn da nur glauben? Tatsächlich gibt es wohl kaum eine allgemeingültige, richtige Meinung.[2] Es kommt immer darauf an, was man mit der Kleidung machen will. Naturfasern sind so lange unübertroffen, wie ihre Fähigkeit, Feuchtigkeit zu speichern, nicht überschritten wird. Nicht mit Kunstharzen ausgerüstete Baumwolle kann da schon eine ganze Menge ab. Bis zu 21 Prozent ihres Gewichtes kann Baumwolle Feuchtigkeit in die Fasern einlagern, ohne sich feucht anzufühlen. Für kurze Schweißausbrüche oder stetige, geringe Schweißabgabe reicht das durchaus aus. Einen gemütlichen Trimmlauf kann man damit schon gut über die Runden bringen.[1] Man kann auch die Aufnahmekapazität noch steigern, indem man mehrere Schichten übereinanderzieht. Wie von einem Docht wird nämlich die Feuchtigkeit auch in die äußeren Schichten gesaugt. Irgendwann hilft jedoch alles nichts mehr. Das Hemd ist durchgeschwitzt, und auch der Jogging-Pullover ist naß. Eine solche schweißgetränkte Kleidung kann dann auch nicht mehr so gut wärmen. Ein leichter Luftzug macht sich schon unangenehm kühl bemerkbar. Außerdem funktioniert auch die Verdunstung nicht mehr so gut, da alle Poren mit Feuchtigkeit ‹verstopft› sind. Die Körpertemperatur steigt an, und man fühlt sich unwohl. In Extremfällen – bei schlechter körperlicher Konstitution – kann es tatsächlich zu einem Kreislaufkollaps kommen.[2]

Mit solchen ernsten körperlichen Folgen sollte man nicht spaßen. Sicherlich ist es aber in jedem Falle nicht so gesund, in untrainiertem Zustand gleich Höchstleistungen erbringen zu wollen, auch dann nicht, wenn man sich ein ausgeklügeltes Sporttrikot überzieht, für das bekannte Spitzensportler Werbung machen.

Synthetische Sportmaterialien funktionieren genau nach dem gegenteiligen Prinzip wie Naturfasern. Die Fasern selbst saugen überhaupt keine Feuchtigkeit auf. Sie sind jedoch in der Lage, flüssigen Schweiß, der auf der Haut nicht mehr verdunsten kann, schnell anzuziehen und nach außen weiterzuleiten. Direkt über der Haut soll damit eine Zone relativ trockener Luft erhalten bleiben, so daß der Sportler direkt auf der Haut kein nasses, klebendes Zeug hat. Die äußeren Schichten der Sportkleidung werden jedoch auch naß. Das Unterhemd soll also trocken bleiben, während man den Joggingpullover durchschwitzt. Die Problemzone ist etwas weiter von der Haut weg. Doch das allein reicht noch nicht aus, um sich in den künstlichen Fasern wohlzufühlen. Die Berührung mit dem Sporthemd soll sich außerdem angenehm anfühlen. Es darf nicht kratzen, beißen oder kleben auf der Haut.[2] Gute ‹hautsensorische› Eigenschaften, sagen die Textilkundler, muß es haben. Der synthetische Faden muß also bei der Herstellung in eine hautfreundliche Form gebracht werden. Das geschieht durch künstliche Kräuselung, besondere Garngestaltung, Web- oder Stricktechnik und durch Ausrüstung. So werden die Fasern mit einer Kunstharzemulsion (hydrophile Ausrüstung) überzogen, damit sie überhaupt die nötige Anziehungskraft zu flüssigem Schweiß entwickeln. Eine künstliche Kräuselung verhindert, daß die ursprünglich völlig glatten Fasern unangenehm auf der Haut kleben. Ja, da ist schon etwas mehr Textiltechnik nötig, um künstlich eine gute Sportfaser zu konstruieren. Aus dem Bekleidungsphysiologischen Institut in Hohenstein kann man dazu folgendes hören: «Hier liegt nämlich der wesentliche Unterschied zwischen Textilien aus Naturfasern und solchen aus Synthesefasern. Letztere reagieren hinsichtlich der resultierenden Trageeigenschaften viel empfindlicher auf die jeweiligen Konstruktionselemente – die Gefahr, hier etwas falsch zu machen, ist größer als bei Naturfasern.»[2] Mit billigem Sportzeug aus synthetischem Material kann man daher große Reinfälle erleben. Wenn sich die Hersteller aus Kostengründen nicht so viel Mühe bei der Konstruktion geben, kommt dabei wohl nicht viel mehr als ein ekelhaft klebendes und stinkendes Sporthemd heraus.

Bei Naturfasern trifft eher das Gegenteil zu. Je weniger nachträgliche Ausrüstung die Fasern über sich ergehen lassen müssen, desto besser sind sie. Die Fasern können nämlich nur dann besonders viel Feuchtigkeit aufnehmen, wenn sie nicht mit Kunstharzen behandelt wurden (s. Hochveredlung für Baumwolle, Antifilzausrüstung für Wolle).[2]

Die Qualität des fertigen Stücks wird nur durch die Faserqualität und allenfalls noch durch die Spinn-, Web- oder Stricktechnik bestimmt.

Lassen wir zum Abschluß noch einmal einen Bekleidungsphysiologen zu Wort kommen: «Werden alle diese Konstruktionselemente richtig aufeinander abgestimmt, lassen sich aus praktisch sämtlichen gängigen Fasermaterialien, also auch aus Snythetics, Textilien mit guten physiologischen Trageeigenschaften herstellen.»[2]

Egal zu welcher Sportwäsche man auch greifen mag, so sollte man doch nicht vergessen, daß man sich in Ruhepausen unbedingt wärmendes Überzeug anziehen sollte, etwa einen Jogginganzug, einen Bademantel, eine Decke oder einen dicken Pullover. Die nasse Sportbekleidung kühlt nämlich auch dann, wenn sie nicht direkt auf der Haut liegt.

Die trockene Antwort aufs Schwitzen

Seit einigen Jahren wird neuartige Sportunterwäsche auf dem Markt angeboten, für die mit Sprüchen wie ‹der Schwitzableiter›, ‹die trockene Antwort aufs Schwitzen› o. ä. geworben wird. Was verbirgt sich hinter diesen Werbeversprechungen?

Tatsächlich handelt es sich um ausgeklügelte Textilkonstruktionen, die alle den Schweiß besonders gut von der Haut wegtransportieren sollen. Auf der Haut soll damit ein gesundes trocken-warmes Klima entstehen, so daß weder ein Hitzestau im Körper auftreten kann, noch die Gefahr einer Unterkühlung besteht. Folgende Varianten werben um die Käufergunst:

Das Haarprinzip: Bei diesen Textilien ist auf der der Haut zugewandten Seite eine Schicht feinster Synthetic-Härchen angebracht. Wie ein dichter, lufthaltiger Pelz liegt diese Schicht auf der Haut und verhindert das Kleben des Kleidungsstücks am Körper. Der Schweiß wird zwischen den Härchen hindurch nach außen transportiert. Die Härchen selbst bleiben dabei trocken, da sie aus wasserabstoßenden Synthesefasern bestehen.

Doppelflächige Maschenwaren: Doppelflächige Maschenwaren scheinen das Ei des Kolumbus bei der modernen Sportbekleidung zu sein. Hier macht man sich sowohl die Vorzüge von Synthesefasern als auch die von Naturfasern zunutze. Ungewohnt erscheint zunächst, daß direkt auf der Haut Synthesefasern getragen werden sollen und erst darüber das klassische Unterbekleidungsmaterial Baumwolle. Sportzeug dieser Machart besteht nämlich aus zwei verschiedenen Schichten: einer Kunstfaser-Schicht aus Polyester, Polyacryl, Polyamid oder Polypropylen und einer saugfähigen Naturfaser-Schicht, meistens aus Baumwolle. Das Prinzip leuchtet ein: Von der Synthetic-Schicht soll der Schweiß von der Haut aufgenommen und nach außen in die baumwollene Saugschicht weitergeleitet werden. Direkt auf der Haut kann sich damit keine Feuchtigkeit sammeln. Sie wird sofort nach außen weitergegeben. Andererseits kommt die nasse Baumwollschicht aber auch nicht direkt mit der Haut in Berührung. Ein kalter Umschlag kann nicht entstehen, da ja die trockene Synthetic-Schicht als Abstandshalter zwischen der Baumwolle und dem Körper liegt. Die Sportunterwäsche funktioniert damit nach dem gleichen Prinzip wie eine Höschenwindel.

Bei einer Untersuchung, welches Fasermaterial sich am besten für die Syntheticschicht eignet, wurde festgestellt, daß Polypropylen die Feuchtigkeit am schnellsten von der Haut nach außen transportiert.

Innerhalb von 10 Sekunden war die Innenseite nahezu trocken. Am langsamsten erwies sich ein Textil mit Polyester-Innenseite.[3] Auch im Tragekomfort und Hautgefühl zeigte sich Polypropylen den anderen Fasern (Polyamid, Polyester, Polyacryl) überlegen. Angeblich soll außerdem sogar nach längerem Tragen kein Schweißgeruch festzustellen sein.[3]

Während Polypropylen für normale Oberbekleidung weitgehend ungeeignet ist, da es sich nicht konventionell anfärben läßt, ist es im Sportbereich zu einer bedeutenden Faser geworden. Polypropylen hat nämlich auch noch das geringste spezifische Gewicht aller Faserstoffe, was beim Leistungssport besonders erwünscht ist. Eine komplette Sportgarnitur aus Baumwolle etwa würde 420 g wiegen, eine aus Wolle 370 g und eine aus Polypropylen nur 250 g.[3] Wo der Bruchteil einer Sekunde zählt, kann jedes Gramm am Körper zuviel sein.

Mehrschichtenprinzip: Das Mehrschichtenprinzip entspricht dem der doppelflächigen Maschenwaren, nur daß hier Naturfasern und Synthesefasern nicht in einem Textil vereinigt sind. Diese ‹System-Unterwäsche› wird in zwei Komponenten angeboten: Hautnah zu tragende Synthetic-Unterwäsche und darüberzuziehendes Absorptionszeug aus Baumwolle oder Modal. Natürlich funktioniert dieses System auch, wenn man über das Synthetic-Unterzeug auf der Haut statt des angebotenen eigenes Überzeug aus Baumwolle anzieht.

Strohhalmprinzip: Besonders raffinierte Synthesefasern haben sich Textilingenieure hier einfallen lassen. Diese Kunstwerke sind nämlich so gebaut, daß sie im Inneren Hohlräume besitzen. Damit saugen sie wie winzige Strohhalme die Feuchtigkeit von der Haut nach außen, wo sie verdunstet. An der Außenseite wirken die Fasern wasserabstoßend, so daß sie außen trocken bleiben.

Stiftung Warentest ließ Versuchspersonen mit einer Auswahl derartiger Sportkleidung durch die Gegend joggen.[4] Das Urteil der Tester lautete 10mal gut, 8mal zufriedenstellend und einmal sogar sehr gut. Tatsächlich fühlten sich die Läufer in vielen Fällen auch schweißgebadet noch relativ wohl in ihrem Sportzeug. Bemängelt wurde jedoch, daß oft nur 30 °C oder 40 °C beim Waschen erlaubt ist, für durchgeschwitzte Sporttextilien eine zu laue Waschtemperatur.

Der Wärmehaushalt des Sportlers

Der Mensch, als ‹Warmblüter›, produziert bei allen seinen Tätigkeiten ständig Wärme. Das ist auch sehr sinnvoll, denn die meisten Stoffwechselvorgänge im menschlichen Körper können nur bei einer konstanten Temperatur von 37 °C optimal ablaufen. Jeder kennt auch aus eigener Erfahrung das Phänomen, daß man bei Bewegung mehr Wärme produziert als in Ruhe. Wenn man fröstelt, muß man sich bewegen. Wenn ich am Schreibtisch sitze, muß ich mir eine dicke Strickjacke anziehen, während ich schon bei normaler Hausarbeit wie Staubsaugen, Putzen oder Wäschewaschen im gleichen Raum sehr gut ohne Jacke auskomme.

Bei anstrengender körperlicher Bewegung übersteigt die produzierte Wärme jedoch schnell die zur Aufrechterhaltung der Körpertemperatur nötige Menge. Diese Wärme kann man sogar messen: ein ruhig stehender Mensch entwickelt eine Wärmemenge von ca. 100 Watt. Ein mit ca. 5 km/h einherschreitender Spaziergänger entwickelt bereits eine Wärmemenge von 350 Watt. Ein Sportler kann bei körperlicher Höchstleistung über 1000 Watt Wärme produzieren.[2]

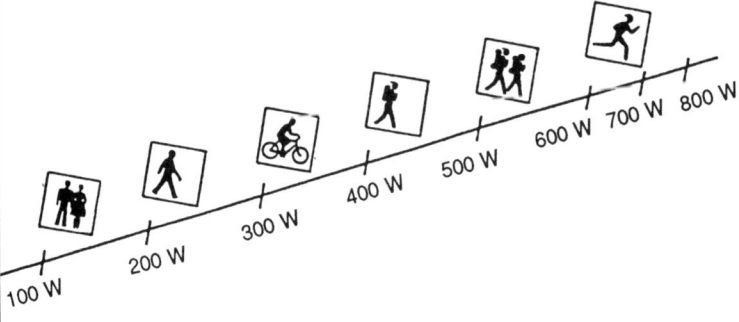

Was soll der Körper mit der ganzen Wärme anfangen? Schließlich darf er auch nicht wesentlich heißer als 37 °C werden. Wir bekämen ja sonst Fieber. Also muß der Körper die überschüssige Wärme genau in dem gleichen Maße wieder loswerden, wie sie entsteht. Dafür gibt es im wesentlichen drei Wege:

• 10 Prozent der produzierten Wärme pustet man mit dem warmen Atem in die Umgebungsluft.

• Die restlichen 90 Prozent müssen über die Haut abgegeben werden. Da die Luft bei uns in der Regel kälter als 37 °C ist, strahlt der Körper trockene Wärme ab. Wie bei einem Heizkörper wird die Umgebungsluft angewärmt, der Körper wird dabei kälter. Direkt in der Nähe der Haut wird die Luft am wärmsten. Wird diese warme Luft ständig wegtransportiert – durch Wind bzw. Fahrtwind –, so verstärkt sich der kühlende Effekt.

• Produziert der Körper mehr Wärme als auf diesen beiden Wegen abgegeben werden kann, so wird die Wasserkühlung des Körpers in Gang gesetzt. Man fängt an zu schwitzen. Das Schwitzen ist das wirkungsvollste Kühlsystem: Ein Liter Schweiß, der vom Körper ohne besondere Kreislaufbelastung innerhalb von kurzer Zeit abgegeben werden kann, besitzt bei der Verdunstung auf der Hautoberfläche eine Kühlleistung von 672 Watt. Das ist doch eine ganze Menge. Damit kann man auch anstrengenden Sport gut überstehen. Allerdings muß der Schweiß auch wirklich verdunsten. Wenn er flüssig am Körper hinabrinnt, kann er nicht kühlen. Gekühlt wird ja durch die Verdunstungskälte, die man sich auch bei kühlenden Wadenwickeln für Fieberpatienten zunutze zu machen weiß. Auch die alten Römer kannten schon die Vorteile der Verdunstungskälte. Sie benutzten ungebrannte Tonkrüge, um ihren Wein darin aufzubewahren. Durch den Ton konnte ständig etwas Feuchtigkeit verdunsten, so daß der Wein im Krug selbst im Mittelmeerklima ohne Kühlschrank schön kühl blieb.

Wolle und Seide als Sportunterkleidung

In dem Katalog eines führenden Ausrüstungsfachgeschäftes für Bergsteiger, Wanderer, Radfahrer, Kanuten und andere ‹outdoor-Sportler› ist die Empfehlung zu lesen, Unterwäsche zu tragen, welche die Feuchtigkeit vom Körper wegleitet und damit die Haut schön trocken hält, am besten solche aus Wolle, Polypropylen, hydrophilem Polyester oder Seide.[5] Die Betreiber des Geschäfts, die allesamt reichlich Survival-Erfahrungen besitzen, müssen wohl wissen, wovon sie reden, wenn sie gleich an erster Stelle Wolle nennen. Aber natürlich, Wolle besitzt ja auch schon von Natur aus eine Reihe der hochgepriesenen Eigenschaften, die mit anderen Materialien so mühsam künstlich erzeugt werden müssen.

Das Haarprinzip: Hochwertige, feine Schurwollen sind von Natur aus sehr stark gekräuselt. Ein gesponnenes Garn ist daher umgeben von einem dichten Pelz gekräuselter Faserenden, die als Abstandhalter zwischen der Haut und dem Stoff liegen. Zwischen diesen Härchen hindurch können Luft und Feuchtigkeit·nach außen abgegeben werden, selbst wenn die Wolle schon mit Schweiß vollgesaugt ist.[1]

Zweiflächenprinzip: Wollfasern sind von außen wasserabstoßend. Wenn man auf einen naturbelassenen Wollpullover einen Wassertropfen fallen läßt, so perlt er einfach ab. Besonders gut funktioniert die wasserabstoßende Außenschicht, wenn noch etwas Wollfett in den Fasern ist. Im Faserinneren kann Wolle jedoch von allen Textilfasern am meisten Feuchtigkeit speichern.[6]

Damit wirken Wollfasern ähnlich wie die beschriebenen zweiflächigen Maschenwaren aus Polypropylen o. ä. und Baumwolle. Direkt auf der Haut befindet sich die wasserabstoßende Seite der Fasern, die immer trocken bleibt. Wollstücke fühlen sich daher nie so richtig klatschnaß an wie etwa Baumwolle.[7] Abstandshalter und die wasserabstoßende Außenseite vermitteln sehr lange ein wohlig-warmes Gefühl auf der Haut.

Gleichzeitig bringt Wolle von allen Naturfaserstoffen das geringste Gewicht auf die Waage und besitzt die höchste Elastizität[8], die besten Voraussetzungen also für eine natürliche Sportbekleidung. Johannes Paulus Lehmann[9] berichtet von zwei Himalaya-Expeditionen, bei denen die Teilnehmer ausschließlich naturbelassene Wollunterwäsche trugen. Die Wäsche wurde während der gesamten zweimonatigen bzw. siebenwöchigen Expedition nicht gewechselt, nicht gewaschen, ja nicht einmal ausgezogen. Die Teilnehmer berichteten hinterher übereinstimmend, daß selbst bei schwerster körperlicher Belastung nie ein Gefühl des Unbehagens aufgekommen sei und die Haut stets warm und gut durchblutet geblieben war. Bei Temperaturen von tagsüber $+40\,°C$ bis $+60\,°C$ und nachts von $-20\,°C$ bis $-36\,°C$ kann man sich das kaum vorstellen.

Die durchgeschwitzten Lappen müssen am Schluß aber ganz schön unappetitlich gewesen sein, denkt man sich. Angeblich soll die Wäsche jedoch ansehnlich und völlig geruchlos geblieben sein. Die zweite Garnitur wurde ungebraucht wieder zurückgebracht.[9]

Beim Norwegischen Bergrettungsdienst wurde eine Untersuchung zu den Eigenschaften von Wollunterwäsche im Vergleich zu Synthetic- und Baumwollunterwäsche angestellt. Die Unterwäsche wurde über eine ganze Rettungssaison (Winter und Frühling) hinweg geprüft, das heißt bei extremer Kälte, wo gut isolierende Kleidung lebenswichtig ist, und bei erheblicher körperlicher Anstrengung. Acht ungefärbte Unterwäschegarnituren (lange Unterhose und langärmeliges Hemd), die gleich dick waren und aus drei verschiedenen Fasertypen bestanden (Wolle, Baumwolle, Polypropylen), wurden miteinander verglichen. Die Versuchspersonen wußten jedoch nicht, aus welchem Fasermaterial die zur Verfügung gestellte Unterwäsche bestand. In einem Fragebogen wurden die Teilnehmer über ihre Erlebnisse mit der Testwäsche befragt.

Das Ergebnis war eindeutig: «Die Zusammenfassung der Fragebogen-Auswertung zeigt, daß die Unterwäsche aus Schurwolle mit überwältigender Mehrheit der aus Baumwolle und der aus Polypropylen vorgezogen wurde. Sie wurde sowohl bei mäßiger als auch bei größerer Anstrengung als angenehm warm und trocken empfunden. Dies wird zurückgeführt auf die unvergleichliche Wärmeisolation der Wolle und auf ihre Absorptions- und Transport-Eigenschaften von verdunstetem Schweiß.»[6]

Die ganzen schönen Wolleigenschaften werden leider beeinträchtigt, wenn die Fasern für die Waschmaschine filzfrei ausgerüstet sind. Bei der Filzfrei-Ausrüstung wird die Außenschicht der Fasern durch Chlor entfernt und ein Kunstharz in die Fasern eingelagert. Damit sind sie außen nicht mehr wasserabstoßend. Außerdem verlieren sie einen Teil ihrer Wasseraufnahmefähigkeit. Das Prinzip des zweiflächigen Textils kann nicht mehr funktionieren. Reine naturbelassene Wolle ist also nötig, wenn man sich für diese natürliche Sportkleidung entscheidet.

Allerdings werden die Wollfasern durch die Filzfrei-Behandlung wasserliebend (hydrophil), so daß sie auch flüssigen Schweiß transportieren können. Für manche Verwendungszwecke sollen sie daher sogar besser geeignet sein.[6]

So entwickelte das Internationale Wollsekretariat Trainingsanzüge für den Hochleistungssport, die nach dem Prinzip des zweiflächigen Textils angefertigt werden. Auf der Innenseite befindet sich waschmaschinenfeste – und damit hydrophile – Schurwolle und auf der Außenseite 100 Prozent Baumwolle oder 100 Prozent Schurwolle.

An der Universität Loughborough (Abteilung für Leibesübungen und Sportwissenschaft) wurden diese neuen Konstruktionen in der Praxis geprüft, wobei die Teilnehmer natürlich nicht mitgeteilt bekamen, welcher Art die Anzüge waren, die sie beim Sport auf dem Leibe tragen sollten. In den neuen Trainingsanzügen fühlten sich die Sportler durchweg wohler als in ihren gewohnten Trainingsanzügen aus 100 Prozent Polyester. Frösteln oder unangenehmes Schwitzen traten weniger auf.[6]

Wer gerne längere Wander-, Fahrrad- oder Kanutouren unternimmt, weiß, mit wie wenig Gepäck man bei solchen Unternehmungen auskommen muß und wie selten man Gelegenheit findet, Wäsche zu waschen und vor allem auch wieder zu trocknen. Gerade in solchen Fällen wird man es zu schätzen wissen, wenn die Unterwäsche trotz starken Schwitzens lange geruchsfrei bleibt und nicht etwa wie die meisten Synthetics nach ein paar Stunden anfängt zu muffeln.

Außer Wolle bietet sich auch naturbelassene Seide als ideales Unterbekleidungsmaterial für sportliche Unternehmungen an. Seide ist leicht (wenig Gepäck!), glatt und hautfreundlich, aber trotzdem sehr saugfähig. Sie trocknet sehr schnell, wenn sie naß wurde, und nimmt ebenfalls kaum Geruch an.

Bei Wind und Wetter draußen

Als Botanikerin arbeite ich vom Frühjahr bis zum Herbst sehr viel draußen in freier Natur. Schlechtwettergeld gibt es für Biologen nicht. Also heißt es bei jedem Wetter nach draußen. Nur wenn es wirklich in Strömen gießt und alle Pflanzen die Köpfe hängen lassen, ist es mit dem Arbeiten vorbei. Wie soll man denn auch Blütenstaubblätter oder Griffel zählen, wenn die feinen Gebilde zu einem einzigen Strang verklebt sind? Das Papier zum Aufschreiben ist dann auch längst durchgeweicht und läßt sich nicht mehr überreden, irgendwelche Informationen aufzunehmen. Praktische Schlechtwetterbekleidung gehört daher zu einem der wichtigsten Arbeitsmaterialien. Bibbernd und frierend in nassen Klamotten kann man schließlich auch nicht mehr richtig arbeiten.

Hören wir wieder, was unsere Survival-Fachleute in ihrem Katalog dazu sagen: Als Schlechtwetterbekleidung empfehlen sie folgende Schichten:

• Unterwäsche aus Wolle, Polypropylen, hydrophilem Polyester oder Seide
• Hemden aus Wolle, Baumwoll-Flanell oder Faserpelz, die die Körperfeuchtigkeit nur kurzfristig speichern.
• Pullover aus naturbelassener Wolle, Faserpelz oder Polyester-Fleece
• Jacke und Hose, die möglichst winddicht, aber atmungsaktiv, evtl. auch wasserdicht sind. Daunen bei extremem Frost.[5]

Ich habe dieses Rezept ausprobiert mit einem Wollhemd und einer Wollhose auf der Haut, einer Baumwoll-Bluse, einem dicken Wollpullover darüber und schließlich einer dicht gewebten Baumwolljacke und -hose. Mit dieser Ausrüstung fühle ich mich bei fast jedem Wetter wohl. Bei Sonnenschein kann ich mich entblättern wie eine Zwiebel und finde dabei einen erträglichen Zustand. Bei Kälte dagegen werden alle Knöpfe, Reißverschlüsse und Schnürzüge gut verschlossen, damit nur ja keine Wärme nach außen entweicht. Ausreichender Luft- und Feuchtigkeitsaustausch ist durch die Bekleidung trotzdem gewährleistet. Selbst bei leichtem Regen verzichte ich gern auf eine wasserdichte Regenjacke, weil mir dann das unangenehme Gefühl, im eigenen Saft zu schmoren, erspart bleibt. Der Wollpullover kann eine ganze Menge Feuchtigkeit abfangen, bevor auch er zu einem unangenehmen nassen Stück wird. Allerdings braucht man dann die Möglichkeit, sich und die Kleidung anschließend in einer warmen Wohnung zu trocknen.

Die Bekleidungsphysiologen sprechen vom ‹Zwiebelschalenprinzip› für Kleidung, die unter verschiedenen klimatischen Bedingungen und bei wechselnder körperlicher Anstrengung getragen werden soll. Durch Fortlassen oder Hinzufügen einzelner Teile kann man sich der schwankenden Wärmeproduktion des Körpers anpassen.

Da man sich beim Wandern, Radfahren oder Skifahren ganz unterschiedlich viel bewegt, produziert der Körper unterschiedlich viel Wärme. Wenn man zum Beispiel mit dem Fahrrad einen Berg hinauffährt, gerät man tüchtig ins Schwitzen. Doch danach kommt der angenehme Teil der Fahrt. Ohne zu treten, saust man mit einem Affentempo ins nächste Tal hinunter. Dabei kann einem ganz schön kalt werden. ‹Variable Ventilation› heißt da das Zauberwort. Bei der anstrengenden Bergauffahrt muß man alle Kleideröffnungen aufmachen, damit überschüssige Wärme und Schweiß nach außen entweichen können. Oben angekommen, werden alle Reißverschlüsse, Knöpfe und Schnürzüge wieder fest verschlossen, so daß man die Bergabfahrt auch gut übersteht.

Will man sich besonders warm anziehen, so muß man sich ein möglichst dickes, warmes Luftpolster zulegen (Prinzip: Thermoskanne). Kleidungsstücke dürfen daher nicht zu eng sein, sonst kann nicht genügend Luft eingeschlossen werden. Halsausschnitt, Ärmelbündchen, Hosenbeine und Jackenrand sind offene Luftkanäle, durch die die warme Luft entweichen kann. Gut ist es also, wenn man diese Öffnungen durch Schnürzüge, Gummibänder und ähnliches verschließen kann.

Faserpelz, Fleece oder Synchilla nennen sich Textilkonstruktionen aus Polyester, bei denen durch besonders starke Garnkräuselung sehr hoher Lufteinschluß und damit eine gute Wärmeisolation erreicht wird. Vorteil dieser Kleidungsstücke ist es, daß sie keine Feuchtigkeit aufsaugen und daher auch dann noch wärmen, wenn sie im Regen naß geworden sind.

Wasserdicht, winddicht, aber trotzdem atmungsaktiv

Atmungsaktivität, Wassersäule, Mikroporen, Mikrofaser, High-Tech-Gewebe, Z-Liner, Membran – bei soviel Fachchinesisch kann einem ja ganz schwindelig im Kopf werden. Regelrechter Textilexperte muß man werden, um sich auf dem Markt der neuartigen Regenbekleidungen auszukennen. In aller Munde sind die neuen Bekleidungswunder, doch kaum jemand weiß so ganz genau, wie sie wirklich funktionieren und ob sie tatsächlich so gut sind, wie es versprochen wird.

Das Problem ist wohl weitgehend bekannt. Bisher entwickelte sich wasserdichtes Regenzeug schon bei leichter körperlicher Anstrengung zu einem unangenehmen Saunaanzug, in dem man durch den eigenen Schweiß schnell genauso naß werden konnte, wie man es

Wo bleibt die Wärme in der Kälte?

Bei kaltem Wetter muß sich der Mensch warm einpacken und zusehen, daß er möglichst wenig Wärme verliert. Es gibt im wesentlichen sechs Wege, auf denen sich die Körperwärme verflüchtigt:

● Durch die warme Atemluft wird Wärme abgegeben. Daran kann man aber durch Bekleidung nichts ändern, und den Atem anhalten kann man leider auch nicht. *(Atem)*

● Der warme Körper strahlt wie ein Heizkörper Wärme an die Umgebungsluft ab. Je dicker die Kleidungsschicht, desto weniger Wärme gelangt nach außen. *(Strahlung)*

● Wenn man sich auf kalte Steine setzt oder legt oder kalte Gegenstände anfaßt, merkt man deutlich, daß man auf diese Weise Wärme verliert. Daher braucht man beim Zelten eine Isomatte oder eine Luftmatratze. *(Ableitung)*

● Direkt auf der warmen Haut entsteht in der Kleidung eine Schicht warmer Luft. Der Körper wärmt ja die Luft in seiner Umgebung auf. Ganz deutlich kann man diesen Effekt spüren, wenn man morgens seine Bettdecke anhebt. Ein Schwall warmer Luft strömt einem daraus entgegen. Die stehende Luft in der Kleidung ist wie bei einer Thermoskanne das wichtigste Wärmepolster. Bei windigem Wetter kühlt man viel leichter aus als bei Windstille, da dieses wertvolle Wärmepolster ständig entfernt wird. *(Austausch der körpernahen Luftschicht)*

● Durch sämtliche Kleideröffnungen (Ärmelbündchen, Halsausschnitt, Hosenbeine, Hüftabschluß) kann sich das körpernahe warme Luftpolster verflüchtigen. *(Ventilation)*

● Wenn man sich körperlich anstrengt, produziert man auch bei kaltem Wetter Schweiß. Dieser kühlt den Körper bei seiner Verdunstung zusätzlich aus. *(Verdunstung)*

Der wichtigste Wärmeisolator ist also Luft. Möglichst viel solcher warmen Luft muß man um sich herum ansammeln, wenn man bei kaltem Wetter nicht frieren will. Ein wärmendes Kleidungsstück besteht etwa zu 80 Prozent aus Luft. Nur 20 Prozent seines Volumens ist tatsächlich Material. Zusätzlich bildet sich um den Körper herum noch ein Mantel warmer Luft, der außen an der Kleidung haftet.

Die Wärmeisolation setzt sich zusammen aus:[2]
20 Prozent Textilfasern
50 Prozent eingeschlossener Luft
30 Prozent anhaftender Luft

ohne Regenzeug durch den Regen geworden wäre. Besonders übel wurde der Zustand, wenn man sich der Regenkleidung wieder entledigen wollte, weil der Schauer vorüber war. In dem schweißnassen Zustand konnte man das kaum wagen, denn eine Erkältung hätte wohl nicht lange auf sich warten lassen. Die Regenbekleidung weiterhin anzubehalten erschien aber auch nicht sinnvoll, da man ja nur noch nasser werden konnte.

Diese Probleme sollen jetzt vergessen sein, zumindest, wenn man das nötige Kleingeld besitzt, um sich die neuen winddichten, wasserdichten und atmungsaktiven (WWA) Textilkonstruktionen leisten zu können, denn billig sind sie alle nicht, die hochgelobten Kleidungsstücke. Um zu verstehen, warum Regen von außen abgehalten werden kann, Wasserdampf, also Schweiß, jedoch mühelos von innen nach außen gelangen soll, muß man etwas in den Aufbau dieser neuartigen Textilien einsteigen. Man kann verschiedene Macharten unterscheiden:

• *Mikroporöse Membranen:* Bekanntester Vertreter dieser Gruppe ist die Gore-Tex-Membran. Gore-Tex wird aus dem Material hergestellt, das allgemein für Bratpfannenbeschichtungen bekannt ist: Polytetrafluorethylen, genannt Teflon. Teflon ist außerordentlich reaktionsträge und wasserabstoßend. Dieses Material wird zu einer hauchdünnen Folie (Membran) von nur 0,02 mm Dicke ausgezogen. Die Membran ist jedoch nicht völlig geschlossen. Sie besitzt pro cm^2 rund 1,4 Milliarden Poren mit dem unvorstellbar kleinen Durchmesser von 0,00002 mm. Die mikroskopisch kleinen Öffnungen sind der Witz an der Sache. Wasserdampf, also auch Schweiß, besteht nämlich aus einzelnen freischwebenden Wassermolekülen. Diese sind so klein, daß sie leicht durch die Poren hindurchwandern können. Ein Wassertropfen hingegen ist ca. 20000mal dicker als eine solche Pore und perlt daher einfach ab.[10]

Gore-Tex besitzt dabei die größte Wasserdichtigkeit aller WWA-Kleidungsstücke. Von einem wasserdichten Gewebe spricht man, wenn es eine Wassersäule von 1 bis 2 m Höhe aushält. Das bedeutet, daß auf dem Stoff 1 bis 2 m hoch das Wasser stehen kann, ohne daß es durch sein eigenes Gewicht durch das Gewebe hindurchgequetscht wird. Die Gore-Tex-Membran ist bis zu einer Wassersäule von 80 m wasserdicht.

Mikroporöse Membranen anderer Hersteller werden überwiegend aus Polyurethan hergestellt. Das Prinzip ist völlig gleich. Gute Fabrikate sind wasserdicht bis zu einer Wassersäule von 2 m.[11, 12]

• *Membranen mit intermolekularen Poren:* Durch einen raffinierten Trick können auch Polyurethan-Membranen hergestellt werden, die in den Strukturen, die man selbst unter dem Mikroskop nicht mehr sehen kann, den Molekülen, feinste Poren besitzen. Da Wassermoleküle sehr klein sind, können sie wie durch eine Art Tunnelsystem nach außen gelangen, Wassertropfen natürlich aber nicht nach innen. Wasserdichtigkeit bis zu einer Wassersäule von 2 m wird erreicht.[11]

• *Porenlose Membranen:* Die Sympatex-Membran ist eine porenlose Membran aus Polyester. Hier werden die Wassermoleküle auf chemisch-elektrischem Wege durch die Membran hindurch sozusagen nach außen geschoben.[11] Dabei bleibt die Membran bis zu einer Wassersäule von 10 m wasserdicht.

• *Mikrofasergewebe* (eigentlich Feinstkapillargewebe): Die neueste Entwicklung auf dem Markt der atmungsaktiven Regenbekleidung sind die sogenannten Mikrofasergewebe. Im Prinzip handelt es sich um normale Gewebe, die jedoch aus einer Vielzahl unvorstellbar feiner Fäden hergestellt werden. Diese feinen Fäden können so dicht gewebt werden, daß nur winzige Lücken bleiben. Diese Lücken sind zwar größer als die Poren in den mikroporösen Membranen, jedoch sollen sie immer noch 300mal kleiner als ein Wassertropfen sein.[13] Eine so hohe Wasserdichtigkeit wie bei den Membranen wird jedoch nicht erreicht. Die Gewebe halten eine Wassersäule von ca. einem halben Meter aus.

• *Dicht gewebte Stoffe mit wasserabstoßender Appretur:* Die klassischen Materialien für wetterfeste Wander- und Sportbekleidung bestehen überwiegend aus einem dicht gewebten Stoff, Baumwoll-Mischgewebe oder Vollsynthetik, der von außen wasserabweisend imprägniert wurde. Die Imprägnierung muß von Zeit zu Zeit erneuert werden.

• *Loden:* Die traditionelle Wetterkleidung besteht aus einem dichten Schurwollgewebe, das außen lange Härchen besitzt, die nach unten gekämmt werden. Bei einem guten Lodenstoff rinnt das Regenwasser an diesen Härchen ab (Reetdachprinzip), und es ist schon ein kräftiger Regenschauer nötig, damit der Lodenstoff richtig naß wird.

Was aber soll man mit Begriffen wie Z-Liner, Laminat oder Thermo-Dry anfangen? Noch nie zuvor hatte man so etwas gehört. Nun, die Membranen sind, wie man sich leicht vorstellen kann, sehr empfindlich gegen Scheuern oder Reiben. Daher befinden sich diese Membranen keinesfalls auf der Außenseite der Kleidungsstücke, denn dann wären sie schnell kaputt. Von beiden Seiten müssen die hauchdünnen Folien durch eine Stoffschicht geschützt werden. Außerdem dürfen die Membranen nicht zu oft genäht werden, denn an den Nähten sind sie durchlöchert und nicht mehr wasserdicht. Trotz Nahtverschweißung bleiben die Nähte die Schwachstellen dieser Kleidungsstücke. Daher ist es gut, mit möglichst wenig Nähten, die die Membran zerstechen, auszukommen. Dazu gibt es drei Möglichkeiten:

• *Oberstoff laminiert:* Die Membran wird mit der Innenseite des Oberstoffes verbunden (laminiert) und nach innen durch ein Futter abgedeckt. Kleidungsstücke dieser Machart müssen mit möglichst wenig Nähten hergestellt werden, da beim Vernähen des Oberstoffes jedesmal die Membran mitdurchstochen wird.

• *Z-Liner:* Die Membran wird mit einer Stoffschicht verbunden (laminiert), die zwischen Oberstoff und Futter lose eingehängt wird. Damit umgeht man das Problem der vielen Nähte. Der Oberstoff und das Futter können aus jedem beliebigen Material bestehen und so viele Nähte besitzen, wie sie wollen. Der Z-Liner mit der Membran hängt unbeeindruckt dazwischen und wird mit wenigen Nähten angefertigt.

• *Thermo-Dry-Wattierung:* Schließlich gibt es auch noch Kleidungsstücke für kältere Tage. Hier wird die warmhaltende Wattierung auf ihrer Außenseite mit der Membran beschichtet.

Mikrofasergewebe sollen gegen Nadelstiche unempfindlich sein, da sich die Fäden wieder fest um die Lochstelle verschließen. Das wollte ich ausprobieren und durchstach eine Stoffprobe eines Mikrofasergewebes mit einer Nähnadel. Von verschließen konnte ich nichts feststellen. Das Loch blieb drin. Wenn man den Stoff gegen das Licht hält, kann man es deutlich sehen. Es ist sehr viel größer als die winzigen Poren, durch die man das Licht ebenfalls durchschimmern sieht. Zwar konnte ich einen Wassertropfen nicht dazu bringen, das Gewebe auch nur irgendwie zu benetzen, geschweige denn durchzusickern, aber wer weiß, wie es nach vielen Wäschen in einem Gewitterguß aussieht.

Nun ist das beileibe kein wissenschaftlicher Versuch. Trotzdem würde ich ein Kleidungsstück aus Mikrofasergewebe, das zum Beispiel mit Stecknadeln im Schaufenster befestigt war, nicht unbedingt kaufen. Bei Kleidungsstücken mit Membranen versteht es sich von selbst, daß derartige Stücke wertlos wären. Beim Kauf dieser Modelle muß man daher die Augen offen halten. Schließlich ist es schon vorgekommen, daß das Kennzeichnungsetikett im Nacken durch alle Stoffschichten, also auch durch die Membran hindurchgenäht war.[14] Bei billigen Stücken kann es auch sein, daß die Verarbeitung schlecht ist. Es wurden schon unverschweißte Ärmel- oder Seitennähte und Nahtverschweißungen, die sich nach der Wäsche ablösen, gefunden.[14] Alle diese Dinge beeinträchtigen die Wasserdichtigkeit. Ist erst einmal Wasser an einer Stelle eingedrungen, so kann dieses durch saugfähige Unterkleidung leicht nach innen weitergesaugt werden. Eh man sich versieht, ist man also in der regendichten Jacke doch naß geworden.[5]

Warum wandert der Wasserdampf denn eigentlich überhaupt nach außen? Er könnte doch auch unter der Wetterjacke bleiben. In den Tropen würde das genauso passieren. Im tropischen Klima (Temperaturen von 35 °C und 90 Prozent relative Luftfeuchtigkeit) könnte kein Schweiß verdunsten, da die Luft viel zu warm und feucht ist. Nur bei unseren kühlen Temperaturen funktionieren die Wetterkleidungen. Ab Temperaturen von ca. 20 °C wird es schwierig mit der Schweißabgabe nach draußen.

Auch beim Sport kann man trotz Atmungsaktivität schweißnaß werden. Hierzu ein paar Zahlen: Beim Laufen oder sportlichem Skilanglauf produziert man leicht bis zu 2 l Schweiß in der Stunde. Dagegen kommt weder Gore-Tex noch Trevira Finesse an. Sie können pro Stunde nämlich nur ungefähr 200 bis 300 g Dampf pro m² Stoff durchlassen.[5,13] Die überschüssige Feuchtigkeit bleibt dann genau wie bei den herkömmlichen Regenjacken auf der Innenseite. Unter der Jacke wird es feucht. Wunder schaffen also die neuen Materialien auch nicht. Trotzdem wurden sie in allen Tests bei entsprechend guter Verarbeitung positiv beurteilt und stellen damit eine echte Verbesserung gegenüber dem alten Regenzeug dar.[15]

Wasserdicht, winddicht, aber trotzdem atmungsaktiv

Handelsname	Material	System
Gore-Tex	Membran aus Polytetrafluorethylen (Teflon)	mikroporöse Membran
Sympatex	Membran aus 100 % Polyester	porenlose Membran aus hydrophilem Polyester nimmt Körperfeucht. auf und leitet sie nach außen
Helsapor	Polyurethan-Beschichtung auf synthetischem Trägermaterial	mikroporöse Beschichtung
Thintech	Polyurethan-Außenseite auf porösem Trägermaterial	poröses Trägermaterial mit geschlossener PU-Beschichtung
Everesh	Stoff mit Polyurethan-Beschichtung	mikroporöse Beschichtung
Entrant	Textil mit Polyurethan-Beschichtung	mikroporöse Beschichtung
Cyclone	Trägertextil mit Polyurethan-Beschichtung	mikroporöse Beschichtung
MPC (Moisture Permeable Coating)	Trägertextil mit Polyurethan-Beschichtung	mikroporöse Beschichtung
Exceltech	Beschichtung aus aminosauren Polymeren	mikroporöse Beschichtung
Splash III	Mikrofasergewebe mit Nylonbeschichtung	Mikrofasergewebe mit mikroporöser Beschichtung
Splash IV	Mikrofasergewebe mit Nylonbeschichtung	Mikrofasergewebe mit mikroporöser Beschichtung

Werbeargumente	Einsatzbereiche	Konfektionär
wasserdicht bis zu einer Wassersäule von 80 m; die Gore-Tex-Membran hat eine Dicke von ca. 0,02 mm und besitzt mikroskopisch kleine Poren von ca. 0,00002 mm Durchmesser	Bergsteigen, Klettern, Ski-touren, Trekking, Wandern, Jogging, Waldlauf, Skilang-lauf, Radfahren, Straßen-kleidung, hochalpine Beklei-dung, Expeditionen, Schuhe (Ski, Trekking, Golf), Hand-schuhe, Mützen, Gama-schen, Biwaksäcke, Schlaf-sackhüllen	Allsport, Bailo, Belfe, Berg-haus, Bohle, Ciesse, Piumini, Craft of Sweden, Dubin, Elho, Fila, Fjällräven, Klepper, Löff-ler, Salewa, Schöffel... Schuhe: Raichle, Meindl, Lowa, Dachstein, Dynafit
wasserdicht bis zu einer Wassersäule von 10 m, die Membran ist 0,015 mm dick	Regenbekleidung, Wander-, Bergsportbekleidung, Wan-derschuhe, Langlauf, Alpin-Skibekleidung, Skischuhe	Maier, Olympia, Maul, Fren-cys, Sportalm, Lebek, Valme-line, VauDe, Dynafit, Völkl, Nino Schuhe: Hanwag, Völkl, elefanten
weicher textiler Griff, wind-dicht, wasserdicht, atmungs-aktiv	Skibekleidung, Regen-bekleidung, Handschuhe	Anba, ellesse, Kitex, Inns-bruck, Nabholz, Cre-Act
hohe Wasser- und Wind-dichte, gute Atmungsaktivi-tät		3 M
besonders wasserdicht, elastisch, windabweisend, schweißdurchlässig	Ski-, Boots-, Bergsteigerklei-dung	
wasserdicht bis zu einer Wassersäule von 2 m, atmungsaktiv	Aktiv-Sport, leichte Sportbe-kleidung, Komfort-Freizeit-kleidung, Golfbekleidung, Regenkleidung, Motorrad-kleidung	allesse, Nevica, Tenson, Bailo, Puma, Think Pink
wasserdicht bis zu einer Wassersäule von 2 m, atmungsaktiv		
wasserabweisend, wind-abweisend, atmungsaktiv	Golf-, Segel-, Jogging-, Rad-fahrer-, Wanderkleidung	Tenson
wasser- und windabwei-send, sehr atmungsaktiv, schweißtransportierend	Aktivbekleidung, hoch-alpine Expeditions-bekleidung	Asics Corps
widerstandsfähig gegenüber Wasserdruck, at-mungsaktiv, schweißaufsau-gend, schweißdurchlässig, stabiles flexibles Gewebe	hauptsächlich Sport-bekleidung	
sehr stark wasserabweisend, atmungsaktiv, stabil, flexibel	hauptsächlich Regen-bekleidung	

Handelsname	Material	System
Cascade	Polyurethan-Beschichtung	Membran mit intermolekularen Poren
Super Mecpor	Polyurethan-Beschichtung	Membran mit intermolekularen Poren
Aquation 3	Polyurethan-Beschichtung	Membran mit intermolekularen Poren
Gymstar	Polyester-Filamentgarn	Mikrofasergewebe
Trevira Finesse	Polyester-Filamentgarn	Mikrofasergewebe
Silmond		Mikrofasergewebe
Milpa-Lotus	Milpa-Fasern (Polyester u. vermutlich Nylon)	Mikrofasergewebe
Helsaloom		Mikrofasergewebe
Super-Microsoft	Polyester	Mikrofasergewebe

Werbeargumente	Einsatzbereiche	Konfektionär
wasserdicht bis zu einer Wassersäule von 2 m, Schweißdurchlässigkeit soll bis zu 50mal höher sein als bei mikroporöser PU-Beschichtung		
wasserdicht bis zu einer Wassersäule von 2 m, hautfreundlich, windundurchlässig, atmungsaktiv		Sportful, Yigi Rizzi, Fila, Il Fiore degli Sportivi, Trisse Sport
wasserdicht bis zu einer Wassersäule von 2 m, windundurchlässig, atmungsaktiv		
extrem wasserabweisend, atmungsaktiv, angenehmer Griff, natürlicher Glanz, sehr gute Farbechtheit	Aktivbekleidung	Asics Corps
wasserdicht bis zu einer Wassersäule von 0,6 m, windundurchlässig, Wasserdampfdurchlässigkeit von 200–300 g/m²/Std. modische Verwendung: Seidenglanz, Baumwoll-Touch	Sportbekleidung	Head
wasserabweisend, windundurchlässig, wetterbeständig, wasserdampfdurchlässig, baumwollähnlicher Griff bzw. Aussehen, wasserdicht bis zu einer Wassersäule von 0,5 m		Nevica
extrem wasserabweisend, aber wasserdampfdurchlässig, wind- und wetterbeständig, baumwollähnlicher Griff		
atmungsaktiv, in allen modischen Farben		
absolut wasser- und windundurchlässig, fühlt sich an wie hochwertige Baumwolle, läßt Schweiß nach außen durch	Ski: Anoraks, Overalls Bergsteigen: Parkas, Anoraks, Hosen Segelsport: Jacken Tennis, Golf: Wind-, Regenjacken, Hüte, Schuhe, Regenschirme, Taschen	Luhta, Killy

235

Handelsname	Material	System
Belseta	Nylon/Polyester z. T. mit Baumwolle z. T. mit Goldstaub bestäubt	Mikrofasergewebe
Climaguard	100 % Polyamid 6,6 bzw. Polyamid + Polyester	festgewebter Stoff
Tactel 24 Carat	100 % Polyamid 6,6	Mikrofasergewebe
Rhoa-Sport Meryl	100 % Polyamid 6,6	Feinstfasergewebe
Airpush	Polyester/Baumwolle	dichtes Gewebe mit wasser- abstoßender Appretur
Tactel	Polyamid 6,6	dichtes Gewebe mit wasser- abstoßender Appretur
G 1000	65 % Polyester 35 % Baumwolle	dichtes Gewebe mit wasser- abstoßender Appretur
Microft	Polyester	Mikrofasergewebe
Loden	100 % Schurwolle	sehr dichtes Wollgewebe mit relativ langen Härchen, die in Kettrichtung des Gewebes gestrichen werden (Reetdachprinzip)

ohne Anspruch auf Vollständigkeit!

Werbeargumente	Einsatzbereiche	Konfektionär
wasserdicht bis zu einer Wassersäule von 0,7 m Feuchtigkeitsdurchlässigkeit: 7,25 l/m²/? (Stunde?), weicher Griff, natürlicher Fall	Aktiv-Sportbekleidung (Ski, Tennis, Golf, Segeln, Bergsteigen, Jogging), Mäntel, Schuhe, Taschen, Blousons	
wasserdicht bis zu einer Wassersäule von 0,5 m, leichte Luftdurchlässigkeit: 10 l/m²/sec, gute Wasserdampfdurchlässigkeit, angenehmes Tragegefühl, hoher Isolationswert		Triumph International, Head
wind-, wasserdicht, atmungsaktiv, natürlicher Griff, bewegte Oberflächen sind möglich	Aktivsportbekleidung	Head
windabweisend, wasserabweisend, sehr hohe Wasserdampfdurchlässigkeit, extrem weicher, natürlicher Griff, gute Strapazierfähigkeit, hohe Farbechtheit	Active-Sportswear, Ski alpin, Trekking	Schöffel, Klein
sehr atmungsaktiv, angenehmes Tragegefühl, da ausgesprochen leichtes Material	Skibekleidung, Trekking, outdoor	Tenson
wasserabweisend, luftdurchlässig, hohe Scheuerfestigkeit, gute Lichtechtheit, sehr leichte Ware mit naturfaserähnlichem Griff u. Optik	Ski-, Touren-, Wanderbekleidung	Bogner, Elho, Steinebronn, Head, Adidas, Luhta
sehr strapazierfähig, leicht, moskito- und dornensicher, wasserabweisend, atmungsaktiv, winddicht, mit Wachs imprägnierbar	Freizeit-, Wander-, Bergsteiger-, Angler-, Jägerbekleidung	Fjällräven
wasser-, windabweisend, atmungsaktiv, weich, anschmiegsam, knistert nicht	Wander-, Bergsteiger-, Anglerkleidung	Fjällräven
wasserabweisend, winddicht, atmungsaktiv, leise (kein Rascheln und Knistern), elastisch: herrlich bequem und geschmeidig	Jäger-, Förster-, Reiter-, Wander-, Freizeitkleidung	Fjällräven, Frey,...

Für den normalen Regenspaziergang würde ich allerdings immer noch einen viel billigeren weiten Regenumhang vorziehen (gibt's auch für Rucksackträger und Fahrradfahrer). Das wasserdichte Material läßt zwar keinen Dampf durch, aber wegen des weiten Schnittes kann die Körperfeuchtigkeit trotzdem entweichen.

Und noch etwas: Unter WWA-Kleidung (WWA = winddicht, wasserdicht, atmungsaktiv) sollte man keine saugfähige Unterwäsche, speziell keine Baumwollunterwäsche tragen, da diese zuviel Feuchtigkeit aufsaugt und damit verhindert, daß sie nach außen weiterwandert.[16]

Noch ein Wort zur Pflege der WWA-Kleidung: Grundsätzlich sind alle Artikel bis 40 °C waschbar. Bei den porösen Materialien ist es jedoch wichtig, daß die Poren dabei nicht verstopfen. Ein mildes Waschmittel (Seife, Feinwaschmittel) wird empfohlen. Schonwaschgang in der Waschmaschine und gründliches Spülen sind nötig. Außerdem darf man auf keinen Fall ein Weichspülmittel benutzen, denn es würde die wasserabstoßenden Eigenschaften der Membran beeinträchtigen. Auch Schleudern oder Trocknen im Tumbler sind zu unterlassen. Eine chemische Reinigung ist bei entsprechender Sachkenntnis des Reinigungsfachpersonals zwar möglich, aber aus Umweltschutzgründen nicht zu empfehlen (Per-Belastung, s. Textilpflege).

Auch Salzkristalle aus dem Meerwasser können die wertvollen Poren verkleben. Nach einem Urlaub am Meer sollte man die Jacke daher gründlich ausspülen.[10]

Ökotips

- Sportkleidung zum Joggen, Trimm-Dich u. ä. ist Geschmackssache. Wählen Sie die Kleidung, in der Sie sich am wohlsten fühlen. Wollwäsche und doppelflächige Textilien transportieren den Schweiß am besten von der Haut weg. Baumwollwäsche auf der Haut ist eher für leichte körperliche Anstrengung geeignet. Woll- oder Seidenwäsche ist hingegen auch für extreme Belastungen gut geeignet.
- Ziehen Sie sich in Ruhepausen beim Sport sofort etwas Warmes über. Auch wenn die Kleidung nicht direkt auf der Haut naß ist, so

kühlt sie doch wegen der gespeicherten Feuchtigkeit. Eine Erkältung kann man sich schnell holen.

• Orientieren Sie sich bei Sportkleidung nicht an der Kleidung für Hochleistungssportler. Diese ist für ständige körperliche Höchstleistung konzipiert und nicht für wechselnde körperliche Anstrengungen. Daher ist sie für Freizeitsportler ungeeignet.[2]

• Versuchen Sie nicht in untrainiertem Zustand mit erfahrenen Sportlern mitzuhalten. Die Überanstrengung kann im Extremfall in einem Kreislaufkollaps enden.

• Ziehen Sie keine zusätzliche Unterwäsche unter Sportwäsche aus doppelflächigen Maschenwaren an. Sie machen sonst deren Vorteile zunichte.

• Nur hochwertige synthetische Sportkleidung kann den gewünschten Tragekomfort erbringen. Keinen Billigschund kaufen, er taugt nichts.

• Sportkleidung aus Naturfasern sollte naturbelassen sein, denn Kunstharzausrüstungen beeinträchtigen die Saugfähigkeit.

• Achten Sie beim Kauf von WWA-Kleidung auf sichtbare Konfektionsmängel, wie durch alle Stofflagen durchgesteppte Etiketten oder Nähte.

• Z-Liner kommen mit weniger Nähten aus als laminierte Oberstoffe und sind daher problemloser in der Wasserdichtigkeit.

• Reklamieren Sie Kleidungsstücke, bei denen Nässe durchdringt. Eventuell sind Nähte nicht richtig verschweißt.

• Wird der Z-Liner oder der laminierte Oberstoff beschädigt, so sollten Sie beim Hersteller anfragen, ob das Loch oder der Riß gegen ein Entgelt verschweißt werden kann.

• Tragen Sie unter WWA-Kleidung keine Unterwäsche aus Baumwolle. Wolle, Seide oder Kunstfaserunterwäsche ist sinnvoll.

• Bei wasser- und luftdichter Regenkleidung herkömmlicher Machart (Ostfriesennerz, beschichtete Regenjacke) kann die Körperfeuchtigkeit nur durch die Kleideröffnungen entweichen. Daher sollten Sie weite Schnitte, zum Beispiel Regenumhänge, oder Stücke mit Lüftungsmöglichkeiten (Reißverschlüsse, Kordeln, Schnürzüge) vorziehen.

Literatur

1 Rieländer, M., 1987: Gesunde Kleidung. Idea-Verlag, Puchheim.
2 Umbach, K. H., 1983: Kleidung und Sport aus der Sicht der Hautphysiologie und Textilien. Ärztliche Kosmetologie 13, S. 69–77.
3 Kazil, O. P., 1987: Polypropylen für funktionelle Bekleidung. Textilveredlung 22, S. 467–471.
4 Trocken beim Joggen. Test 9, 1985, S. 835–839.
5 Globetrotter-Handbuch 1988: Bekleidungs-Info, S. 127–128, Globetrotter, Hamburg.
6 Benisek, L., Harnett, P. R., Palin, M. J., 1987: Einfluß von Faserart und Gewebekonstruktion auf thermophysiologischen Komfort. Melliand Textilberichte 68, S. 878–888.
7 Kost, H., 1960: Die Physiologie der Haut und ihre Bedeutung für die Bekleidung. Melliand Textilberichte 41, S. 344–349.
8 Haudek, H. W., Viti, E., 1980: Textilfasern. Herkunft, Herstellung, Aufbau, Eigenschaften, Verwendung. Melliand Textilberichte.
9 Lehmann, P. J., 1985: Die Kleidung unsere zweite Haut. bioverlag gesundleben.
10 Gore & Co GmbH: Fragen zu Gore-Tex.
11 Rhodia AG: Sport-Mode. Rhodia AG, Freiburg, Marketing-Service.
12 Parmentier, H., 1987: Trocken ins Vergnügen. Öko-Test 11, S. 57–59.
13 Hoechst AG: Die Zukunft ist da. Trevira Finesse. Die neue Dimension. Hoechst AG, Marketing-Service.
14 Teurer Wetterschutz. Konsument 5, 1986, S. 27–29.
15 Umbach, K. H., 1986: Funktionelle Wetterschutzbekleidung mit guten bekleidungsphysiologischen Eigenschaften. Melliand Textilberichte 67, S. 277–287.
16 Kunstvoll geschichtet. Konsument 11, 1987, S. 3–5.

Schuhe

«Zu unserem Bedauern müssen wir Ihnen mitteilen, daß es keine Statistik gibt, die in etwa aussagt, wieviel Prozent der Bevölkerung mit nicht fußgerechten Schuhen herumläuft. Zwar gibt es Untersuchungen der DAK (Deutsche Angestellten Krankenkasse d. A.), die zusammen mit dem Deutschen Schuhinstitut Fußmessungen bei Kindern durchführt, die besagen, daß ein Großteil der Kinder zu kleine oder zu große Schuhe trägt. Bei Erwachsenen gibt es solche Untersuchungen jedoch nicht» [1] – so der Hauptverband der Deutschen Schuhindustrie auf eine diesbezügliche Anfrage von uns. Diese Antwort hat uns einigermaßen verblüfft, gibt es doch eine ganze Reihe von einschlägigen Untersuchungen. Die eigentlichen Verursacher von kranken Füßen kümmern sich immer noch mehr um die Mode als um die Fußgesundheit. Vom Deutschen Schuhinstitut GmbH erfahren wir, daß sich diese Einrichtung vornehmlich mit Schuhmode befaßt. [2] Auch hier daher völlige Unkenntnis. Bezeichnenderweise hat dagegen die Deutsche Rheuma-Liga ein Merkblatt über fußgerechte Schuhe herausgegeben. – Erst an den Folgen sollt ihr sie erkennen, die falschen Schuhe.

Zeigt her Eure Füße

Stiftung Warentest ließ im Frühjahr 1986 die Füße von 200 13- bis 16jährigen Mädchen und Jungen einer Berliner Gesamtschule durch einen Orthopäden beurteilen. Das Ergebnis war erschreckend. 88 Prozent der Mädchen und Jungen hatten mehr oder minder ausgeprägte Fußfehlstellungen. Füße ganz ohne Fehler gab es gar nicht. 28,6 Prozent der Mädchen und 19,8 Prozent der Jungen hatten Hohl-Spreizfüße, also schwer geschädigte Füße. Auch sonst war alles vertreten vom Senkfuß über den Plattfuß bis hin zum Klumpfuß. [3]

241

Eine ähnliche Untersuchung an 19- bis 30jährigen Sportstudenten und -studentinnen der Deutschen Sporthochschule Köln brachte kaum bessere Ergebnisse. Dabei ist davon auszugehen, daß Sportstudenten zu der Gruppe der Bevölkerung gehören, die den gesündesten Körperbau aufweist. Starke körperliche Fehlbildungen sind hier also schon von vornherein ausgeschlossen. Trotzdem hatten rund zwei Drittel der untersuchten Sportstudenten/innen geschädigte Füße. Spreizfüße, gekrümmte Zehen, unbewegliche Zehen, Schwielen u. ä. waren die Ursachen.[4] Schon im Jahre 1976 waren die Füße von 1000 wehrpflichtigen Männern im Alter von 19 bis 21 Jahren orthopädisch begutachtet worden.

Das Ergebnis war auch hier erschreckend. Nur 0,4 Prozent der Untersuchten wurde ein sogenannter ‹unauffälliger Fuß›, also ein Fuß ohne irgendwelche Fußschäden bescheinigt. Die Mehrzahl der Männer hatte dringend eine medizinische Behandlung nötig.[5] Nach Schätzungen verschiedener Untersucher besitzen rund 80 Prozent aller Bundesbürger irgendwelche Fußschäden.[5]

Entgegen allen Erwartungen zeigen die Testergebnisse auch, daß Männerfüße genauso häufig geschädigt sind wie Frauenfüße. Für die Füße sind nämlich gerade geschlossene, nicht passende Schuhe eine Qual. So bekamen die von Stiftung Warentest geprüften Turnschuhe fast durchweg ein schlechtes Zeugnis ausgestellt.[3]

Fast alle Menschen kommen jedoch mit gesunden Füßen zur Welt. Weniger als 5 Prozent der Kinder sind mit angeborenen Fußfehlern geschlagen. Alle anderen Fußschäden sind durch das Tragen unpassender Schuhe, meist in früher Kindheit schon, erworben. So stellte Stiftung Warentest schon vor Testbeginn fest, daß 42 Prozent der Versuchspersonen zu kleine Schuhe trugen, die Hälfte davon, vor allem Jungen, sogar solche, die um zwei oder mehr Nummern zu kurz waren.[3] Zusammengekrümmte und schiefstehende Zehen können da ja gar nicht ausbleiben.

Das Tückische an den Fußschäden ist aber, daß sie meist erst nach Jahren bzw. Jahrzehnten zu Beschwerden führen. Gelenk- und Rückenschmerzen sind die häufigsten Folgen.[6] Auch Kopfschmerzen sollen oft von den Füßen kommen. Ein Weg zurück ist dann längst nicht mehr möglich. Nur durch das Tragen fußgerechter Schuhe hätte man die Beschwerden verhindern können.

Uns interessierte, wie hoch die Kosten sind, die durch das Tragen von falschem Schuhwerk verursacht werden. Schließlich sind körperliche Folgeschäden für die Krankenkassen ein teurer Spaß. Doch auch hier stießen wir nur auf Erstaunen und Unkenntnis. Zahlen sind nicht bekannt.[7]

Freiheit für die Zehen

Barfußlaufen am Strand, im Gras oder auf weichem Waldboden ist von allen Wissenschaftlern unbestritten das beste für die Füße. Alle Zehen werden dabei bewegt und alle Muskeln beansprucht. Der rauhe Untergrund bewirkt dabei gleichzeitig eine durchblutungsfördernde Fußmassage. Alle barfußlaufenden Naturvölker besitzen daher perfekt geformte Füße. Gönnen Sie sich und Ihren Füßen daher so oft wie mögliche diese natürliche Erholung.

In unserem normalen Alltag ist so viel Fußfreiheit in der Regel nicht möglich. Auf hartem Beton, Stein oder Kies wäre sie auch gar nicht gesund. Es hilft also nichts, ein Schuh muß her.

Welche Form soll denn nun ein fußgerechter Schuh haben? Die Antwort ist eigentlich ganz einfach. Die Schuhform soll sich dem Fuß anpassen und nicht umgekehrt. Vorne müssen die Zehen genügend Bewegungsfreiheit behalten, hinten braucht die Ferse Halt.

Die Zehen dürfen nicht seitlich oder von oben zusammengedrückt werden. An der Fußinnenseite muß der Schuh also gerade nach vorne laufen, denn ein gesunder großer Zeh zeigt genau in Fußrichtung nach vorne. Insgesamt soll der ganze vordere Fuß Bewegungsfreiheit haben. Wird er ständig eingezwängt in beengende Schuhe, so können die Zehen mit der Zeit steif und unbeweglich werden, die Durchblutung kann leiden und die Fußmuskeln verkümmern. Ein Spreizfuß, der mit zunehmendem Alter schmerzhaft wird, Zehenmißbildungen und Hühneraugen sind die Folgen.[6]

Ganz schlimm jedoch sind zu kurze Schuhe. Stößt der große Zeh ständig beim Laufen vorne gegen den Schuh, so wird er schließlich in eine schiefe Stellung gezwungen. Das kann dann im Zehengelenk weh tun. Da der Fuß beim Laufen länger wird, muß im Stehen vor dem großen Zeh noch Platz im Schuh sein. Ca. 1 bis 1,5 cm Freiraum müssen schon sein.[5] Viele Menschen haben auch unterschiedlich lange Füße. Hier müssen die Schuhe natürlich nach dem größeren Fuß angepaßt werden.

Während der Fuß vorne nach viel Freiheit verlangt, braucht er hinten einen festen Halt. Eine feste Hinterkappe an der Ferse gibt dem Fuß die nötige Führung. Bei billigen Turnschuhen und Freizeittretern haben die Hersteller dieses wichtige Teil aus Kostengründen oft gleich ganz eingespart. Der Fuß schwimmt und findet keinen rechten Halt. Häufig sieht man auch, daß der Fuß statt auf, neben der Sohle steht. Davon gehen nicht nur die Schuhe kaputt, sondern die Gelenke und Muskeln werden auch unnatürlich beansprucht und auf die Dauer geschädigt. Bänder und Bindegewebe werden überdehnt. Fester Sitz an der Ferse und um den Fußknöchel herum ist daher wichtig. Achten Sie daher auch auf die richtige Weite. Gute Schuhe werden in verschiedenen Weiten für schmale, mittlere und breite Füße angeboten.

Und noch etwas: Die Füße werden im Laufe des Tages stets etwas länger. Der Schuhkauf sollte daher möglichst in die Abendstunden verlegt werden, damit es nicht schon am nächsten Abend Schluß ist mit der Zehenfreiheit.

Vom hohen Podest heruntergeholt

«Durch die irrige Meinung, nur hohe Absätze könnten den Fuß zieren und nur eine kurze und schmale Sohle verleihe ihm ein schönes Aussehen, ruiniert man sich die Füße fort und fort. Im späteren Alter entwickeln sich aus solcher widernatürlicher Modesucht oftmals Schmerzen und Krankheiten, so daß vielen solcher Unglücklichen das Gehen geradezu unmöglich wird. Über- und untereinander gewachsene Zehen, Frostbeulen, Hühneraugen, Schwielen und eingewachsene Nägel sind die Folgen einer unzweckmäßigen Fußbekleidung.»[5] Diese Sätze stammen nicht etwa aus unserer Zeit. Vor über 100 Jahren wetterte der orthopädische Schuhmachermeister R. Knösel gegen Modetorheiten. Seine Bemerkungen haben an Aktualität seither leider nichts verloren.

In dem Institut für Arbeitsphysiologie der Technischen Universität München wurden 1982 umfangreiche Untersuchungen über Schuhe mit verschieden hohen Absätzen und deren Auswirkungen auf die Füße und das Gehen durchgeführt. Versuchspersonen mußten in Halbschuhen mit folgenden Absatzhöhen – 10 mm (Ferse 1 cm tiefer als Vorderfuß), – 1 mm, +9 mm, +17 mm, +49 mm und +100 mm stehen und gehen. Als Vergleich dienten Versuchspersonen, die barfuß das gleiche taten.

Die Versuchsleiter kamen zu dem Ergebnis, daß bei Schuhen mit Absätzen zwischen – 1 mm und +17 mm keine ungewöhnlich starke Belastung der Füße auftritt. Der Körper fängt die veränderte Gewichtsverteilung durch seine gesamte Haltung auf. Ist der Absatz jedoch noch höher (hier +49 mm bis +100 mm), so wird der vordere Fuß unnatürlich stark belastet.[5] Der Fußballen, der normalerweise leicht nach oben gewölbt ist, wird unter dieser Belastung breit getreten, der Spreizfuß ist da. Auch die Schuhe, in denen die Ferse deutlich tiefer (– 10 mm) als der vordere Fuß steht, erwiesen sich als ungünstig, da in diesem Fall fast das gesamte Körpergewicht auf der Ferse lastet, was auf die Dauer ebenfalls schädlich ist.[5]

Die Rheuma-Liga weist darauf hin, daß das ständige Tragen von hohen Absätzen (über 4 cm) die Ursache der verschiedensten Beschwerden sein kann. Hühneraugen und Hammerzehen entstehen, weil der Fuß im Schuh nach vorne rutscht und die Zehen dabei eingequetscht werden. Durch die unnatürliche Gewichtsverteilung beginnt die Fußmitte zu schmerzen, was langwierige ärztliche Behandlungen zur Folge haben kann.[6]

Schließlich wurde an der Münchner Universität auch noch untersucht, bei welcher Absatzhöhe das Gehen am wenigsten anstrengt. Das Ergebnis kann man etwa folgendermaßen zusammenfassen: Je höher der Absatz, desto eher machen wir schlapp. Bei jedem Schritt hebt der Mensch sein gesamtes Körpergewicht kurzzeitig um ca. 2 cm an. Bei einem 10 cm hohen Absatz muß man es jedoch 10 cm hoch heben. Ebenfalls ungünstig ist der negative Absatz. Hier müssen wir 3 cm statt 2 cm heben.[5] Wer tagsüber viel laufen muß, wird es abends in den Beinen spüren, ob seine Schuhe die richtige Höhe besitzen.

Der optimale Absatz ist also der fehlende Absatz, wobei 1 mm niedriger oder 2 cm höher vermutlich noch keine große Rolle spielen.

Alles, was darüber oder darunter liegt, strengt jedoch unnötig an und führt zu ungesunder Belastung der Füße und des ganzen Körpers, was sich über kurz oder lang schmerzhaft bemerkbar macht.

Trägt man ständig hohe Absätze, so verkürzt sich auch mit der Zeit die Wadenmuskulatur. Niedrige Absätze können dann gar nicht mehr getragen werden, da sonst die Waden schmerzen. Der hohe Absatz wirkt sogar bis in die Wirbelsäule zurück. Mit hochhackigen Schuhen steht man immer im Hohlkreuz. Die empfindlichen unteren Bandscheiben werden dabei belastet, und chronische Kreuzschmerzen sind nicht selten die Folge.[6]

In der Orthopädie gilt als Grundsatz: «Langfristig einwirkende schwächere Gewalten haben eine größere Wirkung als kurzfristig einwirkende starke Gewalten.»[8] Wer für eine Feierlichkeit oder zu einem besonderen Anlaß nicht auf spitze oder hochhackige Schuhe verzichten möchte, braucht sich nicht zu sorgen. Für ein paar Stunden verkraften unsere Füße die Strapazen relativ gut. Gefährlich ist es, tagaus, tagein Schuhe mit immer wieder den gleichen Fehlern zu tragen. Das führt unausweichlich zu Gesundheitsschäden.

Auf weichen Sohlen

Beim Gehen auf hartem Untergrund lastet auf den Füßen kurzzeitig das Drei- bis Vierfache des Körpergewichts.[9] Eine weiche Gummisohle ist daher durchaus von Vorteil. Sie kann harte Stöße auffangen und ist außerdem völlig wasserdicht.

Bei Versuchen hat es sich gezeigt, daß der Fuß nur dann ungestört abrollen kann, wenn die Schuhsohle eine durchgehende Fläche ist. Ist die Ferse durch einen Absatz abgesetzt, so klappt der Fuß beim Gehen plötzlich von der Ferse nach vorne.[5]

Das Fußbett, auf dem der Fuß steht, soll den Fuß wie ein weiches Bett bequem einbetten.[6]

a) Fußgerecht eingebetteter Vorfuß. Der Schuh paßt sich dem Fuß an und läßt den Zehen ihre freie Beweglichkeit. b) Schlechte Schuhform. Der Spitzschuh preßt die Zehen zusammen, verhindert ihre Bewegung und begünstigt damit das Auftreten von Fußschmerzen und Zehen- und Fußdeformitäten.

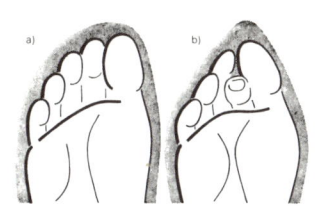

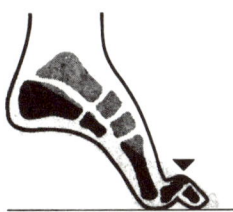

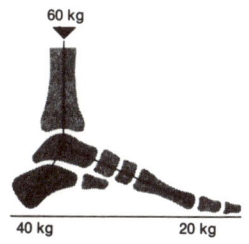

Mit hohem Absatz rutscht der Fuß nach vorn. Die Zehen werden zusammengepreßt und reagieren mit schmerzhaften Schwielen- und Hühneraugenbildungen.

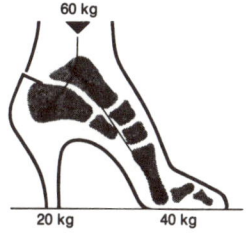

Der hohe Absatz stört die normale Gewichtsverteilung. Der Vorfuß wird überlastet und auf die Dauer schmerzhaft.

Der hohe Absatz stört die Statik der Wirbelsäule, er fördert die Bildung eines Hohlkreuzes und damit das Auftreten von Kreuzschmerzen.

Quelle: Deutsche Rheuma-Liga, 1987: Schuhwerk. Bonn.

Plastik für die Füße?

Sind Sie beim Schuhkauf auch schon einmal an ein Exemplar geraten, das bei näherem Hinsehen gar nicht aus Leder war? ‹Obermaterial Kunststoff›, so ist es immer häufiger in Schuhen zu lesen – wenn überhaupt etwas drinsteht. Luchsaugen muß man haben, um die künstlichen Lederimitate von echtem Leder zu unterscheiden. Selbst Fachleute können gute Ledernachahmungen nur an der Rückseite unterscheiden, die nicht die typische faserige Struktur der Lederrückseite hat.

Das Plastikzeitalter bereitet auch hier seinen Einzug vor. Besaßen 1985 noch 78,8 Prozent der in der Bundesrepublik hergestellten Schuhe ein Lederoberteil, so waren es 1986 nur noch 76,3 Prozent. Die Tendenz ist rückläufig.[10]

Füße in der Plastiktüte – was sagt die Wissenschaft dazu? Im Institut für Arbeitsphysiologie wurde auch dieser Aspekt der Fußbekleidung gründlich untersucht. Versuchspersonen mußten in geschlossenen Schuhen aus den zu prüfenden Materialien einen genau kontrollierten Sieben-Stunden-Tag mit abwechselnder körperlicher und geistiger Tätigkeit absolvieren.

Folgende Materialien waren auf dem Prüfstand:
- Lederobermaterial
- Kunststoffobermaterial
- Lederinnenfutter
- Syntheticinnenfutter
- Socken aus Naturfasern und verschiedenen Naturfaser-Synthetic-Mischungen.

Nach Auswertung ihrer Versuche konnten die Wissenschaftler den künstlichen Materialien nur ein vernichtendes Zeugnis ausstellen. Die Synthetics führten sehr schnell zu qualmenden Schweißfüßen. Sowohl Temperatur als auch Feuchtigkeit stiegen rasch auf ungesund hohe Werte an, wobei die heißen Füße wohl das geringere Problem waren, da der Körper die überschüssige Wärme schnell in andere Körperregionen verteilt. Anders ist es mit der Schweißfeuchte. Die synthetischen Materialien, die angeblich wasserdampfdurchlässig

Verhalten von Schuhobermaterialien

Wasserdampfdurchlässigkeit:
unbeschicht. Oberleder	$> 10-40$ g/m²h
Schuh-Synthetics	$0-10$ g/m²h

Wasserdampfaufnahme:
unbeschicht. Oberleder	$25-30$ g/m²h
Schuh-Synthetics	bis 6 g/m²h

Hautwasserabgabe des Menschen (1,7–2,0 m²):
insensibel	$5-10$ g/m²h
sensibel (je nach Klima und Arbeit)	
im Sitzen	bis 50 g/m²h
im Gehen	bis 110 g/m²h

Hautwasserabgabe eines Fußes mit ca. 0,05 m²
Oberfläche pro 12 Stunden:
insensibel	bis 10 g/12h
sensibel (je nach Klima und Arbeit)	
im Sitzen (8h)	bis 20 g/8h
im Gehen (4h) mittl. körperl. Arbeit	
(bei schwerer körperl. Arbeit bis 22 g/h)	bis 22 g/4h
gesamt:	bis 52 g/12h

Quelle: Diebschlag, W., 1982: Die Druckverteilung an der Fußsohle Erwachsener beim Stehen und Gehen, barfuß und im Schuh als Kriterium für die Sohlengestaltung. 7. Congress on the Leather Industry 4.–10. 10. 82, Budapest, Proceedings II a.

sein sollen, waren noch nicht einmal in der Lage, die normale Hautfeuchte bei sitzender Tätigkeit durchzulassen. Ganz schlimm wurde es, wenn sich die Versuchspersonen auch noch körperlich betätigten. In den Schuhen wurde es dann ganz schön feucht, und das blieb auch so. Dabei nützte es auch nichts, wenn etwa ein Syntheticsschuhoberteil innen mit Leder abgefüttert war oder Wollsocken getragen wurden.[11]

Pflanzliche (vegetabile) Gerbung (Lohgerbung): Das Haltbarmachen von Tierhäuten mittels gerbender Pflanzenteile (Rinden, Hölzer, Gallen) ist schon seit dem Altertum bekannt. Bis zum Beginn des 19. Jahrhunderts war die Pflanzengerberei das wichtigste Verfahren zur Lederherstellung. In unserer schnellebigen Industriegesellschaft ist für dieses alte Handwerk jedoch kaum noch Platz, denn eine gute Pflanzengerbung braucht ihre Zeit. Bis zu einem Jahr liegen die echt altgegerbten Sohlenleder für gute Ledersohlen in der Gerbgrube.

In dieser Grube werden abwechselnd gerbstoffhaltige Pflanzenteile und die vorbereiteten Tierhäute übereinander aufgeschichtet. Anschließend wird die Grube mit Wasser aufgefüllt und abgedeckt. Mehrere Monate lang kann dann der Gerbstoff auf die Häute einwirken, so lange bis sie ganz durchgegerbt sind.

Natürlich kann man die Sache auch beschleunigen. Bei der sogenannten Schnellgerbung werden die Häute in sich drehende Fässer mit Gerbstoffbrühen gebracht. So dauert es nur wenige Wochen, bis das Leder fertig ist, aber mit der Qualität von grubengegerbtem kann es nicht mithalten.[16]

Pflanzlich gegerbtes Leder zeichnet sich durch seine braune Eigenfarbe und den typischen Ledergeruch aus. Vor allem gutes, echtes Sohlenleder sowie hochwertige Schuhfutterleder werden immer noch auf diese alte Art gegerbt.

Die Abwässer der Pflanzengerberei sind durch ihren hohen Salzgehalt, meist Sulfat, ihre Braunfärbung und ihre sauerstoffzehrenden Eigenschaften gekennzeichnet. Die Pflanzenbestandteile unterliegen jedoch den natürlichen Abbauprozessen und sind daher nicht dauerhaft problematisch.[16]

Sämischgerbung: Wahrscheinlich die älteste Gerbmethode überhaupt ist die Tran- oder Fettgerbung, die Sämischgerbung. Mit Fett oder Öl (z.B. Dorschtran) werden die vorbehandelten Häute gründlich durchgewalkt und anschließend in Wärmekammern aufgestapelt. Mehrmaliges Umstapeln sorgt dafür, daß die Häute immer wieder mit der Luft in Berührung kommen. Dabei entstehen aus den Fettsäuren durch Oxidation Aldehyde – unter anderem unser alter Bekannter Formaldehyd, aber auch Acrolein, Glyoxal u. a. –, die die eigentliche Gerbung bewirken. Nach Abschluß der Gerbung werden die Häute mit Sodalösung ausgewaschen.

Sämischleder sind tuchartig weich und besitzen eine gelbe Farbe. Außerdem sind sie waschbar! Ein typischer Vertreter ist das Fensterleder, aber auch Handschuhe, Hosen oder andere Bekleidungsstücke werden aus Sämischleder gemacht.

Die Abwasserbelastung hält sich hier ebenfalls in Grenzen. Die Abwässer sind alkalisch und fetthaltig sowie sauerstoffzehrend.[16]

Glacégerbung: Ebenfalls relativ harmlos stellt sich die Glacégerbung dar. Aluminiumsalze, Kochsalz und Eigelb sind hier die Gerbmittel. Allerdings spielt die Glacégerbung kaum noch eine Rolle, denn Glacéhandschuhe sind passé.

Chromgerbung: Für Leute mit wenig Zeit ist die Chromgerbung genau das Richtige. Schon nach wenigen Stunden ist das Leder fertig gegerbt. Kein Wunder, daß heute fast ausschließlich mit Chromsalzen gegerbt wird. Speziell Schuhe und Lederkleidung werden fast nur aus Chromleder gemacht.

Chromleder besticht durch seine Gebrauchseigenschaften. Es ist sehr widerstandsfähig und verändert sich auch in kochendem Wasser nicht. Es ist doppelt so reißfest wie pflanzlich gegerbtes Leder und läßt sich leicht in den verschiedensten Farben lichtecht färben.

Bei der Chromgerbung wird stets mehr Chrom in das Leder eingelagert als gebunden werden kann. Daher ist es durchaus möglich, daß durch Schweiß Chromsalze aus diesem Leder gelöst werden. Chrom-III-Salze, wie sie zum Gerben verwendet werden, können in höherer Konzentration Allergien auslösen.[17]

Verschiedene Gerbverfahren im Vergleich

Gerbstoff	Lederarten	Gerbstoffmenge bezogen auf das Gewicht der Häute	Gerbdauer
pflanzl. Gerbstoffe	Sohlleder	30 %	4–100 Tage
synth. Gerbstoffe	Futterleder	18 %	2 Tage
Chrom-Salze	fast alle Lederarten	2,5 % Cr_2O_3	5–24 Std.
Fette (Tran)	Sämischleder	ca. 40 %	5 Tage
Aldehyde	zur Vor- u. Nachgerbung versch. Lederarten	ca. 0,5–3 % Formaldehyd	1–24 Std.

Auch im Abwasser ist das Schwermetall Chrom ein großes Problem. Dabei hängt der Wert oder die Schädlichkeit von Chrom entscheidend von seiner Oxidationsstufe ab. Chrom-III-Verbindungen kommen natürlicherweise in vielen Mineralien vor und sind für viele Organismen lebensnotwendig. Chrommangel führt im Tierversuch sogar zu Diabetes (Zuckerkrankheit), Arterienverkalkung und Wachstumsstörungen. Selbst die Aufnahme von mehreren hundert Gramm Chrom(III)chlorid kann beim Menschen noch ohne Vergiftungserscheinungen bleiben.[15]

Völlig anders sieht die Sache bei dem sechswertigen Chrom aus. Chrom-VI-Verbindungen sind ca. 1000mal giftiger als Chrom III. Das Verschlucken von nur 0,5−1 g Kaliumdichromat ist absolut tödlich. Auch über die Haut kann das Gift in den Körper gelangen. Vergiftungserscheinungen am Arbeitsplatz sind: Durchfälle, Magen- und Darmblutungen, schwerste Leber- und Nierenschäden und Krämpfe. Langzeitgefahren von Chrom-VI-Verbindungen sind ihre krebserregenden und erbgutschädigenden Eigenschaften. Auch allergische Hautausschläge können bei häufigem Hautkontakt auftreten.[15] Chromat, zum Beispiel Kaliumdichromat, Bleichromat, Calciumchromat usw., enthält immer das gefährliche Chrom VI.

Gerbereiabwässer enthalten im Durchschnitt ca. 2000 mg Dichromat pro Liter.[17] Zwar werden bei der Gerberei ausschließlich Chrom-III-Salze verwandt, doch können diese unter bestimmten Bedingungen in Chrom VI umgewandelt werden. Inwieweit diese Umwandlung im Abwasser, im Klärschlamm oder im fertigen Lederprodukt stattfindet, ist nicht bekannt[16], doch irgendwo muß das Chromat im Abwasser ja schließlich herkommen.

Bei der Gerberei bleibt maximal 80 Prozent des eingesetzten Chroms im fertigen Leder. Die restlichen 20 Prozent landen im Abwasser. Immerhin ist es technisch möglich, davon 18 Prozent zurückzugewinnen, dann bleiben aber immer noch 2 Prozent für die Kläranlagen und die Flüsse übrig. Bei einem jährlichen Verbrauch von 1800 t sind das immerhin 36 t pro Jahr.[16]

Chromspargerbungen: Bei den Chromspargerbungen versucht man mit weniger Chrom auszukommen, indem zusätzlich andere Gerbmittel benutzt werden. Das Leder soll trotzdem die typischen Eigenschaften des Chromleders erhalten.

Schuhleder

Schuhteil	Tierarten	Name des Leders	Gerbung	Verwendung	Besonderes
Futter	Schaf, Ziege, Schwein	Futterleder	teilweise pflanzl., überw. Chromgerb.		
Schuh-oberteil	Ochse, Kuh, Mast-bulle	Rindbox	Chrom-gerbung	Straßen-schuhe	Kaseinzurich-tung
		Waterproof-leder	Chromger-bung	Sport- u. Ski-stiefel	intensive Fet-tung mit Roß-kammfett u. ä. Daher Wasser-dichtigkeit
		Juchten- u. Fahlleder	Chromger-bung/pflanzl.	Strapazier-schuhe	stark gefettet
		Sandalen-leder	pflanzl.	Sandalen	mäßig gefettet
	Kalb	Boxkalb-leder	Chromger-bung	elegante Schuhe	Kaseinzurich-tung
		naturbraune Kalbleder	pflanzl.	geflochtene Schuhe	
	Ziege	Chevreau-leder	Chrom-gerbung	Luxusschuhe	Kaseinzurich-tung
		Ziegenober-leder	Chrom-gerbung	geflochtene Schuhe	
	Schwein	Schweins-oberleder	Chrom-gerbung	Arbeits-schuhe	Kaseinzurich-tung
		Schweins-oberleder	Chrom-gerbung	Sandalen u. Schuhe der unteren Preisklassen	künstl. Narben-schicht von 0,08 mm Dicke aus Kunststoff
Leder-sohle	Ochse, Kuh, Kalb	Sohlleder	Chromger-bung/pflanzl.		Sohlleder muß hart, abriebfest und wasserdicht sein
Brand-sohle	Kuh, Kalb	Brandsoh-lenleder	Chromger-bung/pflanzl.		Die Brandsohle muß bes. gut Feuchtigkeit auf-nehmen. Mehr und mehr wer-den statt Leder synth. Materia-lien verwendet.

In der Gerberei wird die Struktur der Tierhäute besonders stark gelockert, um solche weichen Leder zu erhalten. Das bedeutet eine schlechtere Lederqualität. Oft sind Schuhe aus weichem Leder nicht ausreichend wasserdicht. Nur durch eine wasserdichte Imprägnierung bei der Schuhherstellung – wobei oft umweltbelastende Fluorkohlenwasserstoffe zum Einsatz kommen – kann dieser Nachteil kompensiert werden.

Außerdem ist zu bedenken, daß ein Schuh, der in mildem Mittelmeerklima getragen werden soll, längst nicht solchen Belastungen ausgesetzt ist, wie beispielsweise unsere Schuhe hier im berühmten Hamburger Schmuddelwetter. Italienische Schuhhersteller scheint es jedoch teilweise überhaupt nicht zu kümmern, ob sie für ihre sonnengewohnten Landsleute oder für Nordeuropäer produzieren. «Nahezu haarsträubend finden wir die Einstellung eines italienischen Schuhherstellers, wonach ein modischer Damenschuh nur bei gutem Wetter und ohnehin nur eine Saison getragen werde.»[14] – Die ganze Zeit nasse und kalte Füße und alle paar Monate neue Schuhe, na besten Dank!

Klebstoffe, Gerbstoffe, Farbstoffe

Letztes Jahr kaufte ich mir ein Paar sehr schöne, dunkelblaue Halbschuhe. Sie waren sehr bequem und sahen gut aus. Doch schon am ersten Regentag bekam ich die Nachteile der schönen blauen Farbe zu spüren. Meine ehemals hellen Socken waren jetzt blau gefleckt. Wie ärgerlich, die Schuhe hatten abgefärbt. Zum Glück ließen sich die Farbstoffe aus den Socken selbst mit umweltfreundlichen Waschmitteln wieder auswaschen.

Vor kurzem traf ich eine Freundin, die barfuß in ihren sommerlichen, schwarzen Lederschuhen vom Regen überrascht worden war. Sie hatte völlig schwarze Füße. Ob das gut ist? Farbstoffe in Kleidungsstücken sind uns doch noch als Allergieauslöser in Erinnerung geblieben.

Tatsächlich: «Allergien gegen Lederfarben.»[18] Entzündete Fußrükken beruhen häufig auf einer Allergie gegen Farbstoffe, die sich aus dem Leder lösen. Wir erfahren, daß das Leder bei der Herstellung häufig nach dem Färben nicht sorgfältig genug gespült wird. Soll man jetzt seine neuen Schuhe vor Gebrauch genau wie Kleidungsstücke gründlich waschen? Empfehlenswert wäre es wahrscheinlich, nur müßte man die Schuhe danach wahrscheinlich wegwerfen, da sie diese Prozedur nicht unbeschadet überstehen würden. Barfuß in neue Schuhe zu steigen, scheint jedoch durchaus nicht ratsam, denn erfahrungsgemäß färben fast alle Leder mehr oder weniger stark ab. In den Socken bleiben die Farbstoffe meistens hängen, so daß sie wenigstens nicht mit der Haut in Berührung kommen.

Doch nicht allein die Farbstoffe sind es, die aus dem Leder auf die Haut gelangen können. Chrom-III-Salze, die heute das bevorzugte Gerbmittel darstellen, sind ebenfalls bekannte Allergieauslöser. Da beim Gerben stets mehr Chrom in das Leder eingelagert wird als gebunden werden kann, können überschüssige Chromsalze durch Schweiß herausgelöst werden.

Fußekzeme können die Folge sein.[19] Allerdings ist die Gefahr bei Leder, das direkt auf der Haut getragen wird, wie Lederhandschuhe, sicherlich größer. Auch pflanzliche Gerbstoffe sollen schon zu Hautunverträglichkeiten geführt haben.[20]

Auch Formaldehyd kann – wie könnte es anders sein – in Lederprodukten enthalten sein. Bei der sogenannten Sämischgerbung entsteht unter anderem Formaldehyd aus Fett oder Öl und ist die eigentlich gerbende Substanz. Bei der sogenannten Kaseinzurichtung von Leder wird Formaldehyd freigesetzt. Inwieweit Hautschädigungen dadurch aufgetreten sind, ist nicht bekannt.

Auch die Gummisohle sondert eine ganze Reihe von bedenklichen Stoffen ab. Kautschuk selbst ist zwar nicht gesundheitsschädlich, seine Zusatzstoffe jedoch teilweise schon: Härter, Beschleuniger, Hemmstoffe, Antioxidantien, Wachs, UV-Filter, Weichmacher, Harz, Kolophonium, Füllstoffe, Ruß, Streckmittel, Treibmittel, Farbstoffe, Bindemittel, Antiklebemittel, Gleitmittel, Löser und Geruchsstoffe. Hautekzeme, die durch lösliche Gummibestandteile ausgelöst werden, sind in der Medizin bekannt und gar nicht so selten. Gummihandschuhe zum Beispiel sind bekannt dafür, daß sie Hautallergien bewirken können, was besonders fatal ist, da Gummihandschuhe ja gerade getragen werden, um die Haut vor schädlichen Chemikalien zu schützen.[20]

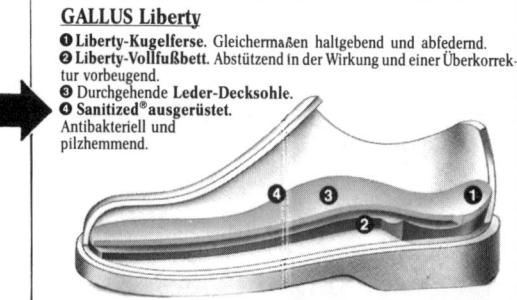

GALLUS Liberty

❶ **Liberty-Kugelferse.** Gleichermaßen haltgebend und abfedernd.
❷ **Liberty-Vollfußbett.** Abstützend in der Wirkung und einer Überkorrektur vorbeugend.
❸ Durchgehende **Leder-Decksohle.**
❹ **Sanitized®ausgerüstet.** Antibakteriell und pilzhemmend.

Perfect freedom and full support for your feet –
GALLUS Liberty

❶ Special heelcup
❷ Heel-to-toe cushioned Liberty insole
❸ Leather inside lining
❹ Sanitized® linings

Freiheit für gestreßte Füße.

GALLUS
Liberty

GALLUS
HERRENSCHUHE

Das für dieses Fußbett speziell entwickelte Leder verhindert Brennen unter den Füßen, saugt Fußschweiß auf und kann gereinigt werden. Bakterien und Pilze haben in 🦶 *barefoot* -Schuhen und -Sandalen keine Chance – dank *Sanitized*.

gamma

Kindergrößen (27-34) ohne Nieten, Normalweite in weiß, rot und blau

natur
weiß
dunkelbraun

Made in West Germany

Einige Schuhhersteller haben sich auch noch die Vernichtung schädlicher Bakterien und Pilze (Fußpilze!) zum Ziel gesetzt. ‹Sanitized ausgerüstet› lesen wir in Prospekten und auf kleinen Anhängern an den Schuhen. Antimikrobielle Textilausrüstungsmittel, über deren eventuelles Gesundheitsrisiko nur Spekulationen möglich sind, befinden sich also auch in solchen Schuhen. Natürlich besteht auch hier keine Kennzeichnungspflicht (s. Antimikrobielle Ausrüstung).

Patienten mit Fußekzemen stellen Hautärzte also vor eine schwierige Aufgabe. Unter der ganzen Palette möglicher Übeltäter gilt es den richtigen herauszufinden.

Haben Sie auch den typischen Geruch von Leder und Klebstoffen in der Nase, wenn Sie an eine Schusterwerkstatt denken? Mit den neu besohlten Schuhen trägt man auch den vertrauten Geruch nach Hause, der sich erst mit der Zeit wieder verliert. Was riecht denn da eigentlich so intensiv? Lösungsmittelhaltige Klebstoffe, ohne die fast kein Schuh mehr hergestellt wird, sind es, die uns in die Nase steigen.

70 bis 80 Prozent eines solchen Klebstoffes sind organische Lösungsmittel. Daß das Einatmen solcher Lösungsmittel gesundheitsschädlich ist, weiß allmählich jedes Kind. Schließlich gibt es aus diesem Grunde seit einiger Zeit Alleskleber, die als umweltfreundlich angepriesen werden, weil sie kein Lösungsmittel enthalten. In den Schusterklebstoffen finden sich gerade einige besonders schlimme Vertreter dieser Stoffklasse: Aceton, Methylethylketon, Methylacetat, Ethylacetat, Methylenchlorid, Trichlorethylen, 1,1,1-Trichlorethan, Spezial-Benzin, Toluol.[21]

Chlorierte Kohlenwasserstoffe (Methylenchlorid, Trichlorethylen, 1,1,1-Trichlorethan) schädigen bei ständiger Einwirkung Nerven- und Gehirnzellen. Außerdem sind sie wahrscheinlich krebserregend. Toluol schädigt u. a. ebenfalls das Zentralnervensystem.[15] Da soll man noch die Nerven behalten. Weniger den Schuhkäufer als den Schuster trifft wohl diese Giftwolke.

Seit einiger Zeit sind in der Schuhindustrie Bemühungen im Gange, lösungsmittelfreie Klebstoffe zu entwickeln. Heute gibt es Dispersions- und Schmelzklebstoffe, die für alle Verfahrensgänge in der Schuhherstellung verwendbar sind. Doch wird es wohl noch eine Weile dauern, ehe sie sich durchgesetzt haben.[21]

Kinderschuhe

Mit kleinen Kindern neue Schuhe zu kaufen, ist gar nicht so einfach. Die Knochen der Kinderfüße sind noch so weich, daß sie sich ohne Schmerzen zusammenquetschen lassen. Selbst wenn die Kleinen schon sprechen und ihre Wünsche äußern können, so sind sie doch beim besten Willen nicht in der Lage anzugeben, wo sie der Schuh drückt.

Das Deutsche Schuhinstitut führt regelmäßig Fußmessungen bei Kindern durch. Im April 1988 zeigten 270000 Kinder in insgesamt 1200 Fachgeschäften ihre Füße den kritischen Fußbegutachtern. Rund 8 Prozent dieser Kinder trugen um 1 bis 2 Nummern zu große Schuhe, rund 45 Prozent passende Schuhe und etwa ebenso viele (47 Prozent) um 1−4(!) Nummern zu kurze Schuhe.[22] Kein Wunder, daß die Füße im Erwachsenenalter unrettbar verkorkst sind. Die Ursachen liegen immer bei den Schuhen der ersten Lebensjahre.

Dabei gibt es schon seit 1974 spezielle Fußmeßgeräte für Kinder, die es ermöglichen, die Länge und Breite der Kinderfüße vor der Schuhanprobe exakt zu messen. In rund 1500 von 6000 Schuh-Fachgeschäften sind solche Fußmeßgeräte vorhanden. Die entsprechenden Kinderschuhe werden hier in drei Weiten angeboten: weit, mittel, schmal. Unter dem Namen ‹WMS-System› wurde dieser besondere Kinderkundendienst propagiert. Die WMS-Schuhfachgeschäfte, die diesen Service anbieten, sind in dem ‹Register der Schuhfachgeschäfte› aufgeführt, das bei vielen Kinderärzten und Orthopäden, allen Gesundheitsämtern, Verbraucherzentralen sowie den Beratungsstellen des Deutschen Kinderschutzbundes und des Deutschen Hausfrauen-Bundes ausliegt. Ein Türkleber mit rotem Registrierstempel am Eingang macht die Geschäfte von außen kenntlich.[8]

Doch die Praxis in den Schuhgeschäften sieht häufig anders aus. Eltern, die von ihrem Kinderarzt auf das WMS-System hingewiesen wurden und im Schuhgeschäft danach fragen, wird von den Verkäuferinnen dreist erklärt, bei diesem System handele es sich um eine Modeerscheinung. Für die Praxis tauge es sowieso nicht.[23] In vielen Großstädten können sich die Verkäuferinnen nicht erinnern, jemals etwas von WMS gehört zu haben. Von energischen Eltern auf das WMS-Diplom an der Wand hingewiesen, reagieren sie überrascht.

Die Diplome stammen von Verkaufskräften, die längst ausgeschieden sind.[24] Skrupellos werden so die Füße jeder neuen Generation auf immer wieder die gleiche Art und Weise verdorben. Zu kurze und zu enge Schuhe quetschen den Kinderfuß so lange, bis er nachgibt.

Eigentlich hatten sich WMS-Schuhfachgeschäfte verpflichtet, folgenden Service anzubieten:
- unaufgefordert die Kinderfußmessung anzubieten
- Schuhe in drei Weiten zu führen
- eine Fachberatung durch geprüfte Jugendschuhberater (innen) zu gewährleisten

Wie viele Schuhe braucht das Kind?

Säuglingsfüße sind noch von einem dicken Fettpolster eingekleidet. Wie die Finger an den Händen, so sind die Zehen der Füße ständig in Bewegung. Alle Muskeln und Gelenke werden dabei bewegt. Daher brauchen Säuglingsfüße Freiheit. Wie die Hände können die Füße völlig unbekleidet bleiben, der Fettmantel schützt sie ausreichend vor Kälte.

Wenn die Kinder anfangen zu laufen, brauchen sie bald die ersten Schuhe. Jetzt wird der Geldbeutel strapaziert, denn Kinderfüße wachsen sehr schnell. Mädchen brauchen durchschnittlich bis zum vierten, Jungen bis zum dritten Lebensjahr jährlich bis zu drei Paar Schuhe. Dabei sollte keine Schuhgröße übersprungen werden, die Längenunterschiede sind zu groß. Bis zum elften (bei Mädchen) bzw. bis zum dreizehnten (bei Jungen) Lebensjahr brauchen die Kinder dann pro Jahr zwei Paar neue Schuhe. In der Pubertät schließlich stellen die Füße ihr Wachstum ein. Bis dahin brauchen die Kinder jeweils ein Paar neue Schuhe pro Jahr. Bedenken Sie dabei auch, daß Winterstiefel jeweils nur einen Winter lang passen können. Im folgenden Jahr sind sie längst zu klein geworden.[25]

So viele Schuhe sind ein teurer Spaß. Dennoch ist es ein Unding, wenn ein Kleinkind einen ganzen Schrank voller verschiedener Spielsachen besitzt, aber in zu kleinen oder zu engen Schuhen herumläuft. Sparen Sie also nicht am falschen Ende! Die Folgen von falschem

Schuhwerk in frühester Kindheit wird Ihr Sohn oder Ihre Tochter bis ins hohe Alter zu spüren bekommen.

Bestehen Sie in entsprechend gekennzeichneten WMS-Schuhfachgeschäften auf einer genauen Fußmessung Ihres Kindes, und kaufen Sie nur passende Schuhe. Die Kinderfüße müssen in Strümpfen stehend gemessen werden. Vorher soll das Kind ohne Schuhe umhergehen, damit die Zehenpartie entspannt wird. Die Schuhe dürfen auf keinen Fall kürzer sein als die gemessene Länge. ‹Lieber enger und länger› lautet die Grundregel.[8] Neben allen anderen Kriterien, die genauso für Erwachsenenschuhe gelten, ist es bei Kinderschuhen besonders wichtig, daß sie eine flexible Sohle besitzen. Nur so kann der Fuß beim Gehen richtig von der Ferse zu den Zehen hin abrollen. Kinderclogs aus Holz sind also sicher nicht die richtige Fußkleidung.

Naturschuhe

Mit Sprüchen wie ‹Die Natur ist unser Vorbild›, ‹Bequema für natürliches Laufen›, ‹Naturform›, ‹der Weg zu gesunden Füßen›, ‹Natürlich gehen› und ähnlichem wird seit einigen Jahren für ‹Naturschuhe› geworben. Noch mehr als bei Textilien bleibt verschwommen, was unter diesem Begriff zu verstehen ist. Eine Durchsicht des Angebots zeigt, daß die meisten Naturschuhe aus Leder bestehen, einen Nullabsatz, also keine höhergestellte Ferse, ein anatomisch geformtes Fußbett und eine flexible Sohle besitzen. Doch die Palette ist sehr breit gestreut. Hochhackige Schuhe oder Plastiktreter werden unter dem Deckmantel ‹Naturschuhe› genauso angeboten wie wirklich erstklassig konstruiertes und verarbeitetes Schuhwerk.

Lassen Sie sich nicht von dem Wörtchen ‹Natur› im Firmennamen irritieren. Prüfen Sie auch unter dem Naturschuh-Angebot ganz genau, ob der Schuh dem bei den Ökotips beschriebenen Idealschuh entspricht und vor allem ob er Ihnen paßt. Manche Hersteller bieten ihre Schuhe in verschiedenen Weiten für schmale, mittlere und breite Füße an. Mit dieser Klassifizierung ist es leichter, ein passendes Paar für die eigenen Füße zu finden. Ansonsten bleibt nichts anderes übrig, als so lange zu probieren, bis Sie ein Paar gefunden haben, das wirklich in der Weite *und* in der Länge richtig stimmt. Prüfen Sie außerdem Material und Verarbeitung. Außen *und* innen(!) soll alles aus Leder sein. Nur bei der äußeren Sohle ist stoßdämpfendes, wasserdichtes Gummi von Vorteil.

Wir fragten bei Naturschuhherstellern unter anderem an, inwieweit sie Umweltschutzaspekte in ihre Herstellung einbeziehen. Schließlich sind Gerbereien wegen ihrer giftigen Abwasserbrühen schlimme Umweltverschmutzer. Wer das Wörtchen ‹Natur› im Namen trägt, der sollte auch auf die Erhaltung der Natur achtgeben, so meinten wir. Außer vielen ausbleibenden Antworten erhielten wir nur von einer Firma eine wirklich befriedigende Auskunft. Die Firma ‹Linn-Naturschuh› in 6780 Pirmasens gab an:

«I. Das Leder wird rein pflanzlich (vegetabil) ohne chemische Zusätze gegerbt. Das Grundwasser wird dadurch kaum belastet, im Gegensatz zur Chromgerbung, die das Wasser hochgradig verunreinigt.

II. Im Betrieb verwenden wir soweit als technisch möglich lösungsmittelfreie Kleber.

In unserem Betrieb wird sehr großer Wert auf menschengerechte Arbeitsbedingungen gelegt.

(Keine Akkordarbeit, freundliche Ausstattung der Arbeitsplätze, abwechslungsreiche Arbeiten)

III. Es werden nur Rohstoffe verwendet, die die Natur immer wieder neu hervorbringt (Leder, Kork, Naturgummi).»[26]

Die Firma ‹Shakti Shoes› verwendet immerhin nur Ledersorten, die zu 70 Prozent pflanzlich und nur zu 30 Prozent mit Chrom gegerbt wurden. Dies ist eine Chromspargerbung, die die Abwasserbelastung mit Chrom entsprechend der Anteile reduziert. Außerdem sorgen bei dieser Firma, die in Holland produziert, strengere Umweltschutzgesetze dafür, daß die Färbung in einem geschlossenen Wasserkreislauf durchgeführt wird, was ebenfalls eine Entlastung des Abwassers bedeutet.[27]

Gefärbt wird bei allen befragten Firmen mit synthetischen Farbstoffen, da die Lichtechtheit der Pflanzenfarben nicht ausreicht. Versuche mit Pflanzenfarben laufen bei Linn-Naturschuh.

Eine ungewöhnliche Art von Recycling gibt es bei der Firma «Birkenstock› in 5340 Bad Honnef. Die Stanzreste der Birkenstocksohlen werden in einer nahegelegenen Gärtnerei in einem speziellen Verbrennungsverfahren zum Beheizen der Gewächshäuser benutzt. Die Abluft wird ständig kontrolliert und führte noch nicht zu Beanstandungen. Der Gartenbaubetrieb spart so etwa ⅔ seiner Energiekosten ein, und die Schuhabfälle werden umweltfreundlich entsorgt.[28]

Atemgift aus der Spraydose

Der Schuhkauf endet im allgemeinen unausweichlich mit der Empfehlung der Verkäuferin, doch gleich ein Schuhpflegemittel mitzukaufen. Wachspasten, Tubencremes, Selbstglanzemulsionen und gar Lederpflegesprays stehen im Regal des Schuhgeschäfts. Was soll man da nur nehmen?

Lederpflegesprays sind der Anlaß für immer wieder neue Schreckensnachrichten in den Zeitungen und Zeitschriften. Teilweise kommen die Spraydosen mit vertrauenerweckendem Blauem Umweltschutzengel daher, weil sie kein umweltgefährdendes Treibgas enthalten. Der Benutzer dieser Spraydosen ist allerdings doch gefährdet. Ein Warnhinweis auf neueren Produkten sagt: «Vorsicht! Gesundheitsschäden durch Einatmen möglich! Nur im Freien oder bei guter Belüftung anwenden! Nur wenige Sekunden sprühen! Von Kindern fernhalten! Gefahr für Haustiere!» Das hört sich ja immerhin ganz schön gefährlich an, und das ist es auch. Nachdem ein durchtrainierter Düsseldorfer Bundeswehr-Fluglotse im Keller seine Schuhe eingesprüht hatte, verließen ihn jäh die Kräfte, als er in seine Wohnung zurückgehen wollte. Atemnot und panische Angst überfielen ihn. Er mußte in ein Krankenhaus eingeliefert werden. Ähnlich erging es einem Kölner Rechtsanwalt, der mit Atemnot und Schüttelfrost in die Klinik kam, woraufhin die Ärzte alsbald einen Geistlichen alarmierten, der die Sterbesakramente verabreichen sollte.[29]
Insgesamt 55 Krankengeschichten von Spraydosen liegen der Fünften Großen Strafkammer des Mainzer Landgerichts vor, wo sich seit Frühjahr 1988 die Firma Werner & Mertz (Erdal-Rex) wegen fahrlässiger Körperverletzung und lebensbedrohlicher Gesundheitsverletzung verantworten muß. Viele Sprayopfer waren in lebensbedroh-

lichem Zustand in Intensivstationen eingeliefert worden. Spätschäden wie Reizhusten und Kurzatmigkeit sind oft geblieben.[29]

Inzwischen sind sieben besonders schädliche Sprayprodukte vom Markt verschwunden. Allerdings ist bis heute unklar, welche Bestandteile die Lederpflegemittel aus der Sprühdose so gefährlich machen.[29] Sicher ist aber, daß sich der Wirkstoff der Imprägniermittel beim Einatmen auf die Lungenbläschen legt und die Schädigungen hervorruft. Diese Entscheidung im Schuhgeschäft fällt also leicht. Die Lederpflegesprays bleiben im Regal stehen. Im Haushalt, vor allem, wenn auch Kinder oder Haustiere da sind, haben sie absolut nichts zu suchen.

Schuhleder läßt sich am besten durch eine Kombination von Ölen und Wachsen witterungsbeständig pflegen. Die Öl- oder Fettanteile dringen in das Leder ein und halten es geschmeidig. Dies ist besonders nötig, wenn die Schuhe im Regen durchnäßt wurden. Wachse bilden auf der Oberfläche einen wasserabweisenden Schutzfilm. Allerdings ist bei stundenlangem Laufen in nassem Gras irgendwann auch der beste Schutzfilm abgewaschen, und die Schuhe werden naß.

Selbstglanzpflegemittel: Dies sind flüssige Pflegemittel, die in Wasser aufgeschwemmte Wachse enthalten. Sie sind frei von organischen Lösungsmitteln und sind besonders für empfindliche Leder geeignet. Ohne Polieren ergeben sie einen glänzenden Film.

Tubencreme: Schuhcremes enthalten Wachs, Lösungsmittel (Terpentinöl und/oder Mineralöl) und Wasser. Diese Lösungsmittel können die oberen Atemwege und die Schleimhäute reizen.[15] Tubencremes werden für feines Schuhwerk empfohlen.

Wachspaste in der Dose: Diese Mittel bestehen ebenfalls aus Wachsen, die in weniger Lösungsmittel als bei Tubencremes gelöst sind. Die Schuhe erhalten durch die Behandlung nach dem Polieren einen wasserabweisenden Schutzfilm.[30]

Alternative Schuhpflegemittel in Dosen: Als Alternative gibt es Wachspasten aus natürlichen Inhaltsstoffen wie Bienenwachs, Öle, Propolis, Lanolin u. ä. Sie sind in Bioläden oder im Naturfarbenhandel erhältlich und ergeben ebenfalls einen schützenden Wachsfilm auf dem Leder.

Ökotips

● Bevorzugen Sie für den täglichen Gebrauch Ihren Idealschuh:
Schuhform: Schuhe müssen der Ferse einen festen Halt geben, den
Zehen jedoch genügend Bewegungsfreiheit lassen. Durch eine feste
Hinterkappe soll der Fuß in die richtige Bahn gelenkt werden. Die
Zehen hingegen soll man auch im Schuh noch bewegen können. Das
Oberleder darf vorne nicht zu niedrig heruntergezogen sein. Seitlich
dürfen die Zehen von keiner Seite her eingezwängt werden. Daher
muß der Schuh an der Innenseite geradlinig nach vorne laufen, denn
ein gesunder großer Zeh zeigt gerade nach vorne. Im Stehen müssen
vor dem großen Zeh noch 1 bis 1,5 cm Platz sein, denn der Fuß wird
bei jedem Schritt kurzzeitig ein Stückchen länger.
Schuhabsatz: Zwischen −1 mm und +2 cm Höhe sollte sich der
Absatz bewegen. Darüber oder darunter ist auf die Dauer gesundheitsschädlich. Dabei soll der Absatz in den Schuh integriert sein, so
daß die Schuhsohle eine durchgehende Fläche bildet.
Schuhmaterial: Der gesamte obere Schuh sollte aus Leder bestehen,
denn schon eine einzige Syntheticschicht genügt, um die Schuhe zu
einer gesundheitsschädlichen Mini-Sauna für die Füße werden zu lassen. ‹Obermaterial Leder› allein genügt nicht! Schauen Sie sich vor
allem das Innere des Schuhs genau an. Futter und Brandsohle (das ist
der Sohlenteil, auf dem wir direkt mit dem Fuß stehen) sollten in jedem Fall aus Leder sein, denn sie müssen besonders viel Schweiß aufsaugen können. Weiches, dünnes Oberleder ist oft wenig wasserdicht
und strapazierfähig. Für die Sohle ist eine stoßdämpfende, wasserdichte Gummisohle durchaus angebracht. Ledersohlen sind weniger
abriebfest, aber atmungsaktiver.
Schuhherstellung: Das Bemühen um eine umweltfreundliche Herstellung wäre zumindest von sogenannten ‹Naturschuhherstellern› zu
erwarten. Schuhe, die gleichzeitig gut passen und weniger umweltbe-
lastend produziert wurden, wären natürlich die ideale Lösung.
● Kurzzeitig können Sie sich durchaus einen eleganten Modeschuh
leisten, wenn Sie Ihre Füße normalerweise gut behandeln.
● Wechseln Sie Ihre Schuhe nach Möglichkeit mehrmals täglich. So
können die Schuhe besser ausdunsten.
● Tragen Sie Socken aus Naturfasern.

- Tragen Sie Lederschuhe möglichst nicht ohne Socken, denn allergieauslösende Chromsalze und Farbstoffe können durch Fußschweiß aus dem Leder gelöst werden. Es ist besser, wenn die Socken verfärbt werden, als wenn Sie sich ein hartnäckiges Fußekzem zuziehen.
- Kaufen Sie Kinderschuhe nur in WMS-Schuhfachgeschäften, und bestehen Sie auf einer exakten Fußmessung bei Ihrem Kind. Lesen Sie im Text, wie viele Schuhe Ihr Kind braucht.
- Pflegen Sie Ihre Schuhe regelmäßig mit einem öl- bzw. fett- und wachshaltigen Schuhpflegemittel.
- Benutzen Sie keine Lederpflegesprays. Bringen Sie eventuelle alte Bestände zu einer Sondermüllsammelstelle.

Literatur

1 Hauptverband der Deutschen Schuhindustrie e.V., Schreiben vom 18.7.88.
2 Deutsches Schuhinstitut GmbH, Schreiben vom 28.6.88.
3 Als Ganztagsschuh meist nicht geeignet. Test 5, 1986; S. 472–480.
4 Maier, E., 1987: Untersuchung über die Fußgesundheit von Sportstudenten. Schuh-Technik 6, S. 408–410.
5 Diebschlag, W., 1982: Die Druckverteilung an der Fußsohle Erwachsener beim Stehen und Gehen, barfuß und im Schuh als Kriterium für die Sohlengestaltung. 7. Congress on the Leather Industry 4.–10.10.82 in Budapest, Proceedings IIa.
6 Deutsche Rheuma-Liga (Hg.), 1987: Schuhwerk. Bonn.
7 Barmer Ersatzkasse, Hauptverwaltung, Schreiben vom 18.6.88.
8 Maier, E., ohne Datum: Kinderfüße gesund erhalten! Sonderdruck aus Sozialpädiatrie in Praxis und Klinik.
9 Prüfungs- und Forschungsinstitut Pirmasens, 1988: Untersuchung der stoßdämpfenden Eigenschaften von Schuhunterbau-Werkstoffen. Schuh-Technik 3, S. 162–166.
10 Die Deutsche Schuhindustrie im Jahre 1986. Schuh-Technik 8, 1987; S. 623–626.
11 Diebschlag, W., Mauderer, V., Nocker, W., 1977: Die Bedeutung von Feuchtedurchgang und Feuchteaufnahme der Fußbekleidungsmaterialien. Das Leder 12.
12 Diebschlag, W. et al., 1978: Der Fuß im Schuh. Beurteilung der Materialeigenschaften. Proceedings of the 6th Congress on the Leather Industry 18.–22.10.78 in Budapest. Vol 2, S. 805–831.
13 Fischer, W., 1988: Oberleder – Beschaffung, Mode und Verarbeitung. Schuh-Technik 3, S. 175–178.
14 Industrieverband Putz- und Pflegemittel e.V., 1988: Modische Leder – Problematische Pflege. Schuh-Markt 22.1.88, S. 21–22.
15 Katalyse, 1988: Umwelt-Lexikon. Kiepenheuer & Witsch, Köln.
16 Feikes, L., 1983: Ökologische Probleme der Lederindustrie. Umschau Verlag Breidenstein GmbH, Frankfurt a. M.
17 Katalyse, 1985: Umwelt-Lexikon. Kiepenheuer & Witsch, Köln.
18 Allergien gegen Lederfarben. Vital 7, 1988.
19 Ebner, H., 1975: Kontaktekzeme durch Kleidung. Der Hautarzt 26, S. 72–74.
20 Koch, E., Maywald, A., Klopfleisch, R., 1986: Entgiften, Mosaik-Verlag.
21 Stein, O., 1987: Lösungsmittelfreie Klebstofftypen für die Herstellung von Schuhen. Schuh-Technik 2, S. 82–86.
22 270000 Fußmessungen. Schuh-Markt 1.7.88, S. 19.
23 Goering, U., 1988: Skandal. Leserbrief in Schuh-Markt 15.1.88.

24 Maier, E., 1988: Quo vadis Kinderschuhhersteller und Kinderschuhfach-
   handel? Schuh-Technik 3, S. 167–168.
25 Maier, E., 1987: Das Wachstum des Fußes. Schuh-Technik 12,
   S. 936–940.
26 Linn Naturschuh, Schreiben vom 14.4.88.
27 Shakti Schuhvertriebs-GmbH, Schreiben vom 31.5.88.
28 Energie aus Sohlenabfällen. Schuh-Technik 5, 1987; S. 382.
29 Papagei im Nebel. Der Spiegel 8, 1988; S.89–90.
30 Vollmer, G., Franz, M., 1985: Chemische Produkte im Alltag. Deutscher
   Taschenbuch-Verlag.

Leder- und Pelzkleidung

Über dem tropischen Urwald Südamerikas fliegt ein kleines Flugzeug suchend einen Flußlauf ab. Plötzlich hat der Pilot entdeckt, wonach er suchte. Per Funk benachrichtigt er eine Gruppe von Indios. Diese wissen genau, was sie zu tun haben. Mit Gewehren und Dynamit bewaffnet nähern sie sich der beschriebenen Uferstelle. Nichtsahnend ruht dort ein ganzes Rudel von Kaimanen, einer Krokodilart. Als sie die Menschen bemerken, stürzen sie sich ins Wasser, um kurz darauf verstört wieder an Land zu kriechen, denn der Fluß wird von Explosionen aufgewühlt. Am Ufer warten die Indios, die die Tiere mit ihren Gewehren abknallen.

Sofort wird den toten Tieren die Haut abgezogen und flüchtig eingesalzen. Das rohe Fleisch, früher eine wichtige Nahrungsquelle für die Urwaldindios, wird achtlos liegengelassen. Die Händler warten schon, die die Häute für drei Dollar das Stück abnehmen. Im Gegenzug verkaufen sie Munition, Dosen, Zigaretten und Wodka an die Indios und kassieren dabei ihre Dollars zurück.[1]

700000 Kaimanhäute wurden allein in den Jahren 1979 bis 1983 aus Südamerika in die Bundesrepublik importiert, denn die eleganten Schuhe, die Handtasche, die Kosmetikbox, das Bordcase, sie müssen unbedingt aus Krokoleder sein. Niemand weiß genau, wieviele Kaimane es überhaupt noch gibt.[2]

Dabei existiert seit 1973 das Washingtoner Artenschutzabkommen (WA), das bis heute von 75 Staaten unterzeichnet wurde. Darin wird der Handel mit geschützten Tierarten strengen Reglementierungen unterworfen, aus der Erkenntnis heraus, «daß die freilebenden Tiere und Pflanzen in ihrer Schönheit und Vielfalt einen unersetzlichen Bestandteil der natürlichen Systeme der Erde bilden, den es für die heutigen und künftigen Generationen zu schützen gilt», wie es in der Präambel des Abkommens heißt.[3] Rund 8000 Tier- und 40000 Pflanzenarten sind im Anhang aufgelistet.[3]

Anhang I umfaßt «alle von der Ausrottung bedrohten Arten». In dieser Gruppe sind zum Beispiel der indische Elefant, die meisten Wale, alle Meeresschildkröten, viele Affen, der Ozelot, alle Großkatzenarten und der Mohrenkaiman zu finden.[2]

Im Anhang II sind alle die Arten verzeichnet, «die obwohl sie nicht notwendigerweise schon heute von der Ausrottung bedroht sind, davon bedroht werden können, wenn der Handel nicht einer strengen Regelung unterworfen wird.» Auf dieser Liste stehen u. a. der Krokodilkaiman, viele Kleinfleckkatzen und der afrikanische Elefant.[2]

Tiere der ersten Gruppe dürfen grundsätzlich nicht gehandelt werden. Zwei Ausnahmen ermöglichen jedoch den Handel: der Nachweis, daß die Tiere vor Inkrafttreten des Abkommens importiert wurden oder eine Bescheinigung des Herkunftslandes, daß die Tiere aus einer Zucht stammen, wobei schon die Elterngeneration in Gefangenschaft geboren sein muß. Tiere der zweiten Gruppe dürfen nur mit einer Exporterlaubnis des Herkunftslandes gehandelt werden, in der bescheinigt sein muß, daß die Ausfuhr dem Überleben dieser Art nicht abträglich ist.

In der Praxis wurde mit dem Washingtoner Artenschutzabkommen kaum ein Schutz für die bedrohte Natur erreicht. Für einige Tierarten sind die Handelsraten nach Abschluß des Abkommens sogar noch gestiegen. So stieg der Import von gefleckten Katzen in die Bundesrepublik von 1978 auf 1979 um das Zwanzigfache an.[4] Das Artenschutzabkommen entwickelte sich zum Artennutzabkommen, dessen lange Artenlisten im Anhang allmählich zum Kaufhauskatalog für ‹Liebhaber› exotischer Tiere und Pelze verkommen.[3]

Mehrere Gründe spielen dabei eine Rolle. Indem die Verfasser des WA die Ausfuhr bedrohter Tierarten von der Vorlage einer Exportgenehmigung des Herkunftslandes abhängig machten, gingen sie davon aus, daß die Länder Südamerikas, Asiens und Afrikas daran interessiert seien, die Pflanzen- und Tierwelt ihres Landes zu schützen. Diese Vorstellung erwies sich jedoch bald als irrig. Die meisten Herkunftsländer sehen in dem Handel mit Fellen, Leder und Elfenbein eher eine willkommene Devisenquelle und stellten Ausfuhrgenehmigungen praktisch am Fließband aus. Notfalls zahlen die Händler satte Bestechungsgelder, um die nötigen Stempel und Unterschriften auf den Papieren zu erhalten.[3]

Wilderei und Schwarzhandel sind seit Abschluß des WA zu einem blühenden Geschäft geworden, das nach Kokain die höchsten Gewinnspannen aufweist. Fliegt doch einmal ein solcher illegaler Deal auf, so zahlen die Händler die Strafe locker aus der Portokasse. So wurden bei den Zollkontrollen am Frankfurter Flughafen 23 Tucuman-Amazonen in dem doppelten Boden eines Vogelkäfigs gefunden. Diese Vögel sind stark gefährdet. Sie sind weltweit geschützt und dürfen weder gejagt noch gehandelt werden. Der Wormser Vogelimporteur, für den die Sendung bestimmt war, zahlte als Bußgeld 3000 DM an behinderte Kinder in Hessen. Der Erlös von nur einer der 23 Tucuman-Amazonen bringt ihm mindestens 1000 DM.[2]

Seit 1. Januar 1987 soll es nun anders sein. Nach dem neuen bundesdeutschen Naturschutzgesetz werden Verstöße gegen das Gesetz als Straftaten geahndet. Freiheitsstrafen bis zu 5 Jahren und empfindliche Geldstrafen drohen.[2]

Doch solange Nachfrage besteht, wird der Handel mit heißer Ware nicht zurückgehen. Solange sich in der Bundesrepublik Käufer für die exotischen Tierfelle finden, bleibt der Schwarzhandel ein lukratives Geschäft. Für viele Bundesbürger scheinen der Tropentouch im Wohnzimmer, die Python im Terrarium, die buntgefiederten Papageien in der Volière, Krokoschuhe an den Füßen und der Ozelot auf den Schultern die Krönung des Wohlstands zu sein.[2] Sobald eine Tierart auf den Listen des WA auftaucht, schnellt ihr Marktwert schlagartig in die Höhe. Mit dem Fanatismus von Briefmarkensammlern ersteigern Exoten‹freunde› gerade die seltensten Exemplare zu Höchstpreisen.[2]

Wie viele tote Tiere machen eine Dame?

Die Bundesrepublik ist der größte Pelzimporteur der Welt. Die Importstatistik beweist es: Allein zwischen 1984 und 1986 führten bundesdeutsche Händler insgesamt 73 119 579 Tierfelle ein, darunter 357 109 Wildkatzenhäute und 8 741 200 Kilo Fellteile und Pelzbekleidung,[3] 1,2 Millionen Häute gefährdeter Raubkatzen kamen in den Jahren 1978 bis 1986 über die bundesdeutsche Grenze, darunter 313 800 Rotluchse, 228 470 Ozelotkatzen, 180 900 Geoffroykatzen

und 109 600 Bengalkatzen.[3] Dabei ist die Außenhandelsbilanz seit 1984 quasi amtlich geschönt. Statistisch erfaßt werden nämlich nur noch Direkteinfuhren in die Bundesrepublik. Importe aus anderen EG-Ländern erscheinen in keiner Tabelle mehr.

Umwege über andere EG-Länder sind gerade bei Schwarzhändlern beliebt. Wurde nämlich die heiße Ware erst einmal von einem EG-Land akzeptiert und mit den erforderlichen Einfuhr-Papieren versehen, so erfolgen innerhalb der EG keine weiteren Kontrollen mehr. Tierhändler benutzen daher die schwächsten Stellen, zur Zeit Frankreich und Italien, um ihre Ware einzuschleusen.[3]

Doch auch deutsche Behörden sind völlig überfordert, wenn es um die Kontrolle der WA-Bestimmungen geht. Arbeitsüberlastung und mangelndes Fachwissen beherrschen das Bild in den zuständigen Amtsstuben. So erklärte der Leiter des Bundesamts für gewerbliche Wirtschaft (BAW) auf eine Frage der Zeitschrift *natur*, daß die Bundesrepublik keine gefleckten Katzen mehr importiere. Darüber aufgeklärt, daß allein im Jahre 1986 74 100 Felle auf direktem Weg in die Bundesrepublik gekommen seien, zeigte er sich höchst erstaunt. Davon hatte er noch nichts gehört.[3]

Internationaler Artenschutz ist jedoch nicht nur eine sentimentale Gefühlsduselei. Die Ausrottung ganzer Artengruppen wie der Großkatzen Tiger, Leopard, Jaguar, Gepard, Ozelot oder Luchs wird weitere ökologischen Folgen nach sich ziehen. So sterben in den Urwald-dörfern Südamerikas jährlich Hunderttausende von Menschen an ‹fiebre mosaico›. Der Erreger dieser Krankheit wird von Ratten über-tragen. Früher sorgten Wildkatzen dafür, daß sich die Ratten nicht zu stark vermehren konnten, doch jetzt sind die Wildkatzen ausgerot-tet.[1]

Nachdem die Leoparden in manchen Gebieten Südafrikas ver-schwunden waren, wurden die Farmen regelmäßig von Pavianen überfallen, die dort mehr Schaden anrichteten, als es die Leoparden jemals vorher getan hatten. Paviane gehörten zu den Beutetieren der Leoparden.

Während in Europa eine vornehme Dame ihre Kosmetikbox aus dem Krokohandtäschchen nimmt, wissen südamerikanische Urwald-einwohner nicht mehr, wovon sie sich ernähren sollen. Seitdem die Kaimane (Krokodile) stark dezimiert wurden, haben sich in den Flüs-sen Pirañas und Palometas breitgemacht. Der wichtigste Speisefisch der Urwaldeinwohner, der Pacu, wurde verdrängt.[1]

Exotische Papageien, welche die Gelüste europäischer Vogel‹lieb-haber› befriedigen, haben in ihrem natürlichen Lebensraum, dem tro-pischen Urwald, eine wichtige Funktion. Sie verstreuen die Samen der Waldbäume, so daß diese nachwachsen können. Auf diese Weise hel-fen sie wenigstens einen Teil der katastrophalen Folgen der Waldro-dungen zu mindern.[1]

Ein völliges Importverbot für gefährdete Tiere in westliche Länder könnte Abhilfe schaffen, doch solange auf dem Berliner Kudamm so-genannte ‹Damen› ihre gefleckten Katzenfelle spazierentragen und selbst die oberste Kontrollbehörde des WA dafür eintritt, daß die Leopardenjagd zu ‹sportlichen› Zwecken wieder erlaubt wird[5], wird sich an dem internationalen Raubbau mit der Natur nichts ändern.

Eine haarige Sache

In einer Werbebroschüre des Pelzhandels lesen wir, daß Umwelt-schützer und Kürschner im gleichen Boot säßen. Daher würden heute die meisten Felle aus ‹kontrollierter Farmhaltung› und ‹Hegejagd› kommen.[6] Tatsächlich stammen inzwischen 90 Prozent der in der

Bundesrepublik verkauften Pelze von gezüchteten Tieren. Was sich auf den ersten Blick wie sinnvoller Schutz wildlebender Tierarten ausnimmt, entpuppt sich bei näherem Hinsehen als grausame Tierquälerei. Wie ‹human› die Tierhaltung in der Landwirtschaft aussieht, dürfte ja allgemein bekannt sein, seitdem erschreckende Bilder von nackten Hühnern in schuhkartongroßen Käfigen durch die Presse gingen. Warum sollte es den wertvollen Pelztieren besser ergehen?

Schauen wir uns als Beispiel einmal den Nerz an. Nerzmäntel gehören zu den beliebtesten Prunkstücken eines gut gefüllten Kleiderschranks. Rund 5 Millionen Nerzfelle werden jährlich in der Bundesrepublik verbraucht.[7] Der Nerz lebt normalerweise an den Ufern von Bächen, Flüssen und Seen. Dort, wo er im dichten Unterholz oder in Höhlen unter Wurzeln und Steinen gute Verstecke findet, fühlt er sich am wohlsten. Sein eigentliches Lebenselement ist jedoch das Wasser. Zwischen den Zehen seiner Hinterpfoten besitzt er vollständig entwickelte Schwimmhäute, mit denen er hervorragend schwimmen kann. Da der Nerz außer Fischen und Krebsen auch Wühlmäuse, Bisamratten, Wasserratten und Insekten frißt, ist er ein durchaus nützlicher Schädlingsvertilger. Doch in Europa ist der Nerz so gut wie ausgerottet.

Vertreter dieser eleganten Tierart gibt es nur noch in den Käfigen der großen Pelztierfarmen. Die ‹artgerechte› Haltung dieser Tiere erfolgt dort in engen Drahtgefängnissen. Eine deutsche ‹Durchschnitts-Nerzzelle› ist 90 cm lang, 30 cm breit und 45 cm hoch. Ganz schön wenig für einen ausgewachsenen Rüden, der ohne Schwanz ca. 55 cm lang ist. Oft werden auch mehrere Tiere in einen Käfig gesperrt.[8]

Pelztierzüchter vertreten die Ansicht, daß ein kleiner Käfig für das kurze Leben, das den Tieren beschieden ist, keine gesundheitlichen Nachteile bringt. Im Klartext bedeutet das, daß der Pelz nicht beschädigt wird. Die tägliche Anti-Aggressionstablette im Futter sorgt dafür, daß die Tiere wie betäubt herumlaufen und sich nicht selbst oder gegenseitig das Fell zerbeißen. Dabei werden sie auch noch größer als wilde Nerze.[7]

Das Futter wird als breiiger Kloß jeden Tag auf den Käfig geklatscht. Im Winter wird ein Schuß Frostschutzmittel (Propylenglykol) zugefügt, damit der Brei nicht friert. Doch beim Ablecken des

Futters von den kalten Gitterstäben passiert es regelmäßig, daß die Zungen der Nerze an dem kalten Metall festfrieren. Beim Versuch sich loszureißen bleibt auch schon einmal ein Stück Zunge am Gitter hängen.[7] Was macht das schon, die Zunge trägt ja kein Fell.

Unter den Käfigen türmen sich stinkende Kothaufen, die fast in den Käfig ‹hineinwachsen›. – Für das Nasentier Nerz ein mit Sicherheit qualvoller Zustand.[8]

Kein Wunder, daß es um die Gesundheit der Pelztiere nicht allzu gut bestellt ist. Virusinfektionen, Stoffwechselkrankheiten, Entzündungen und Vergiftungen durch verdorbenes Futter gehören zum Züchteralltag.

Grausame Tötungsmethoden setzen dem qualvollen Nerz-Dasein schließlich ein Ende. Im November ist die Zeit der ‹Pelzernte›. In engen Kisten werden bis zu 120 Nerze übereinander ‹aufgestapelt›. Dann werden die heißen Auspuffgase eines Traktors, Autos, Mopeds oder Rasenmähers in die Kiste geleitet, wo sich die Tiere mehrere Minuten lang quälen, ehe sie verenden. Nicht immer reicht die Zeit aus. Manchem Nerz wird das Fell buchstäblich bei lebendigem Leibe über die Ohren gezogen.[8]

Die Dame, die ihren wertvollen Nerzmantel aus dem Schrank nimmt, hält das Leben von 30 bis 60 solcher Tiere in den Händen. Iltis, Fuchs, Sumpfbiber (Nutria), Chinchilla und Marderhund geht es in der Gefangenschaft nicht besser. Aus 100 bis 160 Chinchillas oder 10 bis 15 Füchsen macht man einen Wintermantel. In den Werbebroschüren des Pelzhandels heißt es: «Pelz ist ein Stück Naturverbundenheit». Was für eine Art von Naturverbundenheit meinen die Pelzhändler wohl?

Leder – eine natürliche Bekleidung

Modische Lederkleidung ist in den letzten Jahren immer beliebter geworden. Nicht nur Motorradfahrer schätzen die unvergleichliche Strapazierfähigkeit der tierischen Häute.

Doch obwohl es sich bei Leder im wahrsten Sinne des Wortes um eine zweite Haut handelt, ist es als solche nicht besonders gut geeignet. Schließlich fehlt uns ja nicht die Haut, sondern das Fell.

Bekleidungslederarten

Wildleder: Wildleder stammen von den Häuten wildlebender Tierarten, beispielsweise von Hirschen, Elchen, Rehen, Rentieren oder Antilopen. Da die Häute dieser Tiere oft stark beschädigt sind, wird die Narbenseite schon vor der Gerbung entfernt. Nach der Gerbung werden die Häute auf der Narbenseite geschliffen. Wildleder werden noch überwiegend sämischgegerbt und traditionellerweise zu Lederhosen und Trachtenkleidung verarbeitet.[10] Sämischgegerbtes Leder ist waschbar.

Rindsleder: Das Rindsleder besitzt heute in allen Bereichen die größte Bedeutung, was weniger in seinen guten Eigenschaften als in unserem hohen Fleischkonsum begründet ist. Die Häute der geschlachteten Tiere werden sinnvollerweise zu Leder weiterverarbeitet. Rindsleder ist strapazierfähig und schmiegsam. Es wird überwiegend mit Chromsalzen gegerbt.

Kalbsleder: Ebenso strapazierfähig, aber schmiegsamer als Rindsleder ist das Kalbsleder. Es wird mit pflanzlichen Gerbstoffen oder mit Chromsalzen gegerbt.

Ziegenleder: Ziegenleder ist leicht, elastisch und anschmiegsam. Es wird vorzugsweise als Veloursleder verwendet, das heißt mit der Fleischseite außen, da die Narbenseite oft zu sehr beschädigt ist.

Schafleder: Aus Lamm- und Schafleder wird häufig Lederkleidung hergestellt. Es läßt sich besonders weich und zügig machen. Verschiedene Gerbverfahren sind üblich, wobei die Chromgerbung dominiert.

Schweinsleder: Schweinsleder gehört zu den billigsten, aber nichtsdestotrotz guten Ledersorten. Es ist wenig empfindlich, strapazierfähig, aber etwas porös. Auch hier ist die Chromgerbung das übliche Verfahren geworden.

Je nach Art der Verarbeitung unterscheidet man ferner:

Nappaleder: Bekleidungsleder, die mit der glatten Narbenseite nach außen getragen werden, bezeichnet man als Nappaleder.

Veloursleder: Umgekehrt liegen die Verhältnisse beim Veloursleder. Hier ist die rauhe Fleischseite die äußere, sichtbare, und die glatte Narbenseite liegt innen.

Nubukleder: Nubukleder sind von der Narbenseite her geschliffen und bekommen so eine besonders feine, samtartige Oberfläche. Sie sind jedoch gegen Verschmutzungen empfindlicher als Veloursleder.

Spaltleder: Manche Tiere besitzen eine derart dicke Haut (so Kalb und Rind), daß man diese in zwei Schichten spalten kann. Dabei erhält man eine Haut mit der glatten Narbenseite und einer rauhen Spaltseite sowie eine zweite Haut mit zwei rauhen Seiten, der Spalt- und der Fleischseite. Die obere Partie wird häufig als Nappaleder verkauft, die untere ist das Spaltleder. Diese Spaltleder werden auf der Spaltseite geschliffen und häufig als Veloursleder verkauft.

Lederkleidung gewährleistet zwar eine gewisse Atmungsaktivität, ist jedoch längst nicht so durchlässig für Wasserdampf wie normale Kleidungsstücke. Was sich bei einer windabweisenden Jacke nur wenig negativ auswirkt, führt bei hautengen Lederjeans zu einem ungesunden Schwitzklima.

Eine ganze Reihe von Lederimitaten wirbt inzwischen ebenfalls um die Käufergunst. Alcantara, Amaretta, Camena, Belleseime, Caprina, Crumskin, Delpage, Escaine, Gazella, Riskin, Rubina, Savina, Suedane u. ä. nennen sich die neuen Kreationen. Dabei handelt es sich um Glatt- oder Rauhlederimitate, die überwiegend aus mit Polyurethan beschichteter Maschenware bestehen. Gegenüber echtem Leder haben diese Mäntel, Jacken, Kostüme oder Röcke den Vorteil, daß sie leicht sind und sich einfach in der Waschmaschine waschen lassen. In der Werbung wird auch gerne die Atmungsaktivität betont. Stiftung Warentest bescheinigte vor allem den Rauhlederimitaten zwar eine gewisse Wasserdampfdurchlässigkeit, doch im Vergleich zu anderen Textilien ist sie sehr gering.[9]

Die Reinigung von echter Lederkleidung erweist sich in der Tat oft als problematisch. Abgesehen von Umweltproblemen einer chemischen Reinigung überstehen Lederklamotten eine solche Chemikalienprozedur fast nie unbeschadet. Entweder werden die Teile kleiner, so daß man zum Beispiel Hosen erst nach einer Schlankheitskur wieder tragen kann, oder das ganze Teil verfärbt sich. Es kann auch sein, daß die Teile, aus denen das Stück zusammengenäht ist, plötzlich verschiedene Farbnuancen haben.[10] In jedem Falle ist die Freude an dem wertvollen Kleidungsstück einigermaßen getrübt.

Nicht nur im Hinblick auf die Umwelt ist es daher besser, wenn man die Veränderungen der Lederoberfläche als wertvolle Patina schätzen lernt, die dem Naturprodukt Leder erst seinen besonderen Touch gibt.

Tips zur Fleckentfernung bei Leder

Glattleder (Nappaleder): Flecken entfernt man am besten gleich, nachdem sie entstanden sind. Mit einem weichen Baumwollappen werden Flüssigkeiten aufgesaugt. Feste Speisen oder Fette werden oberflächlich abgeschabt. Anschließend behandelt man die Stelle großflächig mit einer handwarmen Neutralseifenlösung (oder Sattelseife) und wischt mit klarem Wasser nach. Dabei darf das Leder jedoch nicht durchfeuchtet werden. Schließlich wird mit einem Wolltuch abgetrocknet. Eventuell noch zurückbleibende Fettflecke ziehen mit der Zeit ins Leder ein und verschwinden dabei von selbst.

Rauhleder (Velours-, Nubukleder): Flecken in Rauhleder werden zunächst genau wie bei Glattleder mit Neutralseifenlösung abgewischt und nachgetrocknet. Danach läßt man das Leder gut trocknen. Die beanspruchten Stellen werden anschließend mit einem Schaumstoffschwamm, einer Kleiderbürste, einer Gummi- oder Kunststoffbürste oder einem Reinigungsgummi wieder aufgerauht.[11]

Ökotips

- Kaufen Sie keine Pelzkleidung, die aus den Fellen bedrohter Tierarten hergestellt wurde. Sämtliche Wildkatzen wie Tiger, Leopard, Gepard, Luchs, Jaguar, Ozelot sind weltweit in ihrem Bestand gefährdet, ebenso Otter und Fuchs. Mit dem Kauf solcher Artikel tragen Sie zur unwiederbringlichen Zerstörung wertvoller Lebensräume (z. B. tropischer Regenwald) bei und unterstützen Wilderei und den internationalen, profitablen Schwarzhandel.
- Kaufen Sie keine Schuhe aus Krokodil- oder Reptilleder. Auch ein vertrauenerweckendes Artenschutzfähnchen darf nicht darüber hinwegtäuschen, daß die verarbeiteten Häute von den letzten Vertretern gefährdeter Tierarten stammen.
- Zuchtpelze wie Nerz, Iltis, Chinchilla, Fuchs u. ä. sind eine Gewissensfrage.
- Tragen Sie Lammfelljacken oder -mäntel, wenn Sie auf einen Winterpelz nicht verzichten wollen.
- Weder echtes Leder noch Lederimitate sind aufgrund ihrer geringen Wasserdampfdurchlässigkeit als hautnahe Kleidungsstücke geeignet.
- Tragen Sie keine Lederartikel direkt auf der Haut, zum Beispiel Lederhandschuhe, wenn Sie unter Allergien oder Hautkrankheiten leiden. Durch Schweiß können sich aus dem Leder allergieauslösende Chromsalze herauslösen.

Literatur

1 Priewe, J., 1985: Tierhandel, illegal. Natur 4, S. 20–29.

2 Greenpeace, 1987: Skrupellos. Greenpeace 1, S. 8–15.

3 Schuster, G., 1988: Papier ohne Wert. Natur 7, S. 54–58.

4 Priewe, J., 1982: Der nichtige Tod. Natur 3, S. 14–25.

5 Schuster, G., 1988: Verraten und verkauft. Natur 8, S. 44–47.

6 Verband der Deutschen Rauchwaren- und Pelzwirtschaft, 1980/81:
  Natürlich – Pelz. Frankfurt.

7 Lambertz, H., 1983: Das Zuchthaus der Tiere. Stern-Buch,
  Gruner & Jahr, Hamburg.

8 Schuster, G., 1987: Marter für die Mode. Natur 11, S. 20–27.

9 Pflegeleicht in allen Preislagen. Test 10, 1986, S. 929–930.

10 Saubergeschrumpft. Konsument 11, 1987; S. 9–13.

11 Nach wie vor ratsam: Vorsicht mit Sprays. Test 4, 1985; S. 345–347.

Adressen

Untersuchungs- und Forschungseinrichtungen für Bekleidung

Bekleidungsphysiologisches Institut
Hohenstein e. V.
Schloß Hohenstein
7124 Bönnigheim
Tel.: 07143/5132

Deutsches Textilforschungszentrum
Nord-West e. V.
Frankenring 2
4150 Krefeld
Tel.: 02151/770018-19

Gesamtverband der Textilindustrie
in der Bundesrepublik Deutschland
– Gesamttextil e. V.
Schaumainkai 87
6000 Frankfurt/M.
Tel.: 069/63304-0

Institut für Arbeitsphysiologie der
TU München
Barbarastr. 16/1
8000 München 40
Tel.: 089/2105587

Prüf- und Forschungsinstitut für die
Schuhherstellung e. V.
Hans-Sachs-Str. 2
6780 Pirmasens

Selbsthilfegruppen für Allergiker und Formaldehyd-geschädigte

Allergiker und Asthmatiker Bund
Hindenburgstr. 146
4050 Mönchengladbach 1
Tel.: 02161/4649

Arbeitsgemeinschaft Allergiekrankes
Kind e. V.
Hauptstr. 29
6348 Herborn
Tel.: 02772/41237

Bundesverband Neurodermitis-
Kranker
Sabelstr. 39
5407 Boppard
Tel.: 06742/2598

Deutsche Arbeitsgemeinschaft
Selbsthilfegruppen
Friedrichstr. 28
6300 Gießen
Tel.: 0641/7022478

Interessengemeinschaft der Form-
aldehyd-Geschädigten (IGF)
Institut für Baubiologie und
Ökologie
Holzham 25
8201 Neubeuern
Tel.: 08035/2039

Die Verbraucher Initiative e. V.
Selbsthilfegruppe Formaldehyd-
Geschädigte (SFG)
Breite Str. 51
5300 Bonn
Tel.: 0228/659044

Institute, die Formaldehydmessungen durchführen

(Auswahl)

Bremer Umweltinstitut
Wielandstr. 25
2800 Bremen 1
Tel.: 0421/3498511

Bundesanstalt für Materialprüfung
Unter den Eichen
1000 Berlin 45
Tel.: 030/81041

Institut für Baubiologie
Holzham 25
8201 Neubeuern
Tel.: 08035/2039

Institut für Umweltanalyse (IFUA)
Eckendorfer Str. 10
4800 Bielefeld
Tel.: 0521/321241

KATALYSE e. V.
Institut für angewandte Umwelt-
forschung
Engelbertstr. 41
5000 Köln 1
Tel.: 0221/235963

TÜV-Rheinland
Zentralabteilung Chemie
Postfach 101750
5000 Köln 1
Tel.: 0221/8393 2347-48
(alle TÜV-Niederlassungen können
angesprochen werden)

Wartig-Chemie-Beratung
Ketzerbach 27
3551 Lahntal 1
Tel.: 06420/550

Weitere Adressen sind über die örtlichen Verbraucherzentralen zu erfahren

Bundesverband der Naturkost- und Naturwarenhersteller

Reginbert Keller
Münzgasse 16
7750 Konstanz

Arbeitskreis der Naturtextilhersteller:

Living Crafts GmbH
Naturtextilien
Kirchstr. 1
7988 Neuravensburg
Tel.: 07528/7005-6

Turmalin Naturtextilien
Müller & Partner KG
Tuttlingerstr. 17
7768 Stockach
Tel.: 07771/4017

Arbeitskreis
Naturschuhe:
Linn Naturschuhe
Erlenbrunner Str. 41
6780 Pirmasens 14
Tel.: 06331/45683

Engel KG
Naturtextilien
Seestr. 9
7410 Reutlingen
Tel.: 07121/36321

Georg Wüllner
Naturtextilien
Aulendorfer Weg
4425 Billerbeck
Tel.: 02545/1495

Register